高等院校理工科精品教材系列
新世纪高职高专"工学结合"课程改革系列教材

工 程 数 学

主　编　包　晔　郑玉仙
副主编　沈陆娟　蔡建平

ZHEJIANG UNIVERSITY PRESS
浙江大学出版社

前　言

目前适合高职高专院校使用的工程数学教材已有不少，这些教材各有千秋，但同时也总觉得有些不足。有些教材过于简单，不能满足高职高专学生应具备的工程数学知识要求；有些又略显深奥，实际上是本科教材的浓缩，对于高职高专类学生来说要求过高。为此，编者结合多年的教学经验，针对高职高专学生的专业要求编写了这本工程数学教材。

本教材共分 7 章，内容包括行列式、矩阵、n 维向量、傅里叶级数、拉普拉斯变换、概率与数理统计等内容。本教材特点是以循序渐近、深入浅出的方式介绍工程数学的各个知识点；结合案例进行教学，简明扼要、通俗易懂；针对高职高专学生的专业要求，做到难易适当，针对性强。

本教材适合作为高职高专学校各专业工程数学课教材，也可作为各职业技能培训班和自学考试的参考教材，同时也可供广大青年学生和技术工作者学习参考。

恳请读者和从事数学教学的各位同仁，对本书多提宝贵意见，使其逐步完善。在此预致我们深深的谢意。

作　者

2009 年 12 月

目　　录

第 1 章　行列式

行列式与矩阵是线性代数中的重要概念，在许多领域中有着广泛的应用. 在工程实践中，有许多问题可以直接或近似地表示成一些变量间的线性关系，例如，线性方程组等. 因此研究变量间的线性关系是非常重要的. 而行列式、矩阵又是研究线性方程组的重要工具. 本章在二阶、三阶行列式的基础上，引出 n 阶行列式的概念，讨论 n 阶行列式的性质，以及行列式的计算方法，最后应用 n 阶行列式解决了一类特殊的 n 个方程 n 个未知数的线性方程组的求解问题.

1.1　二阶、三阶行列式

1.1.1　二阶行列式

设二元一次线性方程组为

$$\begin{cases} a_{11}x_1 + a_{12}x_2 = b_1, & (1.1) \\ a_{21}x_1 + a_{22}x_2 = b_2. & (1.2) \end{cases}$$

a_{11}, a_{12} 不同时为 0，不妨设 $a_{11} \neq 0$，则

$(1.1) \times \left(-\frac{a_{21}}{a_{11}}\right)$ 得：

$$-a_{21}x_1 - \frac{a_{12}a_{21}}{a_{11}}x_2 = -\frac{b_1a_{21}}{a_{11}}. \tag{1.3}$$

$(1.2) + (1.3)$ 得(消去 x_1)：

$$\frac{a_{11}a_{22} - a_{12}a_{21}}{a_{11}}x_2 = \frac{b_2a_{11} - b_1a_{21}}{a_{11}},$$

即

$$x_2 = \frac{a_{11}b_2 - b_1a_{21}}{a_{11}a_{22} - a_{12}a_{21}}. \tag{1.4}$$

将(1.4)代入(1.1)得：

$$x_1 = \frac{b_1a_{22} - a_{12}b_2}{a_{11}a_{22} - a_{12}a_{21}}.$$

由上可见，方程组的解完全可由方程组中的未知数系数 a_{11}，a_{12}，a_{21}，a_{22} 以及常数项 b_1，b_2 表示出来.

当 $a_{11}a_{22}-a_{12}a_{21}\neq 0$ 时，

$$\begin{cases} x_1=\dfrac{b_1a_{22}-a_{12}b_2}{a_{11}a_{22}-a_{12}a_{21}}, \\ x_2=\dfrac{a_{11}b_2-b_1a_{21}}{a_{11}a_{22}-a_{12}a_{21}}. \end{cases} \tag{1.5}$$

为了方便记忆，引入记号

$$D=\begin{vmatrix} a_{11} & a_{12} \\ a_{21} & a_{22} \end{vmatrix}=a_{11}a_{22}-a_{12}a_{21}, \tag{1.6}$$

把式(1.6)称为二阶行列式. D 中横写的称为**行**，竖写的称为**列**. D 中共有两行两列，其中数 a_{ij} $(i,j=1,2)$ 称为行列式的**元素**，它的第一个下标 i 称为**行标**，表明该元素位于第 i 行，第二个下标 j 称为**列标**，表明该元素位于第 j 列. 把行列式从左上角到右下角的连线称为**主对角线**，行列式从右上角到左下角的连线称为**副对角线**. 由式(1.6)可知，二阶行列式的值是主对角线上元素 a_{11}，a_{22} 的乘积减去副对角线上元素 a_{12}，a_{21} 的乘积. 按照这个规则，又有

$$D_1=\begin{vmatrix} b_1 & a_{12} \\ b_2 & a_{22} \end{vmatrix}=a_{22}b_1-a_{12}b_2,\ D_2=\begin{vmatrix} a_{11} & b_1 \\ a_{21} & b_2 \end{vmatrix}=a_{11}b_2-a_{21}b_1,$$

则二元一次线性方程组的解可表示为

$$x_1=\frac{D_1}{D},\ x_2=\frac{D_2}{D}.$$

【例 1.1】 求解二元一次线性方程组 $\begin{cases} 3x_1-2x_2=12, \\ 2x_1+x_2=1. \end{cases}$

解 由于

$$D=\begin{vmatrix} 3 & -2 \\ 2 & 1 \end{vmatrix}=3-(-4)=7\neq 0,$$

$$D_1=\begin{vmatrix} 12 & -2 \\ 1 & 1 \end{vmatrix}=12-(-2)=14,$$

$$D_2=\begin{vmatrix} 3 & 12 \\ 2 & 1 \end{vmatrix}=3-24=-21,$$

因此，$x_1=\frac{D_1}{D}=\frac{14}{7}=2$， $x_2=\frac{D_2}{D}=\frac{-21}{7}=-3$.

【例 1.2】 计算下列行列式的值：

(1) $\begin{vmatrix} 2 & -8 \\ 5 & 6 \end{vmatrix}$； (2) $\begin{vmatrix} \sin\alpha & \cos\alpha \\ -\cos\alpha & \sin\alpha \end{vmatrix}$；

(3) $\begin{vmatrix} -1 & 0 \\ 0 & 2 \end{vmatrix}$； (4) $\begin{vmatrix} 2 & -1 \\ 0 & 3 \end{vmatrix}$.

解 (1) $\begin{vmatrix} 2 & -8 \\ 5 & 6 \end{vmatrix}=2\times6-5\times(-8)=52$；

(2) $\begin{vmatrix} \sin\alpha & \cos\alpha \\ -\cos\alpha & \sin\alpha \end{vmatrix}=\sin^2\alpha+\cos^2\alpha=1$；

(3) $\begin{vmatrix} -1 & 0 \\ 0 & 2 \end{vmatrix}=-1\times2-0\times0=-2$；

(4) $\begin{vmatrix} 2 & -1 \\ 0 & 3 \end{vmatrix}=2\times3-(-1)\times0=6$.

1.1.2 三阶行列式

类似地，对三元一次线性方程组

$$\begin{cases} a_{11}x_1+a_{12}x_2+a_{13}x_3=b_1, \\ a_{21}x_1+a_{22}x_2+a_{23}x_3=b_2, \\ a_{31}x_1+a_{32}x_2+a_{33}x_3=b_3. \end{cases} \tag{1.7}$$

应用消元法，可以解出 x_1,x_2,x_3.

记

$$D=\begin{vmatrix} a_{11} & a_{12} & a_{13} \\ a_{21} & a_{22} & a_{23} \\ a_{31} & a_{32} & a_{33} \end{vmatrix}$$

$$=a_{11}a_{22}a_{33}+a_{12}a_{23}a_{31}+a_{13}a_{21}a_{32}-a_{11}a_{23}a_{32}-a_{12}a_{21}a_{33}-a_{13}a_{22}a_{31}.$$

由于 D 共有三行三列，故把它称为**三阶行列式**.

用消元法容易算出方程组(1.7)有唯一的解，$x_1=\frac{D_1}{D}$，$x_2=\frac{D_2}{D}$，$x_3=\frac{D_3}{D}$，其中 $D_j(j=1,2,3)$ 分别是将 D 中第 j 列的元素换成方程组(1.7)右端的常数项 b_1,b_2,b_3 得到的.

三阶行列式是六项的代数和,其中每一项都是 D 中不同行不同列的三个元素的乘积,并冠以正负号,为了便于记忆,可写成如图 1.1 所示.

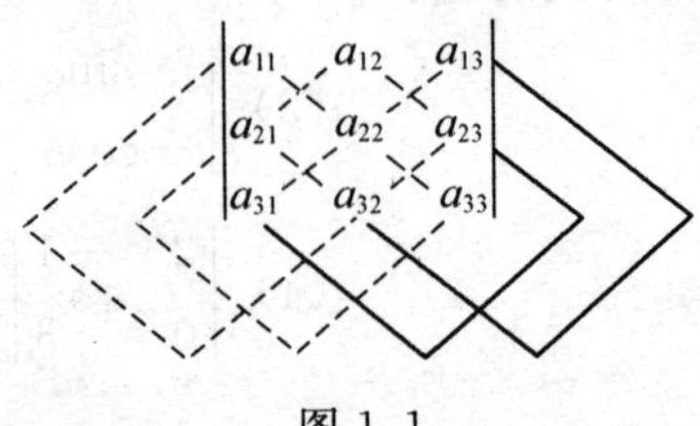

图 1.1

实线上三个元素的乘积项取正号,虚线上三个元素的乘积项取负号,这种方法称为**三阶行列式的对角线法则**.

【例 1.3】 计算下列三阶行列式的值:

$$\begin{vmatrix} 1 & 2 & -4 \\ -2 & 2 & 1 \\ -3 & 4 & -2 \end{vmatrix}.$$

解 由三阶行列式的对角线法则,得

$$\begin{aligned}\begin{vmatrix} 1 & 2 & -4 \\ -2 & 2 & 1 \\ -3 & 4 & -2 \end{vmatrix} &= 1\times 2\times(-2)+2\times 1\times(-3)+(-2)\times 4\times(-4)- \\ &\quad (-4)\times 2\times(-3)-2\times(-2)\times(-2)-1\times 1\times 4 \\ &= (-4)+(-6)+32-24-8-4=-14.\end{aligned}$$

【例 1.4】 解方程组

$$\begin{cases} x_1 - x_2 + 2x_3 = 13, \\ x_1 + x_2 + x_3 = 10, \\ 2x_1 + 3x_2 - x_3 = 1. \end{cases}$$

解 $D = \begin{vmatrix} 1 & -1 & 2 \\ 1 & 1 & 1 \\ 2 & 3 & -1 \end{vmatrix} = -1-2+6-3-1-4=-5\neq 0,$

$$D_1 = \begin{vmatrix} 13 & -1 & 2 \\ 10 & 1 & 1 \\ 1 & 3 & -1 \end{vmatrix} = -13-1+60-39-10-2=-5,$$

$$D_2 = \begin{vmatrix} 1 & 13 & 2 \\ 1 & 10 & 1 \\ 2 & 1 & -1 \end{vmatrix} = -10+26+2-1+13-40=-10,$$

$$D_3 = \begin{vmatrix} 1 & -1 & 13 \\ 1 & 1 & 10 \\ 2 & 3 & 1 \end{vmatrix} = 1-20+39-30+1-26=-35.$$

因此 $\quad x_1=\dfrac{D_1}{D}=1,\ x_2=\dfrac{D_2}{D}=2,\ x_3=\dfrac{D_3}{D}=7.$

【例 1.5】 求方程 $\begin{vmatrix} 1 & 1 & 1 \\ 2 & 3 & x \\ 4 & 9 & x^2 \end{vmatrix}=0$ 的解.

解 方程左端的三阶行列式

$$D=3x^2+4x+18-9x-2x^2-12=x^2-5x+6.$$

令 $x^2-5x+6=0$,解得:$x=2$ 或 $x=3$.

习 题 1.1

1. 计算下列二、三阶行列式:

(1) $\begin{vmatrix} a^2 & ab \\ ab & b^2 \end{vmatrix}$;
(2) $\begin{vmatrix} \cos\alpha & -\sin\alpha \\ \sin\alpha & \cos\alpha \end{vmatrix}$;

(3) $\begin{vmatrix} x-1 & x^3 \\ 1 & x^2+x+1 \end{vmatrix}$;
(4) $\begin{vmatrix} 2 & 1 & 3 \\ 3 & -2 & -1 \\ 1 & 4 & 3 \end{vmatrix}$;

(5) $\begin{vmatrix} 0 & a & 0 \\ b & 0 & c \\ 0 & d & 0 \end{vmatrix}$;
(6) $\begin{vmatrix} 2 & -1 & 1 \\ 3 & 2 & 1 \\ 1 & -2 & 1 \end{vmatrix}$.

1.2 n 阶行列式

1.2.1 n 阶行列式的定义

定义 1.1 将 $n\times n$ 个数排成 n 行 n 列,并在左、右两边各加一竖线,即

$$D_n=\begin{vmatrix} a_{11} & a_{12} & \cdots & a_{1n} \\ a_{21} & a_{22} & \cdots & a_{2n} \\ \cdots & \cdots & \cdots & \cdots \\ a_{n1} & a_{n2} & \cdots & a_{nn} \end{vmatrix},$$

称 D_n 为 **n 阶行列式**，它代表一个确定的运算关系所得到的数，其中

当 $n=1$ 时，$D_1=a_{11}$；

当 $n=2$ 时，$D_2=\begin{vmatrix} a_{11} & a_{12} \\ a_{21} & a_{22} \end{vmatrix}=a_{11}a_{22}-a_{12}a_{21}$；

当 $n\geqslant 2$ 时，$D_n=a_{i1}A_{i1}+a_{i2}A_{i2}+\cdots+a_{in}A_{in}=\sum\limits_{j=1}^{n}a_{ij}A_{ij}\ (i=1,2,\cdots,n)$.

在 D_n 中，a_{ij} 表示第 i 行第 j 列的元素，$A_{ij}=(-1)^{i+j}M_{ij}$，称为元素 a_{ij} 的**代数余子式**，M_{ij} 为由 D_n 中划去第 i 行第 j 列后余下的元素构成的 $n-1$ 阶行列式，即

$$M_{ij}=\begin{vmatrix} a_{11} & \cdots & a_{1,j-1} & a_{1,j+1} & \cdots & a_{1n} \\ \vdots & & \vdots & \vdots & & \vdots \\ a_{i-1,1} & \cdots & a_{i-1,j-1} & a_{i-1,j+1} & \cdots & a_{i-1,n} \\ a_{i+1,1} & \cdots & a_{i+1,j-1} & a_{i+1,j+1} & \cdots & a_{i+1,n} \\ \vdots & & \vdots & \vdots & & \vdots \\ a_{n1} & \cdots & a_{n,j-1} & a_{n,j+1} & \cdots & a_{nn} \end{vmatrix},$$

称为元素 a_{ij} 的**余子式**.

【例 1.6】 已知

$$D_4=\begin{vmatrix} 4 & 3 & 1 & 2 \\ 0 & -1 & 5 & 3 \\ 2 & 4 & 6 & 7 \\ -3 & 0 & 1 & 0 \end{vmatrix},$$

写出元素 a_{34} 的余子式和代数余子式.

解 因为第三行第四列元素 $a_{34}=7$，故划去它所在的行和列的所有元素后形成的三阶行列式为

$$M_{34}=\begin{vmatrix} 4 & 3 & 1 \\ 0 & -1 & 5 \\ -3 & 0 & 1 \end{vmatrix},$$

为元素 7 的余子式.

a_{34} 的代数余子式 $A_{34}=(-1)^{3+4}M_{34}$，即

$$A_{34}=-\begin{vmatrix} 4 & 3 & 1 \\ 0 & -1 & 5 \\ -3 & 0 & 1 \end{vmatrix}.$$

【例 1.7】 用定义计算四阶行列式

$$D_4=\begin{vmatrix}3&0&-2&0\\-4&1&0&2\\1&5&7&0\\-3&0&2&4\end{vmatrix}.$$

解 由定义,将行列式按照第一行展开,即

$$D_4=(-1)^{1+1}\times 3\begin{vmatrix}1&0&2\\5&7&0\\0&2&4\end{vmatrix}+(-1)^{1+3}\times(-2)\begin{vmatrix}-4&1&2\\1&5&0\\-3&0&4\end{vmatrix}$$

$$=3\times(28+20)-2\times(-80+30-4)=144+108=252.$$

【例 1.8】 证明上三角行列式(主对角线以下的元素都为 0 的行列式称为**上三角行列式**)

$$D=\begin{vmatrix}a_{11}&a_{12}&\cdots&a_{1n}\\0&a_{22}&\cdots&a_{2n}\\\vdots&\vdots&\vdots&\vdots\\0&0&\cdots&a_{nn}\end{vmatrix}=a_{11}a_{22}\cdots a_{nn}.$$

证 将这行列式按照第 1 列展开,得

$$D=a_{11}\begin{vmatrix}a_{22}&a_{23}&\cdots&a_{2n}\\0&a_{33}&\cdots&a_{3n}\\\vdots&\vdots&\vdots&\vdots\\0&0&\cdots&a_{nn}\end{vmatrix},$$

然后继续把它按照第一列展开,即证.

因此,**上三角行列式的值等于主对角线元素的乘积.**

1.2.2 *n* 阶行列式的性质

二阶、三阶行列式可用对角线法则或按照定义直接计算,但当 n 较大时,再从行列式的定义出发求行列式的值就比较麻烦了.为此,有必要先介绍行列式的一些基本性质,利用这些性质可以简化行列式的计算.

设 n 阶行列式

$$D=\begin{vmatrix}a_{11}&a_{12}&\cdots&a_{1n}\\a_{21}&a_{22}&\cdots&a_{2n}\\\vdots&\vdots&\vdots&\vdots\\a_{n1}&a_{n2}&\cdots&a_{nn}\end{vmatrix},$$

将这个行列式行和列互换，不改变它们的先后顺序得到的新行列式称为 D 的转置行列式，记为 D^{T}，即

$$D^{\mathrm{T}}=\begin{vmatrix} a_{11} & a_{21} & \cdots & a_{n1} \\ a_{12} & a_{22} & \cdots & a_{n2} \\ \cdots & \cdots & \cdots & \cdots \\ a_{1n} & a_{2n} & \cdots & a_{nn} \end{vmatrix}$$

为了便于理解，我们以三阶行列式为例来说明行列式的性质.

性质 1.1 行列式与它的转置行列式相等，即 $D=D^{\mathrm{T}}$.

该性质说明行列式中行列地位的对称性，即行列式行具有的性质，列同样具有.

性质 1.2 互换行列式的两行(列)，行列式变号.

以 r_i 表示行列式的第 i 行(row)，以 c_i 表示第 i 列(column)；交换 i,j 两行记为 $r_i \leftrightarrow r_j$，交换 i,j 两列记为 $c_i \leftrightarrow c_j$，例如，

$$\begin{vmatrix} a_{11} & a_{12} & a_{13} \\ a_{21} & a_{22} & a_{23} \\ a_{31} & a_{32} & a_{33} \end{vmatrix} \xlongequal{r_1 \leftrightarrow r_2} -\begin{vmatrix} a_{21} & a_{22} & a_{23} \\ a_{11} & a_{12} & a_{13} \\ a_{31} & a_{32} & a_{33} \end{vmatrix}.$$

推论 1.1 如果行列式有两行(列)完全相同，则此行列式等于零.

证 把这两行互换，有 $D=-D$，故 $D=0$.

性质 1.3 行列式的某一行(列)中所有元素都乘以同一数 k，等于用数 k 乘此行列式.

第 i 行(或第 i 列)乘以 k，记作 kr_i(或 kc_i)，例如，

$$\begin{vmatrix} a_{11} & a_{12} & a_{13} \\ ka_{21} & ka_{22} & ka_{23} \\ a_{31} & a_{32} & a_{33} \end{vmatrix} = k\begin{vmatrix} a_{11} & a_{12} & a_{13} \\ a_{21} & a_{22} & a_{23} \\ a_{31} & a_{32} & a_{33} \end{vmatrix}.$$

推论 1.2 行列式中某一行(列)的所有元素的公因子可以提到行列式符号的外面.

性质 1.4 行列式中如果有两行(列)元素成比例，则此行列式等于零. 例如，

$$\begin{vmatrix} a_{11} & a_{12} & a_{13} \\ a_{21} & a_{22} & a_{23} \\ ka_{11} & ka_{12} & ka_{13} \end{vmatrix} = 0.$$

性质 1.5 若行列式中某一行(列)的元素 a_{ij} 都可以分解为两个数 b_{ij} 和 c_{ij} 之和，即 $a_{ij}=b_{ij}+c_{ij}$，$i,j=1,2,\cdots,n$，则此行列式可以分解为两个行列式的和. 例如，

$$\begin{vmatrix} a_{11} & a_{12} & a_{13} \\ a_1+b_1 & a_2+b_2 & a_3+b_3 \\ a_{31} & a_{32} & a_{33} \end{vmatrix} = \begin{vmatrix} a_{11} & a_{12} & a_{13} \\ a_1 & a_2 & a_3 \\ a_{31} & a_{32} & a_{33} \end{vmatrix} + \begin{vmatrix} a_{11} & a_{12} & a_{13} \\ b_1 & b_2 & b_3 \\ a_{31} & a_{32} & a_{33} \end{vmatrix}.$$

性质 1.6 把行列式的某一行(列)的每个元素乘以同一数然后加到另一行(列)对应的元素上去,行列式的值不变.例如,

$$\begin{vmatrix} a_{11} & a_{12} & a_{13} \\ a_{21} & a_{22} & a_{23} \\ a_{31} & a_{32} & a_{33} \end{vmatrix} \xlongequal{kr_3+r_1} \begin{vmatrix} ka_{31}+a_{11} & ka_{32}+a_{12} & ka_{33}+a_{13} \\ a_{21} & a_{22} & a_{23} \\ a_{31} & a_{32} & a_{33} \end{vmatrix}.$$

由性质我们可以得到如下重要结论:

推论 1.3 行列式某一行(列)的元素与另一行(列)的对应元素的代数余子式乘积之和等于零,即

$$a_{i1}A_{j1}+a_{i2}A_{j2}+\cdots+a_{in}A_{jn}=0,\ i\neq j,$$

或
$$a_{1i}A_{1j}+a_{2i}A_{2j}+\cdots+a_{ni}A_{nj}=0,\ i\neq j.$$

【例 1.9】 已知行列式

$$D=\begin{vmatrix} 1 & 2 & 3 & 4 \\ 2 & 4 & 3 & 1 \\ 4 & 1 & 3 & 2 \\ 1 & 4 & 3 & 2 \end{vmatrix},$$

求 $A_{11}+A_{21}+A_{31}+A_{41}$.

解法一 因为

$$D_1=\begin{vmatrix} 1 & 2 & 3 & 4 \\ 1 & 4 & 3 & 1 \\ 1 & 1 & 3 & 2 \\ 1 & 4 & 3 & 2 \end{vmatrix}=0.$$

D_1 与 D 的第 1 列元素的代数余子式相同,将 D_1 按第 1 列展开,得 $A_{11}+A_{21}+A_{31}+A_{41}=0$.

解法二 因为 D 的第 3 列元素与 D 的第 1 列元素的代数余子式相乘求和为 0,即 $3A_{11}+3A_{21}+3A_{31}+3A_{41}=0$,所以 $A_{11}+A_{21}+A_{31}+A_{41}=0$.

【例 1.10】 计算行列式 D 的值:

$$D=\begin{vmatrix} 2 & -1 & 5 & 7 \\ 0 & 1 & -3 & 8 \\ 4 & -2 & 12 & 17 \\ 0 & 0 & -1 & 0 \end{vmatrix}.$$

解 利用性质 1.5,将行列式分解成两个行列式的和,即

$$D=\begin{vmatrix}2&-1&5&7\\0&1&-3&8\\4+0&-2+0&10+2&14+3\\0&0&-1&0\end{vmatrix}=\begin{vmatrix}2&-1&5&7\\0&1&-3&8\\4&-2&10&14\\0&0&-1&0\end{vmatrix}+\begin{vmatrix}2&-1&5&7\\0&1&-3&8\\0&0&2&3\\0&0&-1&0\end{vmatrix}$$

$$=0+\begin{vmatrix}2&-1&5&7\\0&1&-3&8\\0&0&2&3\\0&0&-1&0\end{vmatrix}\xlongequal{c_3\leftrightarrow c_4}-\begin{vmatrix}2&-1&7&5\\0&1&8&-3\\0&0&3&2\\0&0&0&-1\end{vmatrix}=6.$$

【例 1.11】 计算行列式:

$$D=\begin{vmatrix}3&1&-1&2\\-5&1&3&-4\\2&0&1&-1\\1&-5&3&-3\end{vmatrix}.$$

解 $$D\xlongequal{c_1\leftrightarrow c_2}-\begin{vmatrix}1&3&-1&2\\1&-5&3&-4\\0&2&1&-1\\-5&1&3&-3\end{vmatrix}\xlongequal[5r_1+r_4]{-r_1+r_2}-\begin{vmatrix}1&3&-1&2\\0&-8&4&-6\\0&2&1&-1\\0&16&-2&7\end{vmatrix}$$

$$\xlongequal{r_2\leftrightarrow r_3}\begin{vmatrix}1&3&-1&2\\0&2&1&-1\\0&-8&4&-6\\0&16&-2&7\end{vmatrix}\xlongequal[-8r_2+r_4]{4r_2+r_3}\begin{vmatrix}1&3&-1&2\\0&2&1&-1\\0&0&8&-10\\0&0&-10&15\end{vmatrix}$$

$$\xlongequal{\frac{5}{4}r_3+r_4}\begin{vmatrix}1&3&-1&2\\0&2&1&-1\\0&0&8&-10\\0&0&0&5/2\end{vmatrix}=1\times2\times8\times5/2=40.$$

我们发现,在行列式计算时一味地化上三角行列式,工作量有时是蛮大的,所以更多的时候是行列式的定义与性质联合使用.

【例 1.12】 计算行列式:

$$D=\begin{vmatrix}1&2&3&4\\4&1&2&3\\3&4&1&2\\2&3&4&1\end{vmatrix}.$$

解 $D=\begin{vmatrix}1&2&3&4\\4&1&2&3\\3&4&1&2\\2&3&4&1\end{vmatrix}\xlongequal{(c_2+c_3+c_4)+c_1}\begin{vmatrix}10&2&3&4\\10&1&2&3\\10&4&1&2\\10&3&4&1\end{vmatrix}$

$$=10\begin{vmatrix}1&2&3&4\\1&1&2&3\\1&4&1&2\\1&3&4&1\end{vmatrix}\xlongequal[-r_1+r_4]{\substack{-r_1+r_2\\-r_1+r_3}}10\begin{vmatrix}1&2&3&4\\0&-1&-1&-1\\0&2&-2&-2\\0&1&1&-3\end{vmatrix}$$

$$=10\begin{vmatrix}-1&-1&-1\\2&-2&-2\\1&1&-3\end{vmatrix}\xlongequal[r_1+r_3]{2r_1+r_2}10\begin{vmatrix}-1&-1&-1\\0&-4&-4\\0&0&-4\end{vmatrix}$$

$$=10\times(-1)\times(-4)\times(-4)=-160.$$

习 题 1.2

1. 计算下列行列式的值：

(1) $\begin{vmatrix}1&1&1&0\\1&1&0&1\\1&0&1&1\\0&1&1&1\end{vmatrix}$；　　(2) $\begin{vmatrix}4&1&2&4\\1&2&0&2\\10&5&2&0\\0&1&1&7\end{vmatrix}$；

(3) $\begin{vmatrix}1&1&2&3\\3&-1&-1&2\\2&3&-1&-1\\1&2&3&0\end{vmatrix}$；　　(4) $\begin{vmatrix}1+x_1&1+x_2&1+x_3\\2+x_1&2+x_2&2+x_3\\3+x_1&3+x_2&3+x_3\end{vmatrix}$.

2. 证明：

(1) $\begin{vmatrix}a^2&ab&b^2\\2a&a+b&2b\\1&1&1\end{vmatrix}=(a-b)^3$；　　(2) $\begin{vmatrix}(a+1)^2&a^2&a&1\\(b+1)^2&b^2&b&1\\(c+1)^2&c^2&c&1\\(d+1)^2&d^2&d&1\end{vmatrix}=0$；

(3) $\begin{vmatrix}1+x&1&1&1\\1&1-x&1&1\\1&1&1+y&1\\1&1&1&1-y\end{vmatrix}=x^2y^2$.

1.3　克莱姆法则

通过第一节的学习,我们已经知道用二阶、三阶行列式可以分别解含有两个未知量两个方程和含有三个未知量三个方程的线性方程组.下面我们将学用 n 阶行列式解含有 n 个未知量 n 个方程的线性方程组.

设含 n 个未知量 $x_1,x_2,\cdots,x_n$ 的 n 个线性方程的方程组为

$$\begin{cases} a_{11}x_1+a_{12}x_2+\cdots+a_{1n}x_n=b_1, \\ a_{21}x_1+a_{22}x_2+\cdots+a_{2n}x_n=b_2, \\ \qquad\cdots \\ a_{n1}x_1+a_{n2}x_2+\cdots+a_{nn}x_n=b_n. \end{cases} \tag{1.8}$$

它的系数组成的 **n 阶行列式**

$$D=\begin{vmatrix} a_{11} & a_{12} & \cdots & a_{1n} \\ a_{21} & a_{22} & \cdots & a_{2n} \\ \cdots & \cdots & \cdots & \cdots \\ a_{n1} & a_{n2} & \cdots & a_{nn} \end{vmatrix}$$

称为方程组(1.8)的**系数行列式**.

用常数项 $b_1,b_2,\cdots,b_n$ 代替系数行列式 D 中的第 j 列元素组成的 n 阶行列式记为 D_j,即

$$D_j=\begin{vmatrix} a_{11} & a_{12} & \cdots & a_{1,j-1} & b_1 & a_{1,j+1} & \cdots & a_{1n} \\ a_{21} & a_{22} & \cdots & a_{2,j-1} & b_2 & a_{2,j+1} & \cdots & a_{2n} \\ \cdots & \cdots & \cdots & \cdots & \cdots & \cdots & \cdots & \cdots \\ a_{n1} & a_{n2} & \cdots & a_{n,j-1} & b_n & a_{n,j+1} & \cdots & a_{nn} \end{vmatrix},\ j=1,2,\cdots,n.$$

定理 1.1(克莱姆法则)　若线性方程组(1.8)的系数行列式 $D\neq 0$,则方程组(1.8)存在唯一的解:

$$x_1=\frac{D_1}{D},\ x_2=\frac{D_2}{D},\ \cdots,\ x_n=\frac{D_n}{D}.$$

证　首先证明解的存在性,即 $x_j=\dfrac{D_j}{D}$ 是方程组(1.8)的解.行列式 D_j 按第 j 列展开,

$$D_j=b_1A_{1j}+b_2A_{2j}+\cdots+b_nA_{nj},$$

其中,A_{ij} 为系数行列式 D 中元素 a_{ij} 的代数余子式.将 $x_j=\dfrac{D_j}{D}$ 代入方程组(1.8)

中的第 i 个方程，得

$$a_{i1}x_1+a_{i2}x_2+\cdots+a_{in}x_n=a_{i1}\frac{D_1}{D}+a_{i2}\frac{D_2}{D}+\cdots+a_{in}\frac{D_n}{D}$$

$$=\frac{1}{D}[a_{i1}(b_1A_{11}+b_2A_{21}+\cdots+b_nA_{n1})+a_{i2}(b_1A_{12}+b_2A_{22}+\cdots+b_nA_{n2})$$
$$+\cdots+a_{in}(b_1A_{1n}+b_2A_{2n}+\cdots+b_nA_{nn})]$$

$$=\frac{1}{D}[b_1(a_{i1}A_{11}+a_{i2}A_{12}+\cdots+a_{in}A_{1n})+b_2(a_{i1}A_{21}+a_{i2}A_{22}+\cdots+a_{in}A_{2n})$$
$$+\cdots+b_n(a_{i1}A_{n1}+a_{i2}A_{n2}+\cdots+a_{in}A_{nn})],$$

因为 $a_{i1}A_{k1}+a_{i2}A_{k2}+\cdots+a_{in}A_{kn}=0, i\neq k, a_{i1}A_{i1}+a_{i2}A_{i2}+\cdots+a_{in}A_{in}=D$，所以 $a_{i1}x_1+a_{i2}x_2+\cdots+a_{in}x_n=\frac{1}{D}(b_iD)=b_i,\ i=1,2,\cdots,n.$

因此，$x_j=\frac{D_j}{D}$ 是方程组(1.8)的解.

下面证明唯一性.

用行列式 D 中第 j 列各元素的代数余子式 $D_{1j},D_{2j},\cdots,D_{nj}, j=1,2,\cdots,n$，依次乘方程组(1.8)的第1个、第2个、…、第 n 个方程，再将等式两端相加，整理得

$$\left(\sum_{k=1}^{n}a_{k1}D_{kj}\right)x_1+\cdots+\left(\sum_{k=1}^{n}a_{kj}D_{kj}\right)x_j+\cdots+\left(\sum_{k=1}^{n}a_{kn}D_{kj}\right)x_n=\sum_{k=1}^{n}b_kD_{kj}.$$

由第二节的内容可知，上式中 x_j 的系数等于 D，而其余 $x_i, i\neq j$，的系数均为0；又等式右端即为 D_j，$0\cdot x_1+\cdots+D\cdot x_j+\cdots+0\cdot x_n=D_j$，即

$$D\cdot x_j=D_j,\ j=1,2,\cdots,n. \tag{1.9}$$

由于方程组(1.9)是由方程组(1.8)经乘数与相加运算而得，故方程组(1.8)的解一定是方程组(1.9)的解，而方程组(1.9)当 $D\neq0$ 时，仅有一个解

$$x_j=\frac{D_j}{D},\ j=1,2,\cdots,n.$$

【例 1.13】 解下列线性方程组：

$$\begin{cases} x_1-x_2+x_3-2x_4=2, \\ 2x_1-x_3+4x_4=4, \\ 3x_1+2x_2+x_3=-1, \\ -x_1+2x_2-x_3+2x_4=-4. \end{cases}$$

解 先计算行列式 D 及 $D_j(j=1,2,3,4)$，

$$D=\begin{vmatrix}1&-1&1&-2\\2&0&-1&4\\3&2&1&0\\-1&2&-1&2\end{vmatrix}\xlongequal[\substack{-3r_1+r_3\\r_1+r_4}]{-2r_1+r_2}\begin{vmatrix}1&-1&1&-2\\0&3&-3&8\\0&5&-2&6\\0&1&0&0\end{vmatrix}=\begin{vmatrix}3&-3&8\\5&-2&6\\1&0&0\end{vmatrix}=-2\neq 0,$$

$$D_1=\begin{vmatrix}2&-1&1&-2\\4&0&-1&4\\-1&2&1&0\\-4&2&-1&2\end{vmatrix}=-2,\ D_2=\begin{vmatrix}1&2&1&-2\\2&4&-1&4\\3&-1&1&0\\-1&-4&-1&2\end{vmatrix}=4,$$

$$D_3=\begin{vmatrix}1&-1&2&-2\\2&0&4&4\\3&2&-1&0\\-1&2&-4&2\end{vmatrix}=0,\ D_4=\begin{vmatrix}1&-1&1&2\\2&0&-1&4\\3&2&1&-1\\-1&2&-1&-4\end{vmatrix}=-1.$$

由克莱姆法则,方程组有唯一解:

$$x_1=\frac{D_1}{D}=1,\ x_2=\frac{D_2}{D}=-2,$$

$$x_3=\frac{D_3}{D}=0,\ x_4=\frac{D_4}{D}=\frac{1}{2}.$$

如果方程组(1.8)的常数项全部为零,即

$$\begin{cases}a_{11}x_1+a_{12}x_2+\cdots+a_{1n}x_n=0,\\a_{21}x_1+a_{22}x_2+\cdots+a_{2n}x_n=0,\\\qquad\cdots\\a_{n1}x_1+a_{n2}x_2+\cdots+a_{nn}x_n=0,\end{cases}\tag{1.10}$$

则称为**齐次线性方程组**.而常数项不全为零的线性方程组(1.8)称为**非齐次线性方程组**.

显然,齐次线性方程组(1.10)一定有零解 $x_1=x_2=\cdots=x_n=0$. 对于齐次线性方程组我们关心的是除零解外是否还有非零解,该问题可由如下定理判定.

定理1.2 如果齐次线性方程组(1.10)的系数行列式 $D\neq 0$,则它只有零解,即

$$x_1=x_2=\cdots=x_n=0.$$

证 因为 $D\neq 0$,由克莱姆法则,方程组(1.10)有唯一解:

$$x_j=\frac{D_j}{D},\ j=1,2,\cdots,n.$$

由于 D_j 中有一列元素全为0,则 $D_j=0,j=1,2,\cdots,n$,所以方程组(1.10)只有零

解 $x_1 = x_2 = \cdots = x_n = 0$.

推论 1.4　如果齐次线性方程组(1.10)有非零解，则它的系数行列式 $D=0$.

【例 1.14】　判定齐次线性方程组

$$\begin{cases} x_1 + x_2 + 2x_3 + 3x_4 = 0, \\ x_1 + 2x_2 + 3x_3 - x_4 = 0, \\ 3x_1 - x_2 - x_3 - 2x_4 = 0, \\ 2x_1 + 3x_2 - x_3 - x_4 = 0, \end{cases}$$

是否仅有零解？

解　因为系数行列式

$$D = \begin{vmatrix} 1 & 1 & 2 & 3 \\ 1 & 2 & 3 & -1 \\ 3 & -1 & -1 & -2 \\ 2 & 3 & -1 & -1 \end{vmatrix} = -153 \neq 0,$$

所以，方程组仅有零解.

【例 1.15】　问 λ 取何值时，齐次线性方程组

$$\begin{cases} (1-\lambda)x_1 - 2x_2 + 4x_3 = 0, \\ 2x_1 + (3-\lambda)x_2 + x_3 = 0, \\ x_1 + x_2 + (1-\lambda)x_3 = 0, \end{cases}$$

有非零解？

解　由推论可知，若所给齐次线性方程组有非零解，则它的系数行列式 $D=0$，而

$$\begin{aligned} D &= \begin{vmatrix} 1-\lambda & -2 & 4 \\ 2 & 3-\lambda & 1 \\ 1 & 1 & 1-\lambda \end{vmatrix} \\ &= (1-\lambda)^2(3-\lambda) + 8 - 2 - 4(3-\lambda) + 4(1-\lambda) + (1-\lambda) \\ &= (3-\lambda)(\lambda-2)\lambda, \end{aligned}$$

由 $D=0$，解得 $\lambda=0$，$\lambda=2$ 或 $\lambda=3$，不难验证，当 $\lambda=0,2$ 或 3 时，所给齐次线性方程组有非零解.

习　题　1.3

1. 用克莱姆法则求下列线性方程组的解：

(1) $\begin{cases}2x_1-x_2-x_3=4,\\3x_1+4x_2-2x_3=11,\\3x_1-2x_2+4x_3=11.\end{cases}$ (2) $\begin{cases}2x_1-3x_2+x_3=-1,\\x_1+x_2+x_3=6,\\3x_1+x_2-2x_3=-1.\end{cases}$

2. 问 λ 取何值时，齐次线性方程组 $\begin{cases}(5-\lambda)x_1+2x_2+2x_3=0,\\2x_1+(6-\lambda)x_2=0,\\2x_1+(4-\lambda)x_3=0,\end{cases}$ 有非零解?

3. k 取何值时，下列齐次线性方程组有非零解：

(1) $\begin{cases}x_1+x_2+kx_3=0,\\-x_1+kx_2+x_3=0,\\x_1-x_2+2x_3=0.\end{cases}$ (2) $\begin{cases}kx_1+x_2+x_3=0,\\x_1+kx_2+x_3=0,\\3x_1-x_2+x_3=0.\end{cases}$

1.4 MATLAB 软件在行列式运算中的应用

行列式的计算在 MATLAB 中非常简单，用到以下命令：

det(A)：用来求方阵 A 对应的行列式的值；

【例 1.16】 计算下列行列式：

$$\begin{vmatrix}3&-2&0&5\\1&4&-2&3\\7&-1&5&4\\0&5&8&6\end{vmatrix}.$$

首先给矩阵 A 赋值，命令是：

```
>> A = [3, -2,0,5;1,4, -2,3;7, -1,5,4;0,5,8,6] ↙
  A =
      3  -2   0  5
      1   4  -2  3
      7  -1   5  4
      0   5   8  6
```

然后计算行列式 det(A)，命令是：

```
>> det(A) ↙
  ans =
     1658
```

用 MATLAB 解方程组的具体方法我们将在下一章详细介绍.

第2章　矩　阵

矩阵是线性代数的一个重要概念,也是一个重要的数学工具,它被广泛地应用到现代管理科学、自然科学、工程技术等各个领域.本章主要介绍矩阵的概念及运算、矩阵的初等变换及逆、求解线性方程组等知识.

2.1　矩阵的概念及运算

2.1.1　矩阵的概念

引例 2.1(物资调运)　在物资调运中经常要考虑如何决定销地,使物资的总运费最低.如果某个地区的钢材有三个产地 $x_1, x_2\ x_3$,有三个销地 y_1, y_2, y_3,可以用一个数表来表示钢材的调运方案,如表 2.1 所示.

表 2.1　钢材的调运方案

产地＼销地	y_1	y_2	y_3
x_1	a_{11}	a_{12}	a_{13}
x_2	a_{21}	a_{22}	a_{23}
x_3	a_{31}	a_{32}	a_{33}

表中数据 a_{ij} 表示由产地 x_i 运到销地 y_j 的钢材数量,去掉表头后,得到以下按一定次序排列的数表:

$$\begin{pmatrix} a_{11} & a_{12} & a_{13} \\ a_{21} & a_{22} & a_{23} \\ a_{31} & a_{32} & a_{33} \end{pmatrix}.$$

引例 2.2(成绩统计)　某高职院校甲、乙、丙三学生,第一学期数学、英语、计算机三门课程的成绩如表 2.2 所示.

表 2.2　学生成绩表

课程 学生	数学	英语	计算机
学生甲	74	95	65
学生乙	85	78	81
学生丙	91	85	79

为了简便,可以把它写成如下的数表:

$$\begin{pmatrix} 74 & 95 & 65 \\ 85 & 78 & 81 \\ 91 & 85 & 79 \end{pmatrix}.$$

定义 2.1　由 $m\times n$ 个数 $a_{ij}(i=1,2,\cdots,m;j=1,2,\cdots,n)$ 按照一定的次序排成的 m 行 n 列的数表

$$\begin{matrix} a_{11} & a_{12} & \cdots & a_{1n} \\ a_{21} & a_{22} & \cdots & a_{2n} \\ \vdots & \vdots & & \vdots \\ a_{m1} & a_{m2} & \cdots & a_{mn} \end{matrix}$$

称为 m 行 n 列**矩阵**,简称 $m\times n$ **矩阵**,记作

$$\boldsymbol{A}=\begin{pmatrix} a_{11} & a_{12} & \cdots & a_{1n} \\ a_{21} & a_{22} & \cdots & a_{2n} \\ \vdots & \vdots & & \vdots \\ a_{m1} & a_{m2} & \cdots & a_{mn} \end{pmatrix},$$

简记为 $\boldsymbol{A}=(a_{ij})_{m\times n}$.

当 $m=n$ 时,矩阵的行数与列数相等,这时矩阵称为 n 阶**方阵**.

当 $m=1$ 时,矩阵只有一行,即矩阵 $\boldsymbol{A}=(a_{11}\quad a_{12}\quad\cdots\quad a_{1n})$,称为**行矩阵**.

当 $n=1$ 时,矩阵只有一列,即矩阵 $\boldsymbol{A}=\begin{pmatrix} a_{11} \\ a_{21} \\ \vdots \\ a_{n1} \end{pmatrix}$,称为**列矩阵**.

如果两个矩阵的行数与列数分别相等,则这两个矩阵是**同型**的.

元素都是零的矩阵成为**零矩阵**,记作 **0**. 不同型的零矩阵是不同的.

从左上角到右下角的直线称作**主对角线**. 主对角线以下的元素全为零的方阵称为**上三角矩阵**,主对角线以上的元素全为零的方阵称为**下三角矩阵**,分别是

$$\begin{pmatrix} a_{11} & a_{12} & \cdots & a_{1n} \\ 0 & a_{22} & \cdots & a_{2n} \\ \vdots & \vdots & & \vdots \\ 0 & 0 & \cdots & a_{nn} \end{pmatrix}, \begin{pmatrix} a_{11} & 0 & \cdots & 0 \\ a_{21} & a_{22} & \cdots & 0 \\ \vdots & \vdots & & \vdots \\ a_{n1} & a_{n2} & \cdots & a_{nn} \end{pmatrix}.$$

主对角线上存在非零元素、其他元素都是 0 的矩阵称作**对角矩阵**,即

$$\Lambda = \begin{pmatrix} \lambda_1 & 0 & \cdots & 0 \\ 0 & \lambda_2 & \ddots & \vdots \\ \vdots & \ddots & \ddots & 0 \\ 0 & \cdots & 0 & \lambda_n \end{pmatrix}.$$

特别地,主对角线上的元素都是 1、其他元素都是 0 的矩阵称作**单位矩阵**,简记 $\boldsymbol{E}$,即

$$\boldsymbol{E}_n = \begin{pmatrix} 1 & 0 & \cdots & 0 \\ 0 & 1 & \cdots & 0 \\ \vdots & \vdots & & \vdots \\ 0 & 0 & \cdots & 1 \end{pmatrix}.$$

如果 $\boldsymbol{A} = (a_{ij})$ 与 $\boldsymbol{B} = (b_{ij})$ 是同型矩阵,并且它的对应元素相等,即

$$a_{ij} = b_{ij}, i = 1,2,\cdots,m; j = 1,2,\cdots,n,$$

则称矩阵 $\boldsymbol{A}$ 与 $\boldsymbol{B}$ **相等**,记作 $\boldsymbol{A} = \boldsymbol{B}$.

2.1.2 矩阵的运算

无论在数学理论还是在实际应用中,矩阵都是一个重要的概念.如果仅把矩阵作为一个数表,就不能充分发挥其作用,因此对矩阵定义运算是十分有必要的.

2.1.2.1 矩阵的加法

引例 2.3(产品产量) 某公司有甲、乙两车间生产 A,B,C 三种产品,九、十两月份的产量如表 2.3、表 2.4 所示.

表 2.3 九月份产量(台)

数量 产品 / 车间	A	B	C
甲	11	64	35
乙	15	84	52

表 2.4 十月份产量(台)

数量 \ 产品 车间	A	B	C
甲	25	59	44
乙	18	76	65

如果将九、十两月份的产量合起来进行分析,则有

甲车间:A 产品的产量为 $11+25=36$,乙车间:A 产品的产量为 $15+18=33$,
B 产品的产量为 $64+59=123$, B 产品的产量为 $84+76=160$,
C 产品的产量为 $35+44=79$, C 产品的产量为 $52+65=117$.

列成表格即

表 2.5 九、十两月的总产量(台)

数量 \ 产品 车间	A	B	C
甲	36	123	79
乙	33	160	117

写成矩阵形式有

$$\begin{pmatrix} 11 & 64 & 35 \\ 15 & 84 & 52 \end{pmatrix}+\begin{pmatrix} 25 & 59 & 44 \\ 18 & 76 & 65 \end{pmatrix}=\begin{pmatrix} 36 & 123 & 79 \\ 33 & 160 & 117 \end{pmatrix}.$$

定义 2.2 设 $\boldsymbol{A}=(a_{ij})$,$\boldsymbol{B}=(b_{ij})$ 均为 $m\times n$ 矩阵,则矩阵 $\boldsymbol{A}$ 与 $\boldsymbol{B}$ 的和记作 $\boldsymbol{A}+\boldsymbol{B}$,且

$$\boldsymbol{A}+\boldsymbol{B}=(a_{ij}+b_{ij})_{m\times n},$$

设矩阵 $\boldsymbol{A}=(a_{ij})$,记 $-\boldsymbol{A}=(-a_{ij})$,$-\boldsymbol{A}$ 称为矩阵 $\boldsymbol{A}$ 的**负矩阵**. 显然 $\boldsymbol{A}+(-\boldsymbol{A})=\boldsymbol{0}$. 规定,矩阵的减法为 $\boldsymbol{A}-\boldsymbol{B}=\boldsymbol{A}+(-\boldsymbol{B})$.

由定义知,只有行数相同、列数也相同的矩阵才能相加减.

矩阵的加法满足如下的运算规律:

(1) $\boldsymbol{A}+\boldsymbol{B}=\boldsymbol{B}+\boldsymbol{A}$;

(2) $(\boldsymbol{A}+\boldsymbol{B})+\boldsymbol{C}=\boldsymbol{A}+(\boldsymbol{B}+\boldsymbol{C})$;

(3) $\boldsymbol{A}+\boldsymbol{0}=\boldsymbol{A}$;

(4) $\boldsymbol{A}+(-\boldsymbol{A})=\boldsymbol{0}$;

其中,$\boldsymbol{A}$,$\boldsymbol{B}$,$\boldsymbol{C}$ 都是 m 行 n 列的矩阵.

【例 2.1】 已知

$$\boldsymbol{A}=\begin{pmatrix}3&7&4\\-3&4&4\\-2&0&3\end{pmatrix},\ \boldsymbol{B}=\begin{pmatrix}3&x_1&x_2\\x_1&4&x_3\\x_2&x_3&3\end{pmatrix},\ \boldsymbol{C}=\begin{pmatrix}0&y_1&y_2\\-y_1&0&y_3\\-y_2&-y_3&0\end{pmatrix},$$

且 $\boldsymbol{A}=\boldsymbol{B}+\boldsymbol{C}$,求 $\boldsymbol{B}$ 和 $\boldsymbol{C}$.

解　根据条件 $\boldsymbol{A}=\boldsymbol{B}+\boldsymbol{C}$,得

$$\begin{pmatrix}3&7&4\\-3&4&4\\-2&0&3\end{pmatrix}=\begin{pmatrix}3&x_1&x_2\\x_1&4&x_3\\x_2&x_3&3\end{pmatrix}+\begin{pmatrix}0&y_1&y_2\\-y_1&0&y_3\\-y_2&-y_3&0\end{pmatrix}=\begin{pmatrix}3&x_1+y_1&x_2+y_2\\x_1-y_1&4+0&x_3+y_3\\x_2-y_2&x_3-y_3&3+0\end{pmatrix}.$$

由两个矩阵相等的定义,得方程组

$$\begin{cases}x_1+y_1=7\\x_1-y_1=-3\end{cases},\ \begin{cases}x_2+y_2=4\\x_2-y_2=-2\end{cases},\ \begin{cases}x_3+y_3=4\\x_3-y_3=0\end{cases},$$

解得:

$$\begin{cases}x_1=2\\y_1=5\end{cases},\ \begin{cases}x_2=1\\y_2=3\end{cases},\ \begin{cases}x_3=2\\y_3=2\end{cases}.$$

因此,

$$\boldsymbol{B}=\begin{pmatrix}3&2&1\\2&4&2\\1&2&3\end{pmatrix},\ \boldsymbol{C}=\begin{pmatrix}0&5&3\\-5&0&2\\-3&-2&0\end{pmatrix}.$$

2.1.2.2　数与矩阵相乘

定义 2.3　数 λ 与矩阵 $\boldsymbol{A}=(a_{ij})$ 的乘积记作 $\lambda\boldsymbol{A}$,规定为 $\lambda\boldsymbol{A}=(\lambda a_{ij})_{m\times n}$,即

$$\lambda\boldsymbol{A}=\lambda\begin{pmatrix}a_{11}&a_{12}&\cdots&a_{1n}\\a_{21}&a_{22}&\cdots&a_{2n}\\\vdots&\vdots&&\vdots\\a_{m1}&a_{m2}&\cdots&a_{mn}\end{pmatrix}=\begin{pmatrix}\lambda a_{11}&\lambda a_{12}&\cdots&\lambda a_{1n}\\\lambda a_{21}&\lambda a_{22}&\cdots&\lambda a_{2n}\\\vdots&\vdots&&\vdots\\\lambda a_{m1}&\lambda a_{m2}&\cdots&\lambda a_{mn}\end{pmatrix}.$$

显然,数与矩阵相乘满足下列运算规律:

(1) $(\lambda\mu)\boldsymbol{A}=\lambda(\mu\boldsymbol{A})$;

(2) $(\lambda+\mu)\boldsymbol{A}=\lambda\boldsymbol{A}+\mu\boldsymbol{A}$;

(3) $\lambda(\boldsymbol{A}+\boldsymbol{B})=\lambda\boldsymbol{A}+\lambda\boldsymbol{B}$;

其中,$\boldsymbol{A},\boldsymbol{B}$ 都是 m 行 n 列的矩阵,λ,μ 为任意常数.

【例 2.2】　已知 $\boldsymbol{A}=\begin{pmatrix}3&4&5\\1&5&7\end{pmatrix}$, $\boldsymbol{B}=\begin{pmatrix}5&2&3\\1&-3&-1\end{pmatrix}$,求 $\frac{1}{2}(\boldsymbol{A}+\boldsymbol{B})$.

解 $\frac{1}{2}(\boldsymbol{A}+\boldsymbol{B})=\frac{1}{2}\left(\begin{pmatrix}3&4&5\\1&5&7\end{pmatrix}+\begin{pmatrix}5&2&3\\1&-3&-1\end{pmatrix}\right)$

$$=\frac{1}{2}\begin{pmatrix}8&6&8\\2&2&6\end{pmatrix}=\begin{pmatrix}4&3&4\\1&1&3\end{pmatrix}.$$

2.1.2.3 矩阵与矩阵相乘

引例 2.4(成本和销售额) 设某厂生产甲、乙、丙三种产品，“九五”和“十五”期间的产量用矩阵 $\boldsymbol{A}$ 表示，其成本单价和销售单价用矩阵 $\boldsymbol{B}$ 表示，试求“九五”和“十五”期间的成本总额和销售总额.

$$\boldsymbol{A}=\begin{matrix} \text{甲} & \text{乙} & \text{丙} & \\ \end{matrix}$$
$$\boldsymbol{A}=\begin{pmatrix}a_{11}&a_{12}&a_{13}\\a_{21}&a_{22}&a_{23}\end{pmatrix}\begin{matrix}\text{九五}\\\text{十五}\end{matrix}\quad(\text{列：甲、乙、丙})$$

$$\boldsymbol{B}=\begin{pmatrix}b_{11}&b_{12}\\b_{21}&b_{22}\\b_{31}&b_{32}\end{pmatrix}\quad(\text{列：成本价、销售价})$$

$$\boldsymbol{C}=\begin{pmatrix}c_{11}&c_{12}\\c_{21}&c_{22}\end{pmatrix}\begin{matrix}\text{九五}\\\text{十五}\end{matrix}\quad(\text{列：成本总额、销售总额})$$

用矩阵 $\boldsymbol{C}$ 来表示两个时间段的成本总额和销售总额，则有

$$c_{11}=a_{11}b_{11}+a_{12}b_{21}+a_{13}b_{31},$$
$$c_{12}=a_{11}b_{12}+a_{12}b_{22}+a_{13}b_{32},$$
$$c_{21}=a_{21}b_{11}+a_{22}b_{21}+a_{23}b_{31},$$
$$c_{22}=a_{21}b_{12}+a_{22}b_{22}+a_{23}b_{32}.$$

从中可以看出，矩阵 $\boldsymbol{C}$ 的元素 $c_{ij}(i=1,2,j=1,2)$ 是用矩阵 $\boldsymbol{A}$ 的第 i 行元素与矩阵 $\boldsymbol{B}$ 的第 j 列的对应元素的乘积之和求得的.

定义 2.4 设 $\boldsymbol{A}=(a_{ij})$ 是一个 $m\times s$ 矩阵，$\boldsymbol{B}=(b_{ij})$ 是一个 $s\times n$ 矩阵，那么规定矩阵 $\boldsymbol{A}$ 与矩阵 $\boldsymbol{B}$ 的乘积是一个 $m\times n$ 矩阵 $\boldsymbol{C}=(c_{ij})$，其中

$$c_{ij}=a_{i1}b_{1j}+a_{i2}b_{2j}+\cdots+a_{is}b_{sj}=\sum_{k=1}^{s}a_{ik}b_{kj},i=1,2,\cdots,m;j=1,2,\cdots,n.$$

记作 $\boldsymbol{C}=\boldsymbol{AB}$.

由矩阵乘法的定义知，两个矩阵要能相乘，需满足：$\boldsymbol{A}$ 的列数 $=\boldsymbol{B}$ 的行数，$\boldsymbol{AB}$ 的行数 $=\boldsymbol{A}$ 的行数；$\boldsymbol{AB}$ 的列数 $=\boldsymbol{B}$ 的列数.

$\boldsymbol{A}$ 与 $\boldsymbol{B}$ 的先后次序不能改变. 例如，

$$\boldsymbol{A}=\begin{pmatrix}3&-1\\0&3\\1&0\end{pmatrix},\boldsymbol{B}=\begin{pmatrix}1&0&1&-1\\0&2&1&0\end{pmatrix},\boldsymbol{AB}=\begin{pmatrix}3&-2&2&-3\\0&6&3&0\\1&0&1&-1\end{pmatrix},\text{而}\boldsymbol{BA}\text{无意义}.$$

【例 2.3】 已知 $\boldsymbol{A}=\begin{pmatrix}1&0&3\\2&-1&0\end{pmatrix}$，$\boldsymbol{B}=\begin{pmatrix}1&-1\\2&3\\4&0\end{pmatrix}$，求 $\boldsymbol{AB}$ 与 $\boldsymbol{BA}$.

解 $\boldsymbol{AB}=\begin{pmatrix}13&-1\\0&-5\end{pmatrix}$，$\boldsymbol{BA}=\begin{pmatrix}-1&1&3\\8&-3&6\\4&0&12\end{pmatrix}$.

从本例可以看出，有时虽然 $\boldsymbol{AB}$ 与 $\boldsymbol{BA}$ 都有意义，但 $\boldsymbol{AB}$ 不一定等于 $\boldsymbol{BA}$，即**矩阵乘法不满足交换律**；

同样，若有两个矩阵 $\boldsymbol{A}$、$\boldsymbol{B}$ 满足 $\boldsymbol{AB}=\boldsymbol{0}$，不能得出 $\boldsymbol{A}=\boldsymbol{0}$ 或 $\boldsymbol{B}=\boldsymbol{0}$ 的结论，即**矩阵乘法不满足消去律**.

例如，设 $\boldsymbol{A}=\begin{pmatrix}1&2\\1&2\end{pmatrix}$，$\boldsymbol{B}=\begin{pmatrix}1&-1\\-1&1\end{pmatrix}$，则 $\boldsymbol{AB}=\begin{pmatrix}-1&1\\-1&1\end{pmatrix}$，$\boldsymbol{BA}=\begin{pmatrix}0&0\\0&0\end{pmatrix}$.
显然，$\boldsymbol{AB}\neq\boldsymbol{BA}$；$\boldsymbol{A}\neq\boldsymbol{0}$，$\boldsymbol{B}\neq\boldsymbol{0}$，但是 $\boldsymbol{BA}=\boldsymbol{0}$.

但矩阵的乘法满足下列结合律与分配律（假设运算都是可行的）：

(1) $(\boldsymbol{AB})\boldsymbol{C}=\boldsymbol{A}(\boldsymbol{BC})$；

(2) $\lambda(\boldsymbol{AB})=(\lambda\boldsymbol{A})\boldsymbol{B}=\boldsymbol{A}(\lambda\boldsymbol{B})$，其中 λ 为数；

(3) $\boldsymbol{A}(\boldsymbol{B}+\boldsymbol{C})=\boldsymbol{AB}+\boldsymbol{AC}$，$(\boldsymbol{B}+\boldsymbol{C})\boldsymbol{A}=\boldsymbol{BA}+\boldsymbol{CA}$.

对单位矩阵 $\boldsymbol{E}$，易知

$$\boldsymbol{E}_m\boldsymbol{A}_{m\times n}=\boldsymbol{A}_{m\times n},\ \boldsymbol{A}_{m\times n}\boldsymbol{E}_n=\boldsymbol{A}_{m\times n},$$

可简记为

$$\boldsymbol{EA}=\boldsymbol{AE}=\boldsymbol{A}.$$

单位矩阵 $\boldsymbol{E}$ 在矩阵乘法中所起的作用与数 1 在数的乘法中所起的作用相同.

案例 2.1(材料供应) 万成建筑公司承包一住宅小区的 6 栋 Ⅰ 类住房、5 栋 Ⅱ 类住房和 3 栋 Ⅲ 类住房的基建任务，各类住房每幢所需的主要原材料及其单价如表 2.6 所示．试利用矩阵计算：

(1) 完成这些基建任务所需各种主要原材料的数量；

(2) 购买这些原材料共需支付多少款项？

表 2.6 各类住房每幢所需的主要原材料及其单价

数量 原材 / 类别	钢筋(吨)	水泥(吨)	石子(吨)	黄沙(吨)
Ⅰ	80	330	1480	780
Ⅱ	95	390	1780	930
Ⅲ	110	460	2080	1090
单价(元)	2500	350	25	20

解 设各类住房的数量矩阵为

$$A = (6 \quad 5 \quad 3),$$

各类住房所需各种原材料数量的矩阵为

$$B = \begin{pmatrix} 80 & 330 & 1480 & 780 \\ 95 & 390 & 1780 & 930 \\ 110 & 460 & 2080 & 1090 \end{pmatrix},$$

各种原材料单价矩阵

$$C = \begin{pmatrix} 2500 \\ 350 \\ 25 \\ 20 \end{pmatrix}.$$

(1) 完成基建任务所需各种原材料的数量为

$$AB = (6 \quad 5 \quad 3)\begin{pmatrix} 80 & 330 & 1480 & 780 \\ 95 & 390 & 1780 & 930 \\ 110 & 460 & 2080 & 1090 \end{pmatrix}$$

$$= (1285 \quad 5310 \quad 24020 \quad 12600),$$

即需要钢筋 1285 吨,水泥 5310 吨,石子 24020 吨,黄沙 12600 吨.

(2) 购买这些原材料所需支付的款项为

$$ABC = (6 \quad 5 \quad 3)\begin{pmatrix} 80 & 330 & 1480 & 780 \\ 95 & 390 & 1780 & 930 \\ 110 & 460 & 2080 & 1090 \end{pmatrix}\begin{pmatrix} 2500 \\ 350 \\ 25 \\ 20 \end{pmatrix}$$

$$= (1285 \quad 5310 \quad 24020 \quad 12600)\begin{pmatrix} 2500 \\ 350 \\ 25 \\ 20 \end{pmatrix}$$

$$= 5923500,$$

即需要支付 5923500 元.

2.1.2.4 矩阵的转置

定义 2.5 设矩阵

$$\boldsymbol{A}=\begin{pmatrix}a_{11} & a_{12} & \cdots & a_{1n}\\ a_{21} & a_{22} & \cdots & a_{2n}\\ \vdots & \vdots & & \vdots\\ a_{m1} & a_{m2} & \cdots & a_{mn}\end{pmatrix}.$$

矩阵 $\boldsymbol{A}$ 的行与列依次互换所得到的矩阵称作 $\boldsymbol{A}$ 的**转置矩阵**,记作 $\boldsymbol{A}^{\mathrm{T}}$,即

$$\boldsymbol{A}^{\mathrm{T}}=\begin{pmatrix}a_{11} & a_{21} & \cdots & a_{m1}\\ a_{12} & a_{22} & \cdots & a_{m2}\\ \vdots & \vdots & \vdots & \vdots\\ a_{1n} & a_{2n} & \cdots & a_{mn}\end{pmatrix}.$$

矩阵的转置运算满足下述运算规律(假设运算都是可行的):

(1) $(\boldsymbol{A}^{\mathrm{T}})^{\mathrm{T}}=\boldsymbol{A}$;

(2) $(\boldsymbol{A}+\boldsymbol{B})^{\mathrm{T}}=\boldsymbol{A}^{\mathrm{T}}+\boldsymbol{B}^{\mathrm{T}}$;

(3) $(\lambda\boldsymbol{A})^{\mathrm{T}}=\lambda\boldsymbol{A}^{\mathrm{T}}$;

(4) $(\boldsymbol{AB})^{\mathrm{T}}=\boldsymbol{B}^{\mathrm{T}}\boldsymbol{A}^{\mathrm{T}}$.

案例 2.2(销售利润) 联华公司有 Ⅰ、Ⅱ、Ⅲ 三种商品,由甲、乙、丙三个超市销售.日销售量、各种商品的单位价格和利润如表 2.7 所示.

表 2.7 日销售量、各种商品的单位价格和利润

日销售量 \ 商品 / 门市部	Ⅰ	Ⅱ	Ⅲ
甲	48	36	18
乙	42	40	12
丙	35	26	24
单位价格(元/件)	150	180	300
单位利润(元/件)	20	30	60

试求出各超市的当日销售额和利润.

解 设 $\boldsymbol{A}$ 为各种商品的单位价格和单位利润矩阵,$\boldsymbol{B}$ 为各超市每种商品的日销售量矩阵,则

$$A=\begin{pmatrix}150 & 180 & 300\\ 20 & 30 & 60\end{pmatrix},\ B=\begin{bmatrix}48 & 36 & 18\\ 42 & 40 & 12\\ 35 & 26 & 24\end{bmatrix},$$

于是各超市的当日销售额和利润为

$$AB^{\mathrm{T}}=\begin{pmatrix}150 & 180 & 300\\ 20 & 30 & 60\end{pmatrix}\begin{bmatrix}48 & 42 & 35\\ 36 & 40 & 26\\ 18 & 12 & 24\end{bmatrix}$$
$$=\begin{pmatrix}19080 & 17100 & 17130\\ 3120 & 2760 & 2920\end{pmatrix},$$

即各超市的当日销售额和利润,如表 2.8 所示.

表 2.8　各超市的当日销售额和利润

超市	甲	乙	丙
日销售额	19080	17100	17130
日利润	3120	2760	2920

定义 2.6　设 A 是 n 阶方阵,如果满足 $A^{\mathrm{T}}=A$,即 $a_{ij}=a_{ji}(i,j=1,2,\cdots,n)$,则称 A 是**对称矩阵**.

对称矩阵的特征:矩阵元素以对角线为对称轴对应相等.

习　题　2.1

1. 设

$$A=\begin{pmatrix}2 & 4 & 1\\ 0 & 3 & 5\end{pmatrix},\ B=\begin{pmatrix}-1 & 3 & 1\\ 2 & 0 & 5\end{pmatrix},\ C=\begin{pmatrix}0 & 1 & 2\\ -3 & -1 & 3\end{pmatrix},$$

求 $3A-2B+C$.

2. 已知

$$2\begin{pmatrix}2 & 1 & -3\\ 0 & -2 & 1\end{pmatrix}+3X-\begin{pmatrix}1 & -2 & 2\\ 3 & 0 & -1\end{pmatrix}=0,$$

求矩阵 X.

3. 已知 $A=\begin{pmatrix}1 & -2 & 0\\ 4 & 3 & 5\end{pmatrix}$, $B=\begin{pmatrix}8 & 2 & 6\\ 5 & 3 & 4\end{pmatrix}$,且满足 $2A+X=B-2X$,求 X.

4. 计算下列矩阵乘积:

(1) $\begin{pmatrix} 2 \\ -1 \\ 3 \end{pmatrix}(-1 \quad 2)$；　　(2) $(1 \quad -2 \quad 3)\begin{pmatrix} 1 & 0 & -1 \\ 2 & 4 & 1 \\ -3 & -2 & 1 \end{pmatrix}$；

(3) $\begin{pmatrix} 4 & 3 & 1 \\ 1 & -2 & 3 \\ 5 & 7 & 0 \end{pmatrix}\begin{pmatrix} 7 \\ 2 \\ 1 \end{pmatrix}$；　　(4) $(x_1 \quad x_2 \quad x_3)\begin{pmatrix} a_{11} & a_{12} & a_{13} \\ a_{21} & a_{22} & a_{23} \\ a_{31} & a_{32} & a_{33} \end{pmatrix}\begin{pmatrix} x_1 \\ x_2 \\ x_3 \end{pmatrix}$.

5. 设

$$\boldsymbol{A} = \begin{pmatrix} 1 & 1 & 1 \\ -1 & 1 & 1 \\ 1 & -1 & 1 \end{pmatrix}, \boldsymbol{B} = \begin{pmatrix} 1 & 2 & 1 \\ 1 & 3 & -1 \\ 2 & 1 & 2 \end{pmatrix},$$

求：(1) $\boldsymbol{AB} - 3\boldsymbol{B}$；(2) $\boldsymbol{AB} - \boldsymbol{BA}$；(3) $(\boldsymbol{A} - \boldsymbol{B})(\boldsymbol{A} + \boldsymbol{B})$；(4) $\boldsymbol{A}^2 - \boldsymbol{B}^2$.

6. 已知

$$\boldsymbol{A} = \begin{pmatrix} 2 & 1 & 1 \\ 3 & -1 & 2 \\ 1 & -1 & 0 \end{pmatrix},$$

设 $f(x) = x^2 - 2x - 1$，求 $f(\boldsymbol{A})$.

7. 设矩阵

$$\boldsymbol{A} = \begin{pmatrix} 3 & 1 & 1 \\ 2 & 1 & 2 \\ 1 & 2 & 3 \end{pmatrix}, \boldsymbol{B} = \begin{pmatrix} 1 & 1 & 1 \\ 2 & -1 & 0 \\ 1 & 0 & 1 \end{pmatrix},$$

求 $\boldsymbol{AB} - \boldsymbol{BA}$ 及 $\boldsymbol{B}^{\mathrm{T}}\boldsymbol{A}$.

8. 设 $\boldsymbol{A} = \begin{pmatrix} 1 & 2 \\ 1 & 3 \end{pmatrix}$，$\boldsymbol{B} = \begin{pmatrix} 1 & 0 \\ 1 & 2 \end{pmatrix}$，试问：

(1) $\boldsymbol{AB} = \boldsymbol{BA}$ 吗？

(2) $(\boldsymbol{A} + \boldsymbol{B})^2 = \boldsymbol{A}^2 + 2\boldsymbol{AB} + \boldsymbol{B}^2$ 吗？

(3) $(\boldsymbol{A} + \boldsymbol{B})(\boldsymbol{A} - \boldsymbol{B}) = \boldsymbol{A}^2 - \boldsymbol{B}^2$ 吗？

(4) 由此关于矩阵的乘法得到何结论？

9. 举反例说明下列命题是错误的：

(1) 若 $\boldsymbol{A}^2 = \boldsymbol{0}$，则 $\boldsymbol{A} = \boldsymbol{0}$；

(2) 若 $\boldsymbol{A}^2 = \boldsymbol{A}$，则 $\boldsymbol{A} = \boldsymbol{0}$ 或 $\boldsymbol{A} = \boldsymbol{E}$；

(3) 若 $\boldsymbol{AX} = \boldsymbol{AY}$，且 $\boldsymbol{A} \neq \boldsymbol{0}$，则 $\boldsymbol{X} = \boldsymbol{Y}$

(4) 以上反例说明了什么？

10. 设$\boldsymbol{A}=\begin{pmatrix}1 & 0\\ \lambda & 1\end{pmatrix}$,求$\boldsymbol{A}^2,\boldsymbol{A}^3,\cdots,\boldsymbol{A}^k$(先计算$\boldsymbol{A}^2,\boldsymbol{A}^3$,观察出计算结果,然后用数学归纳法证明).

2.2 逆矩阵

在第一节定义了矩阵的加法、减法和乘法,那么是否也能定义除法呢?回答是否定的.但是这个问题可以换个角度去考虑,我们先看下面的引例.

引例 2.5(产品价格) 某公司有两个工厂,生产甲、乙两种产品,两个工厂每天生产两种产品的数量可用矩阵表示为

$$\begin{array}{c} \quad\quad 甲\quad 乙 \\ \boldsymbol{A}=\begin{pmatrix}5 & 7\\ 6 & 3\end{pmatrix}\begin{array}{l}工厂一\\ 工厂二\end{array}\end{array}$$

各工厂每天总收入用矩阵表示为

$$\begin{array}{c} \quad\quad 总收入 \\ \boldsymbol{B}=\begin{pmatrix}290\\ 240\end{pmatrix}\begin{array}{l}工厂一\\ 工厂二\end{array}\end{array}$$

问两种产品的单位售价是多少?

分析 若设两种产品的单位售价为

$$\boldsymbol{X}=\begin{bmatrix}x_1\\ x_2\end{bmatrix}.$$

根据题意有$\boldsymbol{AX}=\boldsymbol{B}$,即

$$\begin{pmatrix}5 & 7\\ 6 & 3\end{pmatrix}\begin{bmatrix}x_1\\ x_2\end{bmatrix}=\begin{pmatrix}290\\ 240\end{pmatrix}.$$

如何从$\boldsymbol{AX}=\boldsymbol{B}$中求得两种产品的单位售价$\boldsymbol{X}$呢?

在代数运算中,如果数$a\neq 0$,其倒数a^{-1}可由等式$a\cdot a^{-1}=a^{-1}\cdot a=1$来描述.在矩阵的乘法运算中,对于任意$n$阶方阵$\boldsymbol{A}$,都有$\boldsymbol{EA}=\boldsymbol{AE}=\boldsymbol{A}$.那么,对于$n$阶方阵$\boldsymbol{A}\neq\boldsymbol{0}$,是否存在$n$阶方阵$\boldsymbol{B}$,使得$\boldsymbol{AB}=\boldsymbol{BA}=\boldsymbol{E}$呢?如果存在这样的方阵$\boldsymbol{B}$,那么$\boldsymbol{A}$要满足什么条件呢?如何利用$\boldsymbol{A}$将$\boldsymbol{B}$求出来呢?为此引进逆矩阵的概念.

2.2.1 逆矩阵的概念

定义 2.7 对于n阶方阵$\boldsymbol{A}$,如果有一个n阶方阵$\boldsymbol{B}$,使得$\boldsymbol{AB}=\boldsymbol{BA}=\boldsymbol{E}$成立,那么说明矩阵$\boldsymbol{A}$是**可逆**的,并把$\boldsymbol{B}$称为$\boldsymbol{A}$的**逆矩阵**.$\boldsymbol{A}$的逆矩阵记为$\boldsymbol{A}^{-1}$.

2.2.2 逆矩阵的求法

定义 2.8 设 n 阶方阵

$$\boldsymbol{A}=\begin{pmatrix} a_{11} & a_{12} & \cdots & a_{1n} \\ a_{21} & a_{22} & \cdots & a_{2n} \\ \vdots & \vdots & & \vdots \\ a_{n1} & a_{n2} & \cdots & a_{nn} \end{pmatrix},$$

A_{ij} 为矩阵 $\boldsymbol{A}$ 中元素 a_{ij} 的代数余子式，则称 $\boldsymbol{A}^*$ 为矩阵 $\boldsymbol{A}$ 的**伴随矩阵**，即

$$\boldsymbol{A}^*=\begin{pmatrix} A_{11} & A_{21} & \cdots & A_{1n} \\ A_{12} & A_{22} & \cdots & A_{2n} \\ \vdots & \vdots & & \vdots \\ A_{1n} & A_{2n} & \cdots & A_{nn} \end{pmatrix},$$

根据行列式按行或按列展开公式，得

$$\boldsymbol{AA}^*=\begin{pmatrix} a_{11} & a_{12} & \cdots & a_{1n} \\ a_{21} & a_{22} & \cdots & a_{2n} \\ \vdots & \vdots & & \vdots \\ a_{n1} & a_{n2} & \cdots & a_{nn} \end{pmatrix}\begin{pmatrix} A_{11} & A_{21} & \cdots & A_{1n} \\ A_{12} & A_{22} & \cdots & A_{2n} \\ \vdots & \vdots & & \vdots \\ A_{1n} & A_{2n} & \cdots & A_{nn} \end{pmatrix}=\begin{pmatrix} |\boldsymbol{A}| & 0 & \cdots & 0 \\ 0 & |\boldsymbol{A}| & \cdots & 0 \\ \vdots & \vdots & & \vdots \\ 0 & 0 & \cdots & |\boldsymbol{A}| \end{pmatrix}=|\boldsymbol{A}|\boldsymbol{E}.$$

同理 $\boldsymbol{A}^*\boldsymbol{A}=|\boldsymbol{A}|\boldsymbol{E}$，即当 $|\boldsymbol{A}|\neq 0$ 时，有 $\boldsymbol{A}\dfrac{\boldsymbol{A}^*}{|\boldsymbol{A}|}=\dfrac{\boldsymbol{A}^*}{|\boldsymbol{A}|}\boldsymbol{A}=\boldsymbol{E}$，按照逆矩阵的定义，得到方阵 $\boldsymbol{A}$ 与它的伴随矩阵 $\boldsymbol{A}^*$ 之间的重要关系式：

$$\boldsymbol{AA}^*=\boldsymbol{A}^*\boldsymbol{A}=|\boldsymbol{A}|\boldsymbol{E}.$$

定理 2.1 n 阶方阵 $\boldsymbol{A}$ 可逆的充分必要条件是 $|\boldsymbol{A}|\neq 0$，且 $\boldsymbol{A}$ 可逆时，有

$$\boldsymbol{A}^{-1}=\frac{1}{|\boldsymbol{A}|}\boldsymbol{A}^*,$$

其中 $\boldsymbol{A}^*$ 为 $\boldsymbol{A}$ 的伴随矩阵.

【例 2.4】 已知矩阵 $\boldsymbol{A}=\begin{pmatrix} 1 & -1 & 1 \\ 1 & 0 & -1 \\ -1 & 1 & -1 \end{pmatrix}$，求 $\boldsymbol{A}^*$.

解 计算 $\boldsymbol{A}$ 中各元素的代数余子式：

$$A_{11}=(-1)^{1+1}\begin{vmatrix} 0 & -1 \\ 1 & -1 \end{vmatrix}=1,\ A_{12}=(-1)^{1+2}\begin{vmatrix} 1 & -1 \\ -1 & -1 \end{vmatrix}=2,$$

$$A_{13}=(-1)^{1+3}\begin{vmatrix} 1 & 0 \\ -1 & 1 \end{vmatrix}=1,\ A_{21}=(-1)^{2+1}\begin{vmatrix} -1 & 1 \\ 1 & -1 \end{vmatrix}=0,$$

$$A_{22}=(-1)^{2+2}\begin{vmatrix}1&1\\-1&-1\end{vmatrix}=0,\ A_{23}=(-1)^{2+3}\begin{vmatrix}1&-1\\-1&1\end{vmatrix}=0,$$

$$A_{31}=(-1)^{3+1}\begin{vmatrix}-1&1\\0&-1\end{vmatrix}=1,\ A_{32}=(-1)^{3+2}\begin{vmatrix}1&1\\1&-1\end{vmatrix}=2,$$

$$A_{33}=(-1)^{3+3}\begin{vmatrix}1&-1\\1&0\end{vmatrix}=1,$$

故 $\boldsymbol{A}^{*}=\begin{pmatrix}A_{11}&A_{21}&A_{31}\\A_{12}&A_{22}&A_{32}\\A_{13}&A_{23}&A_{33}\end{pmatrix}=\begin{pmatrix}1&0&1\\2&0&2\\1&0&1\end{pmatrix}$.

【例 2.5】 求方阵 $\boldsymbol{A}=\begin{pmatrix}1&2&3\\2&2&1\\3&4&3\end{pmatrix}$ 的逆矩阵.

解 因为 $|\boldsymbol{A}|=1\cdot A_{11}+2\cdot A_{12}+3\cdot A_{13}=2\neq 0$，所以 $\boldsymbol{A}^{-1}$ 存在.

$$A_{11}=2,\ A_{21}=6,\ A_{31}=-4,$$
$$A_{12}=-3,\ A_{22}=-6,\ A_{32}=5,$$
$$A_{13}=2,\ A_{23}=2,\ A_{33}=-2,$$

于是，$\boldsymbol{A}$ 的伴随矩阵为

$$\boldsymbol{A}^{*}=\begin{pmatrix}2&6&-4\\-3&-6&5\\2&2&-2\end{pmatrix},$$

因此，

$$\boldsymbol{A}^{-1}=\frac{1}{|\boldsymbol{A}|}\boldsymbol{A}^{*}=\begin{pmatrix}1&3&-2\\-\frac{3}{2}&-3&\frac{5}{2}\\1&1&-1\end{pmatrix}.$$

【例 2.6】 解矩阵方程

$$\begin{pmatrix}1&1&1\\2&1&0\\1&1&0\end{pmatrix}\boldsymbol{X}=\begin{pmatrix}2\\-1\\1\end{pmatrix}.$$

解 设 $\boldsymbol{A}=\begin{pmatrix}1&1&1\\2&1&0\\1&1&0\end{pmatrix}$，$\boldsymbol{B}=\begin{pmatrix}2\\-1\\1\end{pmatrix}$，

所以矩阵方程变为 $AX = B$. 若 A^{-1} 存在，则等式两边左乘 A^{-1}，得到 $X = A^{-1}B$.

因为 $|A| = \begin{vmatrix} 1 & 1 & 1 \\ 2 & 1 & 0 \\ 1 & 1 & 0 \end{vmatrix} = 1 \neq 0$，所以 A 可逆，且

$$A^{-1} = \begin{pmatrix} 0 & 1 & -1 \\ 0 & -1 & 2 \\ 1 & 0 & -1 \end{pmatrix},$$

于是，

$$X = A^{-1}\begin{pmatrix} 2 \\ -1 \\ 1 \end{pmatrix} = \begin{pmatrix} 0 & 1 & -1 \\ 0 & -1 & 2 \\ 1 & 0 & -1 \end{pmatrix}\begin{pmatrix} 2 \\ -1 \\ 1 \end{pmatrix} = \begin{pmatrix} -2 \\ 3 \\ 1 \end{pmatrix}.$$

【例 2.7】 解矩阵方程

$$\begin{pmatrix} 0 & 1 & 0 \\ 1 & 0 & 0 \\ 0 & 0 & 1 \end{pmatrix} X \begin{pmatrix} 1 & 0 & 0 \\ 0 & 0 & 1 \\ 0 & 1 & 0 \end{pmatrix} = \begin{pmatrix} 1 & -4 & 3 \\ 2 & 0 & -1 \\ 1 & -2 & 0 \end{pmatrix}.$$

解 记 $A = \begin{pmatrix} 0 & 1 & 0 \\ 1 & 0 & 0 \\ 0 & 0 & 1 \end{pmatrix}$，$B = \begin{pmatrix} 1 & 0 & 0 \\ 0 & 0 & 1 \\ 0 & 1 & 0 \end{pmatrix}$，$C = \begin{pmatrix} 1 & -4 & 3 \\ 2 & 0 & -1 \\ 1 & -2 & 0 \end{pmatrix}$，因为 $|A| \neq 0$，$|B| \neq 0$，所以矩阵方程 $AXB = C$ 有解，其解 $X = A^{-1}CB^{-1}$，即

$$X = \begin{pmatrix} 0 & 1 & 0 \\ 1 & 0 & 0 \\ 0 & 0 & 1 \end{pmatrix}^{-1} \begin{pmatrix} 1 & -4 & 3 \\ 2 & 0 & -1 \\ 1 & -2 & 0 \end{pmatrix} \begin{pmatrix} 1 & 0 & 0 \\ 0 & 0 & 1 \\ 0 & 1 & 0 \end{pmatrix}^{-1}$$

$$= \begin{pmatrix} 0 & 1 & 0 \\ 1 & 0 & 0 \\ 0 & 0 & 1 \end{pmatrix} \begin{pmatrix} 1 & -4 & 3 \\ 2 & 0 & -1 \\ 1 & -2 & 0 \end{pmatrix} \begin{pmatrix} 1 & 0 & 0 \\ 0 & 0 & 1 \\ 0 & 1 & 0 \end{pmatrix}$$

$$= \begin{pmatrix} 2 & 0 & -1 \\ 1 & -4 & 3 \\ 1 & -2 & 0 \end{pmatrix} \begin{pmatrix} 1 & 0 & 0 \\ 0 & 0 & 1 \\ 0 & 1 & 0 \end{pmatrix} = \begin{pmatrix} 2 & -1 & 0 \\ 1 & 3 & -4 \\ 1 & 0 & -2 \end{pmatrix}.$$

2.2.3 用逆矩阵解线性方程组

已知线性方程组

$$\begin{cases} a_{11}x_1 + a_{12}x_2 + \cdots + a_{1n}x_n = b_1, \\ a_{21}x_1 + a_{22}x_2 + \cdots + a_{2n}x_n = b_2, \\ \qquad \vdots \\ a_{n1}x_1 + a_{n2}x_2 + \cdots + a_{nn}x_n = b_n. \end{cases}$$

在第 1 章第 1.3 节中我们已经知道，当线性方程组的系数矩阵的行列式不等于零时，该方程组有唯一的解．但同时我们也意识到，当 n 较大时求解过程是相当复杂的．现在有了逆矩阵以后，对这一类方程组可以用逆矩阵来求解.

该方程组可以用矩阵表示为

$$\boldsymbol{AX}=\boldsymbol{B},$$

其中，

$$\boldsymbol{A}=\begin{pmatrix} a_{11} & a_{12} & \cdots & a_{1n} \\ a_{21} & a_{22} & \cdots & a_{2n} \\ \vdots & \vdots & & \vdots \\ a_{n1} & a_{n2} & \cdots & a_{nn} \end{pmatrix},\ \boldsymbol{X}=\begin{pmatrix} x_1 \\ x_2 \\ \vdots \\ x_n \end{pmatrix},\ \boldsymbol{B}=\begin{pmatrix} b_1 \\ b_2 \\ \vdots \\ b_n \end{pmatrix}.$$

当 $|\boldsymbol{A}|\neq 0$ 时，矩阵 $\boldsymbol{A}$ 可逆，于是 $\boldsymbol{A}^{-1}\boldsymbol{AX}=\boldsymbol{A}^{-1}\boldsymbol{B}$，得

$$\boldsymbol{X}=\boldsymbol{A}^{-1}\boldsymbol{B}=\frac{\boldsymbol{A}^*}{|\boldsymbol{A}|}\boldsymbol{B}.$$

根据上式可求出方程组的解，并且解是唯一的.

案例 2.3(轮船速度) 一艘轮船以 x_1 km/h 的静水速度在河道中航行，逆水航行时的速度为 40km/h，顺水航行时的速度为 60km/h，河水流速为 x_2 km/h，请用逆矩阵方法求出轮船航行的静水速度和水流速度.

解 根据题意，得如下矩阵方程

$$\begin{pmatrix} 1 & 1 \\ 1 & -1 \end{pmatrix}\begin{pmatrix} x_1 \\ x_2 \end{pmatrix}=\begin{pmatrix} 60 \\ 40 \end{pmatrix}.$$

设 $\boldsymbol{A}=\begin{pmatrix} 1 & 1 \\ 1 & -1 \end{pmatrix}$，$\boldsymbol{X}=\begin{pmatrix} x_1 \\ x_2 \end{pmatrix}$，$\boldsymbol{B}=\begin{pmatrix} 60 \\ 40 \end{pmatrix}$，则 $\boldsymbol{X}=\boldsymbol{A}^{-1}\boldsymbol{B}$，

解得
$$\boldsymbol{A}^{-1}=\begin{pmatrix} \frac{1}{2} & \frac{1}{2} \\ \frac{1}{2} & -\frac{1}{2} \end{pmatrix},$$

所以
$$\boldsymbol{X}=\begin{pmatrix} x_1 \\ x_2 \end{pmatrix}=\begin{pmatrix} \frac{1}{2} & \frac{1}{2} \\ \frac{1}{2} & -\frac{1}{2} \end{pmatrix}\begin{pmatrix} 60 \\ 40 \end{pmatrix}=\begin{pmatrix} 50 \\ 10 \end{pmatrix},$$

即轮船航行的静水速度为 50km/h,水流的速度为 10km/h.

案例 2.4(玩具产量) 某厂商生产三种玩具 A,B,C,而制造这三种玩具是由三种零件组合而成,所需零件数如表 2.9 所示:

表 2.9 三种玩具及所需零件数

零件 \ 玩具	A	B	C
1	2	1	1
2	1	1	1
3	3	1	2

现分别有这三种零件 8 万个、6 万个、12 万个,问能生产玩具 A,B,C 各多少个?

解 设生产玩具 A,B,C 分别为 x_1,x_2,x_3 万个,则显然可以列出如下方程组:

$$\begin{cases} 2x_1+x_2+x_3=8, \\ x_1+x_2+x_3=6, \\ 3x_1+x_2+2x_3=12, \end{cases}$$

方程组的矩阵形式为

$$\boldsymbol{AX}=\boldsymbol{B},$$

其中,

$$\boldsymbol{A}=\begin{pmatrix} 2 & 1 & 1 \\ 1 & 1 & 1 \\ 3 & 1 & 2 \end{pmatrix},\ \boldsymbol{X}=\begin{pmatrix} x_1 \\ x_2 \\ x_3 \end{pmatrix},\ \boldsymbol{B}=\begin{pmatrix} 8 \\ 6 \\ 12 \end{pmatrix},$$

则

$$\boldsymbol{X}=\boldsymbol{A}^{-1}\boldsymbol{B},$$

解得

$$\boldsymbol{A}^{-1}=\begin{pmatrix} 1 & -1 & 0 \\ 1 & 1 & -1 \\ -2 & 1 & 1 \end{pmatrix},$$

因此

$$\boldsymbol{X}=\boldsymbol{A}^{-1}\boldsymbol{B}=\begin{pmatrix} 2 \\ 2 \\ 2 \end{pmatrix}.$$

即用这三种零件能生产 A,B,C 玩具各 2 万个.

【例 2.8】 解线性方程组:

$$\begin{cases} x_1+x_2+x_3=2, \\ 2x_1+x_2=-1, \\ x_1+x_2=1. \end{cases}$$

解 方程组的矩阵形式为

$$\boldsymbol{AX}=\boldsymbol{B},$$

其中，

$$\boldsymbol{A}=\begin{pmatrix}1&1&1\\2&1&0\\1&1&0\end{pmatrix},\ \boldsymbol{X}=\begin{pmatrix}x_1\\x_2\\x_3\end{pmatrix},\ \boldsymbol{B}=\begin{pmatrix}2\\-1\\1\end{pmatrix}.$$

因为 $|\boldsymbol{A}|=\begin{vmatrix}1&1&1\\2&1&0\\1&1&0\end{vmatrix}=1\neq0$，所以 $\boldsymbol{A}$ 可逆. 于是，

$$\begin{pmatrix}x_1\\x_2\\x_3\end{pmatrix}=\begin{pmatrix}1&1&1\\2&1&0\\1&1&0\end{pmatrix}^{-1}\begin{pmatrix}2\\-1\\1\end{pmatrix}=\begin{pmatrix}0&1&-1\\0&-1&2\\1&0&-1\end{pmatrix}\begin{pmatrix}2\\-1\\1\end{pmatrix}=\begin{pmatrix}-2\\3\\1\end{pmatrix},$$

方程组的解为：$x_1=-2$，$x_2=3$，$x_3=1$.

习 题 2.2

1. 求下列矩阵的逆阵：

(1) $\begin{pmatrix}1&-1\\2&3\end{pmatrix}$； (2) $\begin{pmatrix}\cos\theta&\sin\theta\\-\sin\theta&\cos\theta\end{pmatrix}$；

(3) $\begin{pmatrix}1&2&-3\\0&1&2\\0&0&1\end{pmatrix}$； (4) $\begin{pmatrix}1&2&-1\\3&4&-2\\5&-4&1\end{pmatrix}$；

(5) $\begin{pmatrix}5&2&0&0\\2&1&0&0\\0&0&8&3\\0&0&5&2\end{pmatrix}$； (6) $\begin{pmatrix}a_1&0&\cdots&0\\0&a_2&\cdots&0\\\vdots&\vdots&\vdots&\vdots\\0&0&\cdots&a_n\end{pmatrix}$，其中 $a_1a_2\cdots a_n\neq0$.

2. 求下列矩阵方程的解：

(1) $\begin{pmatrix}2&5\\1&3\end{pmatrix}\boldsymbol{X}=\begin{pmatrix}4&-6\\2&1\end{pmatrix}$；

(2) $\boldsymbol{X}\begin{pmatrix}2&1&-1\\2&1&0\\1&-1&1\end{pmatrix}=\begin{pmatrix}1&-1&3\\4&3&2\end{pmatrix}$；

(3) $\begin{pmatrix}1&1&-1\\0&2&2\\1&-1&0\end{pmatrix}\boldsymbol{X}=\begin{pmatrix}1&-1&1\\1&1&0\\2&1&4\end{pmatrix}$；

(4) $\begin{pmatrix}0&1&0\\1&0&0\\0&0&1\end{pmatrix}\boldsymbol{X}\begin{pmatrix}1&0&0\\0&0&1\\0&1&0\end{pmatrix}=\begin{pmatrix}1&-4&3\\2&0&-1\\1&-2&0\end{pmatrix}$.

3. 利用逆矩阵求下列线性方程组：

(1) $\begin{cases}x_1-x_2-x_3=2,\\2x_1-x_2-3x_3=1,\\-3x_1-2x_2+5x_3=0;\end{cases}$ (2) $\begin{cases}x_1+2x_2+3x_3=1,\\2x_1+2x_2+5x_3=2,\\3x_1+5x_2+x_3=3.\end{cases}$

2.3 矩阵的秩与初等变换

2.3.1 矩阵的秩

矩阵的秩是反映矩阵内在特征的一个重要概念，它在线性方程组的求解问题中有着重要的应用.

定义 2.9 在 $m\times n$ 矩阵 $\boldsymbol{A}$ 中，任取 k 行 k 列($k\leqslant m,k\leqslant n$)，位于交叉处的 k^2 个元素，不改变它们在 $\boldsymbol{A}$ 中所处的位置次序而得到的 k 阶行列式，称为 $\boldsymbol{A}$ **的 k 阶子式**.

定义 2.10 设在矩阵 $\boldsymbol{A}$ 中有一个不等于 0 的 k 阶子式 $\boldsymbol{D}$，且所有 $k+1$ 阶子式(如果存在的话)全等于 0，那么称 $\boldsymbol{D}$ 为矩阵 $\boldsymbol{A}$ 的最高阶非零子式，数 k 称为矩阵 $\boldsymbol{A}$ **的秩**，记作 $R(\boldsymbol{A})$.

规定零矩阵的秩为 0.

【例 2.9】 求下列矩阵 $\boldsymbol{A}$ 的秩：

$$\boldsymbol{A}=\begin{pmatrix}1&2&-1\\0&1&1\\2&5&-1\end{pmatrix}.$$

解 在 $\boldsymbol{A}$ 中，有一个 2 阶子式 $\begin{vmatrix}1&2\\0&1\end{vmatrix}=1\neq 0$，其 3 阶子式 $|\boldsymbol{A}|=0$，所以 $R(\boldsymbol{A})=2$.

但是，并不是所有的矩阵都如例 2.13 那么简单. 例如：有矩阵 $\boldsymbol{B}=\begin{pmatrix}1&2&3&4\\-1&0&2&1\\0&1&0&1\end{pmatrix}$，从 $\boldsymbol{B}$ 中取出两行两列，比如取出一、二行，一、二列，则矩阵 $\boldsymbol{B}$ 对应的二阶子式为 $\begin{vmatrix}1&2\\-1&0\end{vmatrix}$，其值等于 2.

由定义可以写出 $\boldsymbol{B}$ 的所有子式：一阶子式共有 9 个，分别为 $\boldsymbol{B}$ 的各个非零元素；二阶子式有 $C_3^2C_4^2 = 18$ 个；三阶子式共有 $C_4^3 = 4$ 个. 每一个都要运算，工作量就太大了，因此要寻求一个好的方法来求矩阵的秩.

2.3.2 矩阵的初等变换

定义 2.11 矩阵 $\boldsymbol{A}$ 的下面三种变换称为矩阵的**初等行变换**：

(1) 对调两行(对调 i,j 两行，记为 $r_i \leftrightarrow r_j$)；

(2) 以数 $k \neq 0$ 乘某一行中的所有元素(第 i 行乘 k，记为 kr_i)；

(3) 把某一行所有元素的 k 倍加到另一行对应的元素上去(第 j 行的 k 倍加到第 i 行，记为 $kr_j + r_i$).

将定义 2.11 中矩阵的行换成列，即得矩阵的**初等列变换**的定义(所用记号把 r 换成 c). 矩阵的初等行变换和初等列变换统称**初等变换**.

2.3.3 利用初等变换求矩阵的秩

利用矩阵的初等变换，可以将矩阵化为简单的阶梯型矩阵，后者在求矩阵的秩以及线性方程组的求解中都是非常重要的.

定义 2.12 如果矩阵 A 满足下列条件：

(1) 若有零行，则零行全在矩阵的下方；

(2) $\boldsymbol{A}$ 的各非零行的第一个非零元素的列序小于下一行中第一个非零元素的列序数. 则称 $\boldsymbol{A}$ 为**行阶梯型矩阵**，或**阶梯型矩阵**.

例如：$\begin{pmatrix} 3 & -2 & 1 & 0 & 1 \\ 0 & 3 & -2 & 1 & 0 \\ 0 & 0 & 0 & 0 & -2 \\ 0 & 0 & 0 & 0 & 0 \end{pmatrix}$是阶梯型矩阵，其非零行有 3 行，于是它有一个三阶子式不等于 0，而所有的四阶子式都为 0，因此它的秩为 3.

定理 2.2 任何非零矩阵都可以通过初等行变换化为阶梯型矩阵(证明略).

【例 2.10】 用初等行变换把矩阵

$$\boldsymbol{A} = \begin{pmatrix} 0 & 0 & 1 & 2 & -1 \\ 1 & 3 & -2 & 2 & -1 \\ 2 & 6 & -4 & 5 & 7 \\ -1 & -3 & 4 & 0 & 5 \end{pmatrix}$$

化为阶梯型矩阵.

解 对矩阵 $\boldsymbol{A}$ 施行初等行变换：

$$A \xrightarrow{r_1 \leftrightarrow r_2} \begin{pmatrix} 1 & 3 & -2 & 2 & -1 \\ 0 & 0 & 1 & 2 & -1 \\ 2 & 6 & -4 & 5 & 7 \\ -1 & -3 & 4 & 0 & 5 \end{pmatrix} \xrightarrow[r_1 + r_4]{-2r_1 + r_3} \begin{pmatrix} 1 & 3 & -2 & 2 & -1 \\ 0 & 0 & 1 & 2 & -1 \\ 0 & 0 & 0 & 1 & 9 \\ 0 & 0 & 2 & 2 & 4 \end{pmatrix}$$

$$\xrightarrow{r_3 \leftrightarrow r_4} \begin{pmatrix} 1 & 3 & -2 & 2 & -1 \\ 0 & 0 & 1 & 2 & -1 \\ 0 & 0 & 2 & 2 & 4 \\ 0 & 0 & 0 & 1 & 9 \end{pmatrix} \xrightarrow{-2r_2 + r_3} \begin{pmatrix} 1 & 3 & -2 & 2 & -1 \\ 0 & 0 & 1 & 2 & -1 \\ 0 & 0 & 0 & -2 & 6 \\ 0 & 0 & 0 & 1 & 9 \end{pmatrix}$$

$$\xrightarrow{\frac{1}{2}r_3 + r_4} \begin{pmatrix} 1 & 3 & -2 & 2 & -1 \\ 0 & 0 & 1 & 2 & -1 \\ 0 & 0 & 0 & -2 & 6 \\ 0 & 0 & 0 & 0 & 12 \end{pmatrix}.$$

定理 2.3　矩阵经过初等行(列)变换后,其秩不变(证明略).

定理 2.3 提供了一种通过初等变换来求矩阵秩的简便方法.

【例 2.11】　已知

$$A = \begin{pmatrix} 1 & 2 & 3 & 4 \\ -1 & -1 & -4 & -2 \\ 3 & 4 & 11 & 8 \end{pmatrix},$$

求矩阵 A 的秩.

解　对 A 作初等行变换:

$$A = \begin{pmatrix} 1 & 2 & 3 & 4 \\ -1 & -1 & -4 & -2 \\ 3 & 4 & 11 & 8 \end{pmatrix} \xrightarrow[-3r_1 + r_3]{r_1 + r_2} \begin{pmatrix} 1 & 2 & 3 & 4 \\ 0 & 1 & -1 & 2 \\ 0 & -2 & 2 & -4 \end{pmatrix}$$

$$\xrightarrow{2r_2 + r_3} \begin{pmatrix} 1 & 2 & 3 & 4 \\ 0 & 1 & -1 & 2 \\ 0 & 0 & 0 & 0 \end{pmatrix} = B$$

由定理 2.3 知,$R(A) = R(B)$,而 B 为阶梯型矩阵,其秩为 2,所以 $R(A) = 2$.

【例 2.12】　求矩阵 $A = \begin{pmatrix} 1 & -1 & 1 & 2 \\ 2 & 3 & 3 & 2 \\ 1 & 1 & 2 & 1 \end{pmatrix}$ 的秩.

解　化 A 为行阶梯型:

$$A=\begin{pmatrix}1&-1&1&2\\2&3&3&2\\1&1&2&1\end{pmatrix}\xrightarrow[-r_1+r_3]{-2r_1+r_2}\begin{pmatrix}1&-1&1&2\\0&5&1&-2\\0&2&1&-1\end{pmatrix}\xrightarrow{c_2\leftrightarrow c_3}\begin{pmatrix}1&1&-1&2\\0&1&5&-2\\0&1&2&-1\end{pmatrix}$$

$$\xrightarrow{-r_2+r_3}\begin{pmatrix}1&1&-1&2\\0&1&5&-2\\0&0&-3&1\end{pmatrix},$$

所以 $R(A)=3$.

2.3.4 利用初等变换求逆矩阵

定理 2.4 任何可逆的方阵都可以通过初等行变换化为单位阵(证明略).

【例 2.13】 用初等行变换将矩阵 A 化为单位阵：

$$A=\begin{pmatrix}1&1&5\\1&3&1\\2&1&1\end{pmatrix}.$$

解 对 A 作初等行变换：

$$A=\begin{pmatrix}1&1&5\\1&3&1\\2&1&1\end{pmatrix}\xrightarrow[-2r_1+r_2]{-r_1+r_2}\begin{pmatrix}1&1&5\\0&2&-4\\0&-1&-9\end{pmatrix}\xrightarrow{\frac{1}{2}r_2}\begin{pmatrix}1&1&5\\0&1&-2\\0&-1&-9\end{pmatrix}$$

$$\xrightarrow{r_2+r_3}\begin{pmatrix}1&1&5\\0&1&-2\\0&0&-11\end{pmatrix}\xrightarrow{-\frac{1}{11}r_3}\begin{pmatrix}1&1&5\\0&1&-2\\0&0&1\end{pmatrix}$$

$$\xrightarrow[2r_3+r_2]{-5r_3+r_1}\begin{pmatrix}1&1&0\\0&1&0\\0&0&1\end{pmatrix}\xrightarrow{-r_2+r_1}\begin{pmatrix}1&0&0\\0&1&0\\0&0&1\end{pmatrix}.$$

既然任何可逆的方阵都可以通过初等行变换化为单位阵，这为我们利用矩阵的初等变换求逆矩阵提供了可能性，在这里我们不加证明地给出用初等变换求逆矩阵的方法. 对于一个 n 阶方阵 A，在 A 的右边添上一个同阶的单位矩阵 E，构成一个 $n\times 2n$ 的大矩阵，然后对这大矩阵施行初等行变换，当把 A 变成 E 时，E 就变成了 A^{-1}，即

$$(A \vdots E)\longrightarrow(E \vdots A^{-1})，或(A \mid E)\longrightarrow(E \mid A^{-1}).$$

【例 2.14】 求矩阵 $A=\begin{pmatrix}1&2&3\\2&2&1\\3&4&3\end{pmatrix}$ 的逆矩阵 A^{-1}.

解　进行初等行变换：

$$(\boldsymbol{A}\vdots\boldsymbol{E})=\begin{pmatrix}1&2&3&1&0&0\\2&2&1&0&1&0\\3&4&3&0&0&1\end{pmatrix}\xrightarrow[-3r_1+r_3]{-2r_1+r_2}\begin{pmatrix}1&2&3&1&0&0\\0&-2&-5&-2&1&0\\0&-2&-6&-3&0&1\end{pmatrix}$$

$$\xrightarrow[-r_2+r_3]{r_2+r_1}\begin{pmatrix}1&0&-2&-1&1&0\\0&-2&-5&-2&1&0\\0&0&-1&-1&-1&1\end{pmatrix}\xrightarrow[-2r_3+r_1]{-5r_3+r_2}\begin{pmatrix}1&0&0&1&3&-2\\0&-2&0&3&6&-5\\0&0&-1&-1&-1&1\end{pmatrix}$$

$$\xrightarrow[-r_3]{-\frac{1}{2}r_2}\begin{pmatrix}1&0&0&1&3&-2\\0&1&0&-\frac{3}{2}&-3&\frac{5}{2}\\0&0&1&1&1&-1\end{pmatrix},$$

所以

$$\boldsymbol{A}^{-1}=\begin{pmatrix}1&3&-2\\-\frac{3}{2}&-3&\frac{5}{2}\\1&1&-1\end{pmatrix}.$$

【例 2.15】　判断方阵 $\boldsymbol{A}=\begin{pmatrix}1&1&1&1\\1&-2&-2&-1\\2&5&-1&4\\4&1&1&2\end{pmatrix}$ 是否可逆.若可逆,求 $\boldsymbol{A}^{-1}$.

解　$$(\boldsymbol{A}\mid\boldsymbol{E})=\left(\begin{array}{cccc|cccc}1&1&1&1&1&0&0&0\\1&-2&-2&-1&0&1&0&0\\2&5&-1&4&0&0&1&0\\4&1&1&2&0&0&0&1\end{array}\right)$$

$$\xrightarrow[-4r_1+r_4]{-r_1+r_2,\ -2r_1+r_3}\left(\begin{array}{cccc|cccc}1&1&1&1&1&0&0&0\\0&-3&-3&-2&-1&1&0&0\\0&3&-3&2&-2&0&1&0\\0&-3&-3&-2&-4&0&0&1\end{array}\right).$$

因为 $\begin{vmatrix}1&1&1&1\\0&-3&-3&-2\\0&3&-3&2\\0&-3&-3&-2\end{vmatrix}=0$,所以 $|\boldsymbol{A}|=0$,故 $\boldsymbol{A}$ 不可逆,即 $\boldsymbol{A}^{-1}$ 不存在.

注：此例说明，用初等变换求逆矩阵的过程中，还可看出逆矩阵是否存在，而不必先去判断.

与初等变换法求逆矩阵相类似，对于矩阵方程 $\boldsymbol{AX}=\boldsymbol{B}$ 或者 $\boldsymbol{XA}=\boldsymbol{B}$，当 $\boldsymbol{A}$ 可逆时，也可以用初等变换求解，这里给出结论(请读者自行推导)：

$$\boldsymbol{AX}=\boldsymbol{B}\text{ 型，作}(\boldsymbol{A}\mid\boldsymbol{B})\xrightarrow{\text{仅施以行初等变换}}(\boldsymbol{E}\mid\boldsymbol{X})$$

$$\boldsymbol{XA}=\boldsymbol{B}\text{ 型，作}\left(\frac{\boldsymbol{A}}{\boldsymbol{B}}\right)\xrightarrow{\text{仅施以列初等变换}}\left(\frac{\boldsymbol{E}}{\boldsymbol{X}}\right)$$

【例 2.16】 解矩阵方程 $\boldsymbol{AX}=\boldsymbol{B}$，其中

$$\boldsymbol{A}=\begin{pmatrix}1&-1&2\\2&-3&5\\3&-2&4\end{pmatrix},\ \boldsymbol{B}=\begin{pmatrix}1&-1\\-2&3\\5&-4\end{pmatrix}.$$

解 $(\boldsymbol{A}\mid\boldsymbol{B})\xrightarrow{\text{初等变换}}(\boldsymbol{E}\mid\boldsymbol{A}^{-1}\boldsymbol{B})$

$$(\boldsymbol{A}\mid\boldsymbol{B})=\left(\begin{array}{ccc|cc}1&-1&2&1&-1\\2&-3&5&-2&3\\3&-2&4&5&-4\end{array}\right)\rightarrow\cdots\rightarrow\left(\begin{array}{ccc|cc}1&0&0&3&-2\\0&1&0&6&-9\\0&0&1&2&-4\end{array}\right)$$

$$\boldsymbol{X}=\begin{pmatrix}3&-2\\6&-9\\2&-4\end{pmatrix}$$

【例 2.17】 设 $\boldsymbol{AX}=\boldsymbol{B}$，其中 $\boldsymbol{A}=\begin{pmatrix}1&0\\1&1\end{pmatrix}$，$\boldsymbol{B}=\begin{pmatrix}1&9&8\\-1&2&2\end{pmatrix}$，试求 $\boldsymbol{X}$.

解 因为 $|\boldsymbol{A}|=\begin{vmatrix}1&0\\1&1\end{vmatrix}=1\neq0$，$\boldsymbol{A}$ 可逆，作矩阵：

$$(\boldsymbol{A}\mid\boldsymbol{B})=\left(\begin{array}{cc|ccc}1&0&1&9&8\\1&1&-1&2&2\end{array}\right)\xrightarrow{-r_1+r_2}\left(\begin{array}{cc|ccc}1&0&1&9&8\\0&1&-2&-7&-6\end{array}\right),$$

所以 $\boldsymbol{X}=\begin{pmatrix}1&9&8\\-2&-7&-6\end{pmatrix}$.

【例 2.18】 解矩阵方程 $\boldsymbol{AX}=\boldsymbol{B}$，其中

$$\boldsymbol{A}=\begin{pmatrix}1&0&1\\2&1&0\\-3&2&-5\end{pmatrix},\ \boldsymbol{B}=\begin{pmatrix}1&-2&-1\\4&-5&2\\1&-4&-1\end{pmatrix}.$$

解　因为

$$(\boldsymbol{A}\mid\boldsymbol{E})=\left(\begin{array}{ccc|ccc}1&0&1&1&0&0\\2&1&0&0&1&0\\-3&2&-5&0&0&1\end{array}\right)\to\left(\begin{array}{ccc|ccc}1&0&0&-\frac{5}{2}&1&-\frac{1}{2}\\0&1&0&5&-1&1\\0&0&1&\frac{7}{2}&-1&\frac{1}{2}\end{array}\right),$$

所以 $\boldsymbol{A}^{-1}=\begin{pmatrix}-\frac{5}{2}&1&-\frac{1}{2}\\5&-1&1\\\frac{7}{2}&-1&\frac{1}{2}\end{pmatrix}$，

$$\boldsymbol{X}=\boldsymbol{A}^{-1}\boldsymbol{B}=\begin{pmatrix}-\frac{5}{2}&1&-\frac{1}{2}\\5&-1&1\\\frac{7}{2}&-1&\frac{1}{2}\end{pmatrix}\begin{pmatrix}1&-2&-1\\4&-5&2\\1&-4&-1\end{pmatrix}=\begin{pmatrix}1&2&5\\2&-9&-8\\0&-4&-6\end{pmatrix}.$$

请读者自行用$(\boldsymbol{A}\mid\boldsymbol{B})\longrightarrow(\boldsymbol{E}\mid\boldsymbol{X})$算 $\boldsymbol{X}$，可以发现两者是一致的.

2.3.5　利用初等变换解线性方程组

设线性方程组

$$\begin{cases}a_{11}x_1+a_{12}x_2+\cdots+a_{1n}x_n=b_1,\\a_{21}x_1+a_{22}x_2+\cdots+a_{2n}x_n=b_2,\\\qquad\vdots\\a_{m1}x_1+a_{m2}x_2+\cdots+a_{mn}x_n=b_m,\end{cases}\tag{2.1}$$

将该方程组表示成矩阵形式

$$\boldsymbol{AX}=\boldsymbol{B},$$

其中，

$$\boldsymbol{A}=\begin{pmatrix}a_{11}&a_{12}&\cdots&a_{1n}\\a_{21}&a_{22}&\cdots&a_{2n}\\\vdots&\vdots&&\vdots\\a_{m1}&a_{m2}&\cdots&a_{mn}\end{pmatrix},\ \boldsymbol{X}=\begin{pmatrix}x_1\\x_2\\\vdots\\x_n\end{pmatrix},\ \boldsymbol{B}=\begin{pmatrix}b_1\\b_2\\\vdots\\b_m\end{pmatrix}$$

定义 2.13　矩阵 $\boldsymbol{A}$ 为线性方程组(2.1)的**系数矩阵**，$\boldsymbol{X}$ 为**未知数矩阵**，$\boldsymbol{B}$ 为**常数矩阵**.

当 $\boldsymbol{B}=\boldsymbol{0}$ 时，该线性方程组称为**齐次线性方程组**；当 $\boldsymbol{B}\neq\boldsymbol{0}$ 时，该线性方程组称为**非齐次线性方程组**. 对于非齐次线性方程组，矩阵$(\boldsymbol{A}\,\vdots\,\boldsymbol{B})$称作非齐次线性方

程组的**增广矩阵**,记作$\widetilde{\mathbf{A}}$.下面看一个例子:

【例 2.19】 解线性方程组

$$\begin{cases} 2x_1+4x_2 \qquad\quad -x_4=-3, \\ x_1+2x_2+3x_3+x_4=5, \\ -x_1-2x_2+3x_3+2x_4=8, \\ x_1+2x_2-9x_3-5x_4=-21. \end{cases}$$

解 用高斯消元法解这个方程组.将第一、第二个方程互换,方程组变为

$$\begin{cases} x_1+2x_2+3x_3+x_4=5, \\ 2x_1+4x_2 \qquad\quad -x_4=-3, \\ -x_1-2x_2+3x_3+2x_4=8, \\ x_1+2x_2-9x_3-5x_4=-21, \end{cases}$$

将第一个方程的 -2 倍加到第二个方程上,将第一个方程加到第三个方程上,将第一个方程的 -1 倍加到第四个方程上,得到

$$\begin{cases} x_1+2x_2+3x_3+x_4=5, \\ -6x_3-3x_4=-13, \\ 6x_3+3x_4=13, \\ -12x_3-6x_4=-26, \end{cases}$$

将第二个方程加到第三个方程上,将第二个方程的 -2 倍加到第四个方程上,得到

$$\begin{cases} x_1+2x_2+3x_3+x_4=5, \\ -6x_3-3x_4=-13, \\ 0=0, \\ 0=0, \end{cases}$$

将第二个方程的 $1/2$ 倍加到第一个方程上,再用 $-1/6$ 去乘第二个方程,得到

$$\begin{cases} x_1+2x_2 \qquad -\frac{1}{2}x_4=-\frac{3}{2}, \\ x_3+\frac{1}{2}x_4=\frac{13}{6}, \\ 0=0, \\ 0=0, \end{cases}$$

具有上述形式的方程组称为阶梯型方程组.由此得到原方程组的同解方程组

$$\begin{cases} x_1+2x_2 \qquad -\frac{1}{2}x_4=-\frac{3}{2}, \\ x_3+\frac{1}{2}x_4=\frac{13}{6}, \end{cases}$$

在这个方程组的第二个方程中，任给 x_4 的一个值，可唯一得到 $x_3=\frac{13}{6}-\frac{1}{2}x_4$；任给 x_2 的一个值，连同 x_4 一起代入第一个方程，可唯一得到 $x_1=-\frac{3}{2}-2x_2+\frac{1}{2}x_4$，这样就得到方程组的一组解为

$$\begin{cases} x_1=-\frac{3}{2}-2x_2+\frac{1}{2}x_4, \\ x_2=x_2, \\ x_3=\frac{13}{6}-\frac{1}{2}x_4, \\ x_4=x_4. \end{cases}$$

由于 x_2,x_4 可以任意给定，所以该方程组有无穷多组解. 这里 x_2,x_4 称为**自由未知量**. 在解这个方程组的过程中，对方程组的化简反复使用了下面三种运算：

(1) 互换方程组中两个方程的位置；

(2) 用一个非零常数 k 去乘方程组中的某一个方程；

(3) 把一个方程的 l 倍加到另一个方程上.

一般把这三种运算称为方程组的初等变换. 如果把方程组和它的增广矩阵 $\widetilde{\boldsymbol{A}}$ 联系起来，不难看出，对方程组进行初等变换化为阶梯型方程组的过程，实际上就是对它们的增广矩阵 $\widetilde{\boldsymbol{A}}$ 进行初等行变换化为阶梯型矩阵的过程. 把例 2.23 的解题过程用矩阵的初等行变换可表示为

$$\widetilde{\boldsymbol{A}}=\begin{pmatrix} 2 & 4 & 0 & -1 & -3 \\ 1 & 2 & 3 & 1 & 5 \\ -1 & -2 & 3 & 2 & 8 \\ 1 & 2 & -9 & -5 & -21 \end{pmatrix} \xrightarrow{r_1 \leftrightarrow r_2} \begin{pmatrix} 1 & 2 & 3 & 1 & 5 \\ 2 & 4 & 0 & -1 & -3 \\ -1 & -2 & 3 & 2 & 8 \\ 1 & 2 & -9 & -5 & -21 \end{pmatrix}$$

$$\xrightarrow[\substack{r_1+r_3 \\ -r_1+r_4}]{-2r_1+r_2} \begin{pmatrix} 1 & 2 & 3 & 1 & 5 \\ 0 & 0 & -6 & -3 & -13 \\ 0 & 0 & 6 & 3 & 13 \\ 0 & 0 & -12 & -6 & -26 \end{pmatrix} \xrightarrow[-2r_2+r_4]{r_2+r_3} \begin{pmatrix} 1 & 2 & 3 & 1 & 5 \\ 0 & 0 & -6 & -3 & -13 \\ 0 & 0 & 0 & 0 & 0 \\ 0 & 0 & 0 & 0 & 0 \end{pmatrix}$$

$$\xrightarrow[-\frac{1}{6}r_2]{\frac{1}{2}r_2+r_1} \begin{pmatrix} 1 & 2 & 0 & -\frac{1}{2} & -\frac{3}{2} \\ 0 & 0 & 1 & \frac{1}{2} & \frac{13}{6} \\ 0 & 0 & 0 & 0 & 0 \\ 0 & 0 & 0 & 0 & 0 \end{pmatrix}.$$

根据最后一个阶梯型矩阵,可以写出原方程组的同解方程组,进而得到原方程组的解.

【例 2.20】 求解非齐次线性方程组:

$$\begin{cases} x_1 + x_2 - x_3 = 1, \\ 2x_1 + 3x_2 - 3x_3 = 3, \\ x_1 - 3x_2 + 3x_3 = 2. \end{cases}$$

解 对增广矩阵($\boldsymbol{A} \vdots \boldsymbol{B}$)施行初等行变换:

$$(\boldsymbol{A} \vdots \boldsymbol{B}) = \begin{pmatrix} 1 & 1 & -1 & 1 \\ 2 & 3 & -3 & 3 \\ 1 & -3 & 3 & 2 \end{pmatrix} \xrightarrow[-r_1+r_3]{-2r_1+r_2} \begin{pmatrix} 1 & 1 & -1 & 1 \\ 0 & 1 & -1 & 1 \\ 0 & -4 & 4 & 1 \end{pmatrix} \xrightarrow{4r_2+r_3} \begin{pmatrix} 1 & 1 & -1 & 1 \\ 0 & 1 & -1 & 1 \\ 0 & 0 & 0 & 5 \end{pmatrix},$$

因此,该线性方程组无解.

【例 2.21】 求解非齐次线性方程组:

$$\begin{cases} x_1 + x_2 - 2x_4 + x_5 = -1, \\ -2x_1 - x_2 + x_3 - 4x_4 + 2x_5 = 1, \\ -x_1 + x_2 - x_3 - 2x_4 + x_5 = 2. \end{cases}$$

解 对增广矩阵($\boldsymbol{A} \vdots \boldsymbol{B}$)施行初等行变换

$$(\boldsymbol{A} \vdots \boldsymbol{B}) = \begin{pmatrix} 1 & 1 & 0 & -2 & 1 & -1 \\ -2 & -1 & 1 & -4 & 2 & 1 \\ -1 & 1 & -1 & -2 & 1 & 2 \end{pmatrix} \xrightarrow[r_1+r_3]{2r_1+r_2} \begin{pmatrix} 1 & 1 & 0 & -2 & 1 & -1 \\ 0 & 1 & 1 & -8 & 4 & -1 \\ 0 & 2 & -1 & -4 & 2 & 1 \end{pmatrix}$$

$$\xrightarrow{-2r_2+r_3} \begin{pmatrix} 1 & 1 & 0 & -2 & 1 & -1 \\ 0 & 1 & 1 & -8 & 4 & -1 \\ 0 & 0 & -3 & 12 & -6 & 3 \end{pmatrix} \xrightarrow[-\frac{1}{3}r_3]{-r_2+r_1} \begin{pmatrix} 1 & 0 & -1 & 6 & -3 & 0 \\ 0 & 1 & 1 & -8 & 4 & -1 \\ 0 & 0 & 1 & -4 & 2 & -1 \end{pmatrix}$$

$$\xrightarrow[-r_3+r_2]{r_3+r_1} \begin{pmatrix} 1 & 0 & 0 & 2 & -1 & -1 \\ 0 & 1 & 0 & -4 & 2 & 0 \\ 0 & 0 & 1 & -4 & 2 & -1 \end{pmatrix},$$

因此,原方程组的同解方程组为

$$\begin{cases} x_1 + 2x_4 - x_5 = -1, \\ x_2 - 4x_4 + 2x_5 = 0, \\ x_3 - 4x_4 + 2x_5 = -1. \end{cases}$$

三个方程五个未知数,所以方程组有无穷多解,令 $x_4 = c_1, x_5 = c_2$,得

$$\begin{cases} x_1 = -2c_1 + c_2 - 1, \\ x_2 = 4c_1 - 2c_2, \\ x_3 = 4c_1 - 2c_2 - 1, \\ x_4 = c_1, \\ x_5 = c_2. \end{cases}$$

【例 2.22】 求解线性方程组：

$$\begin{cases} 2x_1 - x_2 - x_3 + x_4 = 2, \\ x_1 + x_2 - 2x_3 + x_4 = 4, \\ 4x_1 - 6x_2 + 2x_3 - 2x_4 = 4, \\ 3x_1 + 6x_2 - 9x_3 + 7x_4 = 9. \end{cases}$$

解 对应的增广矩阵为

$$\widetilde{A} = (A \vdots B) = \begin{pmatrix} 2 & -1 & -1 & 1 & 2 \\ 1 & 1 & -2 & 1 & 4 \\ 4 & -6 & 2 & -2 & 4 \\ 3 & 6 & -9 & 7 & 9 \end{pmatrix} \xrightarrow{r_1 \leftrightarrow r_2} \begin{pmatrix} 1 & 1 & -2 & 1 & 4 \\ 2 & -1 & -1 & 1 & 2 \\ 4 & -6 & 2 & -2 & 4 \\ 3 & 6 & -9 & 7 & 9 \end{pmatrix}$$

$$\xrightarrow[\substack{-4r_1 + r_3 \\ -3r_1 + r_4}]{-2r_1 + r_2} \begin{pmatrix} 1 & 1 & -2 & 1 & 4 \\ 0 & -3 & 3 & -1 & -6 \\ 0 & -10 & 10 & -6 & -12 \\ 0 & 3 & -3 & 4 & -3 \end{pmatrix} \xrightarrow[-\frac{1}{2}r_3]{-\frac{1}{3}r_2} \begin{pmatrix} 1 & 1 & -2 & 1 & 4 \\ 0 & 1 & -1 & \frac{1}{3} & 2 \\ 0 & 5 & -5 & 3 & 6 \\ 0 & 3 & -3 & 4 & -3 \end{pmatrix}$$

$$\xrightarrow[-3r_2 + r_4]{-5r_2 + r_3} \begin{pmatrix} 1 & 1 & -2 & 1 & 4 \\ 0 & 1 & -1 & \frac{1}{3} & 2 \\ 0 & 0 & 0 & \frac{4}{3} & -4 \\ 0 & 0 & 0 & 3 & -9 \end{pmatrix} \xrightarrow{\frac{3}{4}r_3} \begin{pmatrix} 1 & 1 & -2 & 1 & 4 \\ 0 & 1 & -1 & \frac{1}{3} & 2 \\ 0 & 0 & 0 & 1 & -3 \\ 0 & 0 & 0 & 3 & -9 \end{pmatrix}$$

$$\xrightarrow{-3r_3 + r_4} \begin{pmatrix} 1 & 1 & -2 & 1 & 4 \\ 0 & 1 & -1 & 1/3 & 2 \\ 0 & 0 & 0 & 1 & -3 \\ 0 & 0 & 0 & 0 & 0 \end{pmatrix} \xrightarrow[-r_3 + r_1]{-\frac{1}{3}r_3 + r_2} \begin{pmatrix} 1 & 1 & -2 & 0 & 7 \\ 0 & 1 & -1 & 0 & 3 \\ 0 & 0 & 0 & 1 & -3 \\ 0 & 0 & 0 & 0 & 0 \end{pmatrix}$$

$$\xrightarrow{-r_2 + r_1} \begin{pmatrix} 1 & 0 & -1 & 0 & 4 \\ 0 & 1 & -1 & 0 & 3 \\ 0 & 0 & 0 & 1 & -3 \\ 0 & 0 & 0 & 0 & 0 \end{pmatrix}$$

根据最后的增广矩阵，写出原方程组的同解方程组：

$$\begin{cases} x_1 - x_3 = 4, \\ x_2 - x_3 = 3, \\ \qquad x_4 = -3. \end{cases}$$

取 x_3 为自由未知量，令 $x_3 = c$，即得

$$\begin{cases} x_1 = c + 4, \\ x_2 = c + 3, \\ x_3 = c, \\ x_4 = -3, \end{cases}$$

其中，c 为任意常数.

那么对于齐次方程，这时候增广矩阵最后一列的元素全部为零，不管做怎么样的初等行变换，最后一列的元素始终为零，因此我们可直接考虑它的系数矩阵.

【例 2.23】 求解齐次线性方程组：

$$\begin{cases} x_1 + 2x_2 + 2x_3 + x_4 = 0, \\ 2x_1 + x_2 - 2x_3 - 2x_4 = 0, \\ x_1 - x_2 - 4x_3 - 3x_4 = 0. \end{cases}$$

解 对系数矩阵 $\boldsymbol{A}$ 施行初等行变换

$$\boldsymbol{A} = \begin{pmatrix} 1 & 2 & 2 & 1 \\ 2 & 1 & -2 & -2 \\ 1 & -1 & -4 & -3 \end{pmatrix} \xrightarrow[-r_1+r_3]{-2r_1+r_2} \begin{pmatrix} 1 & 2 & 2 & 1 \\ 0 & -3 & -6 & -4 \\ 0 & -3 & -6 & -4 \end{pmatrix}$$

$$\xrightarrow[-\frac{1}{3}r_2]{-r_2+r_3} \begin{pmatrix} 1 & 2 & 2 & 1 \\ 0 & 1 & 2 & \frac{4}{3} \\ 0 & 0 & 0 & 0 \end{pmatrix} \xrightarrow{-2r_2+r_1} \begin{pmatrix} 1 & 0 & -2 & -\frac{5}{3} \\ 0 & 1 & 2 & \frac{4}{3} \\ 0 & 0 & 0 & 0 \end{pmatrix}.$$

根据最后的增广矩阵，写出原方程组的同解方程组

$$\begin{cases} x_1 = 2x_3 + \frac{5}{3}x_4 \\ x_2 = -2x_3 - \frac{4}{3}x_4 \end{cases} \quad (x_3, x_4 \text{ 可任意取值})$$

令 $x_3 = c_1, x_4 = c_2$，即

$$\begin{cases} x_1 = 2c_1 + \dfrac{5}{3}c_2, \\ x_2 = -2c_1 - \dfrac{4}{3}c_2, \\ x_3 = c_1, \\ x_4 = c_2, \end{cases}$$

其中，c_1，c_2 为任意常数.

案例 2.5(城市交通流)　一城市局部交通流如图 2.1 所示(单位：辆 / 小时).

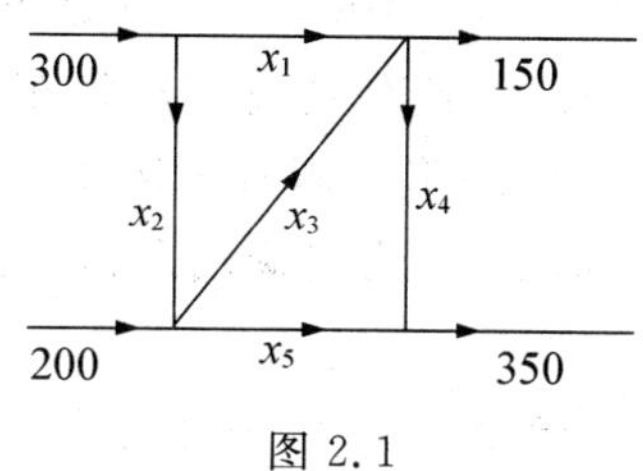

图 2.1

(1) 建立数学模型；

(2) 要控制 x_2 至多 200 辆 / 小时，并且 x_3 至多 50 辆 / 小时是可行的吗？

解　(1) 将图 2.1 中的四个结点命名为 A，B，C，D，如图 2.2 所示.

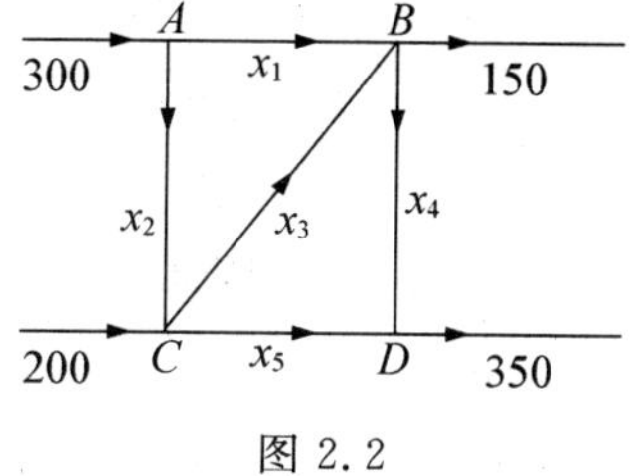

图 2.2

则每一个结点流入的车流总和与流出的车流总和应当一样，这样这四个结点可列出四个方程如下：

$$\begin{cases} x_1 + x_2 = 300 & A \\ x_1 + x_3 - x_4 = 150 & B \\ - x_2 + x_3 + x_5 = 200 & C \\ x_4 + x_5 = 350 & D \end{cases}$$

对增广矩阵进行变换：

$$\left(\begin{array}{ccccc|c} 1 & 1 & 0 & 0 & 0 & 300 \\ 1 & 0 & 1 & -1 & 0 & 150 \\ 0 & -1 & 1 & 0 & 1 & 200 \\ 0 & 0 & 0 & 1 & 1 & 350 \end{array}\right) \xrightarrow{-r_1 + r_2} \left(\begin{array}{ccccc|c} 1 & 1 & 0 & 0 & 0 & 300 \\ 0 & -1 & 1 & -1 & 0 & -150 \\ 0 & -1 & 1 & 0 & 1 & 200 \\ 0 & 0 & 0 & 1 & 1 & 350 \end{array}\right)$$

$$\xrightarrow[r_2\times(-1)+r_1]{\substack{r_2\times(-1)\\ r_2+r_3}}\left(\begin{array}{ccccc|c}1&0&1&-1&0&150\\0&1&-1&1&0&150\\0&0&0&1&1&350\\0&0&0&1&1&350\end{array}\right)\xrightarrow[r_3+r_1]{\substack{r_3\times(-1)+r_4\\ r_3\times(-1)+r_2}}\left(\begin{array}{ccccc|c}1&0&1&0&1&500\\0&1&-1&0&-1&-200\\0&0&0&1&1&350\\0&0&0&0&0&0\end{array}\right),$$

取 x_3 和 x_5 为自由变量，令 $x_3=s,x_5=t$，其中 s,t 为任意正整数(车流量不可能为负值)，则可得 $x_1=500-s-t,x_2=s+t-200,x_4=350-t$.

(2) 令 $x_2=200,x_3=s=50$，代入上面的 x_2 的表达式，得 $200=50+t-200$，求出 $t=350$，则 $x_1=500-s-t=100,x_4=0$ 是可行的.

案例 2.6(货物运输) 捷运物流公司有三辆汽车同时运送一批货物，一天共运 8200 吨，如果第一辆汽车运 2 天，第二辆汽车运 3 天，共运货物 12200 吨. 如果第一辆汽车运 1 天，第二辆汽车运 2 天，第三辆汽车运 3 天，共运货物 17600 吨. 问每辆汽车每天可运货物多少吨?

解 设第 i 辆汽车每天运货物 x_i 吨($i=1,2,3$)，根据题意，可以建立如下的方程组

$$\begin{cases}x_1+x_2+x_3=8200,\\2x_1+3x_2=12200,\\x_1+2x_2+3x_3=17600.\end{cases}$$

该方程的增广矩阵为 $\widetilde{\mathbf{A}}=\begin{pmatrix}1&1&1&8200\\2&3&0&12200\\1&2&3&17600\end{pmatrix}$,

对增广矩阵进行初等行变换:

$$\widetilde{\mathbf{A}}=\begin{pmatrix}1&1&1&8200\\2&3&0&12200\\1&2&3&17600\end{pmatrix}\xrightarrow[(-1)r_1+r3]{(-2)r_1+r_2}\begin{pmatrix}1&1&1&8200\\0&1&-2&-4200\\0&1&2&9400\end{pmatrix}$$

$$\xrightarrow[(-1)r_2+r_1]{(-1)r_2+r_3}\begin{pmatrix}1&0&3&12400\\0&1&-2&-4200\\0&0&4&13600\end{pmatrix}\xrightarrow{\frac{1}{4}r_3}\begin{pmatrix}1&0&3&12400\\0&1&-2&-4200\\0&0&1&3400\end{pmatrix}$$

$$\xrightarrow[2r_3+r_2]{(-3)r_3+r_1}\begin{pmatrix}1&0&0&2200\\0&1&0&2600\\0&0&1&3400\end{pmatrix}.$$

因此，三辆汽车每天分别运货物 2200 吨、2600 吨、3400 吨.

习　题　2.3

1. 求下列矩阵的秩：

(1) $\begin{pmatrix} 1 & 1 & 5 \\ 1 & 3 & 1 \\ 2 & 1 & 1 \end{pmatrix}$；　(2) $\begin{pmatrix} 4 & 1 & -1 & 2 \\ -2 & 2 & 8 & 14 \\ 1 & -2 & -7 & -13 \end{pmatrix}$；

(3) $\begin{pmatrix} 1 & 1 & 2 & 2 & 1 \\ 0 & 2 & 1 & 5 & -1 \\ 2 & 0 & 3 & -1 & 3 \\ 1 & 1 & 0 & 4 & -1 \end{pmatrix}$；　(4) $\begin{pmatrix} 1 & 0 & 1 & 0 & 0 \\ 1 & 1 & 0 & 0 & 0 \\ 0 & 1 & 1 & 0 & 0 \\ 0 & 0 & 1 & 1 & 0 \\ 0 & 1 & 0 & 1 & 1 \end{pmatrix}$.

2. 用初等行变换把下列矩阵化为阶梯型矩阵,并求出它们的秩：

(1) $\begin{pmatrix} 1 & -2 & 3 & -1 \\ 5 & -9 & 11 & -5 \\ 3 & -5 & 5 & -3 \end{pmatrix}$；　(2) $\begin{pmatrix} 2 & -3 & 0 & 7 & -5 \\ 1 & 0 & 3 & 2 & 0 \\ 2 & 1 & 8 & 3 & 7 \\ 3 & -2 & 5 & 8 & 0 \end{pmatrix}$.

3. 用初等行变换求下列矩阵的逆矩阵：

(1) $\begin{pmatrix} 1 & 2 & 3 \\ 2 & 2 & 1 \\ 3 & 4 & 3 \end{pmatrix}$；　(2) $\begin{pmatrix} 1 & -3 & 2 \\ -3 & 0 & 1 \\ 1 & 1 & -1 \end{pmatrix}$；　(3) $\begin{pmatrix} 1 & 1 & 0 & 0 \\ 1 & 2 & 0 & 0 \\ 3 & 7 & 2 & 3 \\ 2 & 5 & 1 & 2 \end{pmatrix}$.

4. 求下列非齐次线性方程组的解：

(1) $\begin{cases} x_1 - 2x_2 + 4x_3 = -5, \\ 2x_1 + 3x_2 + x_3 = 4, \\ 3x_1 + 8x_2 - 2x_3 = 13, \\ 4x_1 - x_2 + 9x_3 = -6; \end{cases}$　(2) $\begin{cases} 2x_1 + x_2 - x_3 = 1, \\ 3x_1 - 2x_2 + x_3 = 4, \\ x_1 + 4x_2 - 3x_3 = 7, \\ x_1 + 2x_2 + x_3 = 4; \end{cases}$

(3) $\begin{cases} x_1 - x_2 + x_3 = 1, \\ 2x_1 - x_2 + 5x_3 = 2, \\ 2x_1 + x_2 + 12x_3 = 0; \end{cases}$　(4) $\begin{cases} 2x_1 + x_2 - x_3 = 1, \\ 3x_1 - 2x_2 + x_3 = 4, \\ x_1 + 2x_2 + x_3 = 4. \end{cases}$

5. 求解下列齐次线性方程组：

(1) $\begin{cases} x_1 - x_2 - x_3 + x_4 = 0, \\ x_1 - x_2 + x_3 - 3x_4 = 0, \\ x_1 - x_2 - x_4 = 0, \\ x_1 - x_2 - 2x_3 + 3x_4 = 0; \end{cases}$

(2) $\begin{cases} 2x_1 + x_2 - x_3 - x_4 + x_5 = 0, \\ x_1 - x_2 + x_3 + x_4 - 2x_5 = 0, \\ 3x_1 + 3x_2 - 3x_3 - 3x_4 + 4x_5 = 0, \\ 4x_1 + 5x_2 - 5x_3 - 5x_4 + 7x_5 = 0; \end{cases}$

(3) $\begin{cases} x_1 + x_2 + 2x_3 - x_4 = 0, \\ 2x_1 + x_2 + x_3 - x_4 = 0, \\ 2x_1 + 2x_2 + x_3 + 2x_4 = 0; \end{cases}$

(4) $\begin{cases} x_1 + 2x_2 + x_3 - x_4 = 0, \\ 3x_1 + 6x_2 - x_3 - 3x_4 = 0, \\ 5x_1 + 10x_2 + x_3 - 5x_4 = 0. \end{cases}$

6.（化肥成分）现有三种化肥 A,B,C，其成分如表 2.10 所示.

表 2.10　三种化肥的成分表

数量　成分 种类	钾	氮	磷
A	20%	30%	50%
B	10%	20%	70%
C	0%	30%	70%

现要得到 200kg 含钾 12%、氮 25%、磷 63% 的化肥，需要以上三种化肥的量各多少？

7.（汽车销售）某公司销售三种轿车 A,B,C，其售价分别为 18 万元、20 万元、24 万元，现这三种轿车共售出 40 辆，总收入为 780 万元，问 A,B,C 三种轿车各售出多少辆？

8.（节食减肥）一节食者准备他的一餐食物 A,B,C，三种食物每一盎司中所含蛋白质、脂肪、糖如表 2.11 所示.

表 2.11　三种食物所含营养素表

成分 食物	蛋白质	脂肪	糖
A	2 单位	3 单位	4 单位
B	3 单位	2 单位	1 单位
C	3 单位	3 单位	2 单位

问能否使这一餐必须精确地含有 25 单位蛋白质，24 单位脂肪及 21 单位糖？如果可以，请问节食者每种食物需要准备多少盎司？（每盎司为 28.35g）

2.4　MATLAB 软件在矩阵运算中的应用

2.4.1　矩阵的直接输入

矩阵输入有多种办法，最常见的是直接输入每个元素；还可由语句或函数生成.

MATLAB 软件中直接输入矩阵时不用描述矩阵的类型和维数，它们由输入的格式和内容决定. 小规模的矩阵可以用排列各个元素的方法输入，元素放在方括号中，同一行元素用逗号或空格分开，不同行的元素用分号或回车分开.

【例 2.24】　>> A = [1,2,3;4,5,6] ↙　（>> 表示在命令窗口中的提示符下键入，↙表示回车，下同）

或

>> A = [1 2 3;4 5 6] ↙

或

>> A = [1 2 3 ↙
4 5 6] ↙

都输入了一个 2 × 3 矩阵 **A**，屏幕上显示的输出为

```
A =
   1   2   3
   4   5   6
```

2.4.2　矩阵的函数生成

MATLAB 提供了一些函数来构造一些特殊矩阵，如表 2.12 所示.

表 2.12　矩阵的函数生成

函数名	说　　明
[]	空矩阵
eye	单位矩阵
zeros	零矩阵
ones	元素全为 1 的矩阵
magic	幻方矩阵
rand	随机矩阵

【例 2.25】　>> w = zeros(2,3) ↙　（2 × 3 零矩阵）

```
w =
   0 0 0
   0 0 0
```

【例 2.26】 >> u = ones(3) ↙ （3 × 3 全 1 矩阵，方阵只需输入行数，这几个矩阵生成函数均如此）

```
u =
   1 1 1
   1 1 1
   1 1 1
```

【例 2.27】 >> v = eye(3,4) ↙ （3 × 4 对角线为 1 的矩阵）

```
v =
   1 0 0 0
   0 1 0 0
   0 0 1 0
```

【例 2.28】 >> x = rand(1,3) ↙ （1 × 3 的(0,1) 均匀分布随机矩阵）

```
x =
   0.2311   0.8913   0.0185
```

矩阵生成函数还有 $m \times n$ 的标准正态分布矩阵生成函数 randn(m,n)，n 阶 Hilbert 矩阵 hilb(n)，n 阶 pacal 矩阵 pacal(n) 等.

2.4.3 矩阵的基本运算

矩阵的基本运算如表 2.13 所示.

表 2.13 矩阵的基本运算

运算符	含 义
+	加
−	减
*	乘
\	左除
/	右除
inv(A)	求 **A** 的逆矩阵
A′	**A** 的转置
rref(A)	将 **A** 化为简化阶梯形矩阵
rank(A)	求矩阵 **A** 的秩

当然，它们要符合矩阵运算的规律，如果矩阵的行列数不符合运算符的要求，将产生错误信息. 这里只将左除和右除的用法叙述如下：

设 $\boldsymbol{A}$ 是可逆矩阵，$\boldsymbol{AX} = \boldsymbol{B}$ 的解是 $\boldsymbol{A}$ 左除 $\boldsymbol{B}$，即 $\boldsymbol{X} = \boldsymbol{A}\backslash\boldsymbol{B}$（当 $\boldsymbol{B}$ 为列向量时，得到方程组的解）；$\boldsymbol{XA} = \boldsymbol{B}$ 的解是 $\boldsymbol{A}$ 右除 $\boldsymbol{B}$，即 $\boldsymbol{X} = \boldsymbol{B}/\boldsymbol{A}$.

【例 2.29】　若矩阵 $\boldsymbol{A} = \begin{pmatrix} 1 & 2 & 4 \\ 2 & 3 & 1 \\ 1 & 4 & 5 \end{pmatrix}$，$\boldsymbol{B} = \begin{pmatrix} 1 & 2 & 3 \\ 0 & 1 & 2 \\ 0 & 0 & 1 \end{pmatrix}$，求 $\boldsymbol{AB}$，$\boldsymbol{A}$ 的秩.

解　>> A = [1,2,4;2,3,1;1,4,5]; ↙　（语句后加“;”，是为了避免输出中间结果）

```
>> B = [1,2,3;0,1,2;0,0,1]; ↙
>> C = A * B ↙
```

显示：C =

```
1    4    11
2    7    13
1    6    16
>> E = rank(A) ↙
E =

3
```

【例 2.30】　求矩阵 $\boldsymbol{A} = \begin{pmatrix} 2 & 1 & -3 & -1 \\ 3 & 1 & 0 & 7 \\ -1 & 2 & 4 & -2 \\ 1 & 0 & -1 & 5 \end{pmatrix}$ 的逆矩阵，并验证.

解　>> A = [2,1,−3,−1;3,1,0,7;−1,2,4,−2;1,0,−1,5]; ↙

```
>> inv(A) ↙
```

ans =　　（用户没有对表达式设定变量，MATLAB 就自动赋当前结果给 ans）

```
-0.0471    0.5882   -0.2706   -0.9412
 0.3882   -0.3529    0.4824    0.7647
-0.2235    0.2941   -0.0353   -0.4706
-0.0353   -0.0588    0.0471    0.2941
```

```
>> inv(A) * A
ans =
```

```
   1.0000         0         0    0.0000
        0    1.0000    0.0000    0.0000
  -0.0000    0.0000    1.0000         0
   0.0000         0         0    1.0000
```

【例 2.31】 解矩阵方程$\begin{pmatrix}1&1&1\\2&1&0\\1&1&0\end{pmatrix}\boldsymbol{X}=\begin{pmatrix}2\\-1\\1\end{pmatrix}$.

解
```
>> A = [1,1,1;2,1,0;1,1,0]; ↙
>> B = [2;-1;1]; ↙
>> X = A\B ↙
X =
   -2
    3
    1
```

【例 2.32】 解矩阵方程 $\boldsymbol{X}\begin{pmatrix}-1&3&1\\2&1&0\\-2&0&1\end{pmatrix}=\begin{pmatrix}3&-1&2\\1&0&1\end{pmatrix}$.

解
```
>> A = [-1,3,1;2,1,0;-2,0,1]; ↙
>> B = [3,-1,2;1,0,1]; ↙
>> X = B/A ↙
X =
   -1.0000    4.0000    3.0000
   -0.6000    1.8000    1.6000
```

【例 2.33】 求方程组$\begin{cases}x_1+2x_2+3x_3=1\\2x_1+2x_2+x_3=5\\3x_1+4x_2+3x_3=7\end{cases}$的解.

解法一 将线性方程组改写成矩阵方程的形式 $\boldsymbol{AX}=\boldsymbol{B}$,

其中 $\boldsymbol{A}=\begin{pmatrix}1&2&3\\2&2&1\\3&4&3\end{pmatrix}$, $\boldsymbol{X}=\begin{pmatrix}1\\5\\7\end{pmatrix}$,

仿照例 2.31,可以求得其解.

解法二　设$\boldsymbol{C}=\begin{pmatrix}1&2&3&1\\2&2&1&5\\3&4&3&7\end{pmatrix}$,通过利用rref(C)将$\boldsymbol{C}$化为简化阶梯型矩阵:

```
>> C = [1,2,3,1;2,2,1,5;3,4,3,7]; ↙
>> D = rref(C) ↙
D =
   1  0  0   2
   0  1  0   1
   0  0  1  -1
```

即解为$\boldsymbol{X}=(2,1,-1)'$.

第3章　n 维向量

本章介绍 n 维向量的概念及线性运算，讨论向量的线性性，即向量间的线性关系（线性组合、线性相关、线性无关）与向量组秩的概念. 这些基本知识在我们专业课的学习中都是要用到的，希望同学们能认真地学，好好地掌握！

3.1　向量及向量的基本概念

3.1.1　n 维向量的概念

定义 3.1　n 个数 $a_1, a_2, \cdots, a_n$ 构成的有序数组，记作 $\boldsymbol{\alpha}=(a_1, a_2, \cdots, a_n)$，称为 **$n$ 维行向量**，a_i 称为向量 $\boldsymbol{\alpha}$ 的第 i 个分量；

n 个数 $a_1, a_2, \cdots, a_n$ 构成的有序数组，记作 $\boldsymbol{\alpha}=\begin{pmatrix} a_1 \\ a_2 \\ \vdots \\ a_n \end{pmatrix}$，或者 $\boldsymbol{\alpha}=(a_1, a_2, \cdots, a_n)^{\mathrm{T}}$，称为 **$n$ 维列向量**.

3.1.2　向量的运算

设 $\boldsymbol{\alpha}=(a_1, a_2, \cdots, a_n)$，$\boldsymbol{\beta}=(b_1, b_2, \cdots, b_n)$，则

(1) **相等**：$\boldsymbol{\alpha}=\boldsymbol{\beta} \Leftrightarrow a_i=b_i (i=1,2,\cdots,n)$；

(2) **零向量**：分量都是 0，记作 $\mathbf{0}$（或 $\vec{0}$），即 $\mathbf{0}=(0,0,\cdots,0)$；

(3) **负向量**：向量 $(-a_1, -a_2, \cdots, -a_n)$ 称为 $\boldsymbol{\alpha}=(a_1, a_2, \cdots, a_n)$ 的负向量，记为 $-\boldsymbol{\alpha}$；

(4) **和与差向量**（加与减）：

向量 $(a_1+b_1, a_2+b_2, \cdots, a_n+b_n)$ 称为向量 $\boldsymbol{\alpha}$ 与 $\boldsymbol{\beta}$ 的和，记作 $\boldsymbol{\alpha}+\boldsymbol{\beta}$；

向量 $(a_1-b_1, a_2-b_2, \cdots, a_n-b_n)$ 称为向量 $\boldsymbol{\alpha}$ 与 $\boldsymbol{\beta}$ 的差，记作 $\boldsymbol{\alpha}-\boldsymbol{\beta}$；

于是，

$$\boldsymbol{\alpha} \pm \boldsymbol{\beta}=(a_1 \pm b_1, a_2 \pm b_2, \cdots, a_n \pm b_n).$$

(5) **数乘向量**：$k\boldsymbol{\alpha} = (ka_1, ka_2, \cdots, ka_n)$.

向量的加法、减法与数乘统称为向量的**线性运算**. 显然，向量的线性运算满足如下的运算规律：

假设有 $\boldsymbol{\alpha} = (a_1, a_2, \cdots, a_n)$，$\boldsymbol{\beta} = (b_1, b_2, \cdots, b_n)$，$\boldsymbol{\gamma} = (c_1, c_2, \cdots, c_n)$，则

(1) $\boldsymbol{\alpha} + \boldsymbol{\beta} = \boldsymbol{\beta} + \boldsymbol{\alpha}$；

(2) $(\boldsymbol{\alpha} + \boldsymbol{\beta}) + \boldsymbol{\gamma} = \boldsymbol{\alpha} + (\boldsymbol{\beta} + \boldsymbol{\gamma})$；

(3) $\boldsymbol{\alpha} + \boldsymbol{0} = \boldsymbol{\alpha}$；

(4) $\boldsymbol{\alpha} + (-\boldsymbol{\alpha}) = \boldsymbol{0}$；

(5) $1\boldsymbol{\alpha} = \boldsymbol{\alpha}$；

(6) $k(l\boldsymbol{\alpha}) = (kl)\boldsymbol{\alpha}$；

(7) $k(\boldsymbol{\alpha} + \boldsymbol{\beta}) = k\boldsymbol{\alpha} + k\boldsymbol{\beta}$；

(8) $(k + l)\boldsymbol{\alpha} = k\boldsymbol{\alpha} + l\boldsymbol{\alpha}$.

线性运算满足的运算律与矩阵的线性运算相同. 可见，行(列)向量与行(列)矩阵在本质上是一致的.

【例 3.1】 设 $\boldsymbol{\alpha} = (-3,3,6,0)$，$\boldsymbol{\beta} = (9,6,-3,18)$，求满足 $\boldsymbol{\alpha} + 3\boldsymbol{\gamma} = \boldsymbol{\beta}$ 的 $\boldsymbol{\gamma}$.

解 因为 $3\boldsymbol{\gamma} = \boldsymbol{\beta} - \boldsymbol{\alpha} = (9,6,-3,18) - (-3,3,6,0) = (12,3,-9,18)$，所以

$$\boldsymbol{\gamma} = \frac{1}{3}(12,3,-9,18) = (4,1,-3,6).$$

习　题　3.1

1. 设 $\boldsymbol{\alpha}_1 = (1,2,-1)$，$\boldsymbol{\alpha}_2 = (2,5,3)$，$\boldsymbol{\alpha}_3 = (1,3,4)$，求 $(3\boldsymbol{\alpha}_1 - 2\boldsymbol{\alpha}_2) + 4\boldsymbol{\alpha}_3$.

2. 设 $\boldsymbol{\alpha}_1 = (5,-1,3,2,4)$，且 $3\boldsymbol{\alpha}_1 - 4\boldsymbol{\alpha}_2 = (3,-7,17,-2,8)$，求 $2\boldsymbol{\alpha}_1 + 3\boldsymbol{\alpha}_2$.

3.2　向量的线性组合

定义 3.2 设 $\boldsymbol{\alpha}_1, \boldsymbol{\alpha}_2, \cdots, \boldsymbol{\alpha}_m, \boldsymbol{\beta}$ 是 $m+1$ 个 n 维向量，若存在一组数 $k_1, k_2, \cdots, k_m$ 使得

$$\boldsymbol{\beta} = k_1\boldsymbol{\alpha}_1 + k_2\boldsymbol{\alpha}_2 + \cdots + k_m\boldsymbol{\alpha}_m,$$

则称向量 $\boldsymbol{\beta}$ 是向量组 $\boldsymbol{\alpha}_1, \boldsymbol{\alpha}_2, \cdots, \boldsymbol{\alpha}_m$ 的**线性组合**，或称向量 $\boldsymbol{\beta}$ 可由向量组 $\boldsymbol{\alpha}_1, \boldsymbol{\alpha}_2, \cdots, \boldsymbol{\alpha}_m$ **线性表示**.

【例 3.2】 设 $\boldsymbol{\alpha}_1 = (1,1,1)$，$\boldsymbol{\alpha}_2 = (0,1,1)$，$\boldsymbol{\alpha}_3 = (0,0,1)$，$\boldsymbol{\beta} = (1,3,4)$，问 $\boldsymbol{\beta}$ 能否由 $\boldsymbol{\alpha}_1, \boldsymbol{\alpha}_2, \boldsymbol{\alpha}_3$ 线性表示？

解 由定义 3.2 知，$\boldsymbol{\beta}$ 能由 $\boldsymbol{\alpha}_1, \boldsymbol{\alpha}_2, \boldsymbol{\alpha}_3$ 线性表示 $\Leftrightarrow$ 存在 k_1, k_2, k_3 使

$$\boldsymbol{\beta}=k_1\boldsymbol{\alpha}_1+k_2\boldsymbol{\alpha}_2+k_3\boldsymbol{\alpha}_3,$$

则
$$\begin{cases}k_1=1,\\k_1+k_2=3,\\k_1+k_2+k_3=4,\end{cases}$$

解得：$k_1=1,k_2=2,k_3=1$.

因此，$\boldsymbol{\beta}=\boldsymbol{\alpha}_1+2\boldsymbol{\alpha}_2+\boldsymbol{\alpha}_3$，$\boldsymbol{\beta}$ 能由 $\boldsymbol{\alpha}_1,\boldsymbol{\alpha}_2,\boldsymbol{\alpha}_3$ 线性表示.

特别地，向量组 $\boldsymbol{e}_1=\begin{pmatrix}1\\0\\\vdots\\0\end{pmatrix},\boldsymbol{e}_2=\begin{pmatrix}0\\1\\\vdots\\0\end{pmatrix},\cdots,\boldsymbol{e}_n=\begin{pmatrix}0\\0\\\vdots\\1\end{pmatrix}$ 称为 **n 维单位向量组**(也可以写成行向量的形式).

【例 3.3】 任意一个 n 维向量 $\boldsymbol{\alpha}=(a_1,a_2,\cdots,a_n)$ 都可以表示成 n 维基本单位向量组 $\boldsymbol{e}_1=(1,0,\cdots,0),\boldsymbol{e}_2=(0,1,\cdots,0),\cdots,\boldsymbol{e}_n=(0,0,\cdots,1)$ 的线性组合. 这是因为

$$\boldsymbol{\alpha}=a_1\boldsymbol{e}_1+a_2\boldsymbol{e}_2+\cdots+a_n\boldsymbol{e}_n.$$

下面考虑线性方程组：

$$\begin{cases}a_{11}x_1+a_{12}x_2+\cdots+a_{1n}x_n=b_1,\\a_{21}x_1+a_{22}x_2+\cdots+a_{2n}x_n=b_2,\\\qquad\vdots\\a_{m1}x_1+a_{m2}x_2+\cdots+a_{mn}x_n=b_m.\end{cases}\tag{3.1}$$

令 $\boldsymbol{\alpha}_1=\begin{pmatrix}a_{11}\\a_{21}\\\vdots\\a_{m1}\end{pmatrix},\boldsymbol{\alpha}_2=\begin{pmatrix}a_{12}\\a_{22}\\\vdots\\a_{m2}\end{pmatrix},\cdots,\boldsymbol{\alpha}_n=\begin{pmatrix}a_{1n}\\a_{2n}\\\vdots\\a_{mn}\end{pmatrix},\boldsymbol{\beta}=\begin{pmatrix}b_1\\b_2\\\vdots\\b_m\end{pmatrix}$，则方程组可以等价地写成向量的形式

$$\boldsymbol{\alpha}_1x_1+\boldsymbol{\alpha}_2x_2+\cdots+\boldsymbol{\alpha}_nx_n=\boldsymbol{\beta}.\tag{3.2}$$

定理 3.1 向量 $\boldsymbol{\beta}$ 可由向量组 $\boldsymbol{\alpha}_1,\boldsymbol{\alpha}_2,\cdots,\boldsymbol{\alpha}_m$ 线性表示的充分必要条件是线性方程组 $\boldsymbol{\alpha}_1x_1+\boldsymbol{\alpha}_2x_2+\cdots+\boldsymbol{\alpha}_mx_m=\boldsymbol{\beta}$ 有解.

【例 3.4】 已知向量 $\boldsymbol{\beta}=(3,6,15)$，$\boldsymbol{\alpha}_1=(2,1,5)$，$\boldsymbol{\alpha}_2=(-1,1,0)$，$\boldsymbol{\alpha}_3=(0,3,5)$，试判断向量 $\boldsymbol{\beta}$ 能否表示为向量组 $\boldsymbol{\alpha}_1,\boldsymbol{\alpha}_2,\boldsymbol{\alpha}_3$ 的线性组合.

解 设 $k_1\boldsymbol{\alpha}_1+k_2\boldsymbol{\alpha}_2+k_3\boldsymbol{\alpha}_3=\boldsymbol{\beta}$，即

$$k_1(2,1,5)+k_2(-1,1,0)+k_3(0,3,5)=(3,6,15),$$

于是，

$$\begin{cases} 2k_1 - k_2 = 3, \\ k_1 + k_2 + 3k_3 = 6, \\ 5k_1 + 5k_3 = 15, \end{cases}$$

$$\widetilde{\boldsymbol{A}} = \left(\begin{array}{ccc|c} 2 & -1 & 0 & 3 \\ 1 & 1 & 3 & 6 \\ 5 & 0 & 5 & 15 \end{array}\right) \xrightarrow{r_1 \leftrightarrow r_2} \left(\begin{array}{ccc|c} 1 & 1 & 3 & 6 \\ 2 & -1 & 0 & 3 \\ 5 & 0 & 5 & 15 \end{array}\right) \xrightarrow[-5r_1 + r_3]{-2r_1 + r_2} \left(\begin{array}{ccc|c} 1 & 1 & 3 & 6 \\ 0 & -3 & -6 & -9 \\ 0 & -5 & -10 & -15 \end{array}\right)$$

$$\xrightarrow[5r_2 + r_3]{-\frac{1}{3}r_2} \left(\begin{array}{ccc|c} 1 & 1 & 3 & 6 \\ 0 & 1 & 2 & 3 \\ 0 & 0 & 0 & 0 \end{array}\right) \xrightarrow{-r_2 + r_1} \left(\begin{array}{ccc|c} 1 & 0 & 1 & 3 \\ 0 & 1 & 2 & 3 \\ 0 & 0 & 0 & 0 \end{array}\right),$$

所以，

$$\begin{cases} k_1 = 3 - c, \\ k_2 = 3 - 2c, \quad (c \text{ 可取任意数}) \\ k_3 = c, \end{cases}$$

因此，$\boldsymbol{\beta} = (3-c)\boldsymbol{\alpha}_1 + (3-2c)\boldsymbol{\alpha}_2 + c\boldsymbol{\alpha}_3$（$c$ 可取任意数），即向量 $\boldsymbol{\beta}$ 可以表示成向量组 $\boldsymbol{\alpha}_1,\boldsymbol{\alpha}_2,\boldsymbol{\alpha}_3$ 的线性组合.

定义 3.3　对于 m 个 n 维向量 $\boldsymbol{\alpha}_1,\boldsymbol{\alpha}_2,\cdots,\boldsymbol{\alpha}_m (m \geqslant 1)$，若存在 m 个不全为 0 的数 $k_1,k_2,\cdots,k_m$，使得

$$k_1\boldsymbol{\alpha}_1 + k_2\boldsymbol{\alpha}_2 + \cdots + k_m\boldsymbol{\alpha}_m = \boldsymbol{0}, \tag{3.3}$$

则称 $\boldsymbol{\alpha}_1,\boldsymbol{\alpha}_2,\cdots,\boldsymbol{\alpha}_m$ **线性相关**，否则称 $\boldsymbol{\alpha}_1,\boldsymbol{\alpha}_2,\cdots,\boldsymbol{\alpha}_m$ **线性无关**，即(3.3)式只有当 $k_1 = k_2 = \cdots = k_m = 0$ 时才成立.

特别地，包含零向量 $\boldsymbol{0}$ 的向量组必线性相关；单独一个 $\boldsymbol{0}$ 向量线性相关.

定理 3.2　设 m 个 n 维向量 $\boldsymbol{\alpha}_1 = (a_{11},a_{12},\cdots,a_{1n})$，$\boldsymbol{\alpha}_2 = (a_{21},a_{22},\cdots,a_{2n})$，$\cdots$，$\boldsymbol{\alpha}_m = (a_{m1},a_{m2},\cdots,a_{mn})$，则当 $m > n$ 时向量组线性相关.

证明　对于向量组 $\boldsymbol{\alpha}_1,\boldsymbol{\alpha}_2,\cdots,\boldsymbol{\alpha}_m$，存在 $k_1,k_2,\cdots,k_m$，使得 $k_1\boldsymbol{\alpha}_1 + k_2\boldsymbol{\alpha}_2 + \cdots + k_m\boldsymbol{\alpha}_m = \boldsymbol{0}$；利用向量的线性运算，得到如下齐次线性方程组：

$$\begin{cases} a_{11}k_1 + a_{21}k_2 + \cdots + a_{m1}k_m = 0, \\ a_{12}k_1 + a_{22}k_2 + \cdots + a_{m2}k_m = 0, \\ \qquad\vdots \\ a_{1n}k_1 + a_{2n}k_2 + \cdots + a_{mn}k_m = 0, \end{cases}$$

显然，当 $m > n$ 时齐次线性方程组有非零解，即向量组线性相关.

定理 3.3　设 n 个 n 维向量 $\boldsymbol{\alpha}_i = (a_{i1},a_{i2},\cdots,a_{in})(i = 1,2,\cdots,n)$，则

$$\text{向量组线性相关} \Leftrightarrow \begin{vmatrix} a_{11} & a_{12} & \cdots & a_{1n} \\ a_{21} & a_{22} & \cdots & a_{2n} \\ \cdots & \cdots & \cdots & \cdots \\ a_{n1} & a_{n2} & \cdots & a_{nn} \end{vmatrix} = 0;$$

同理,当 $\begin{vmatrix} a_{11} & a_{12} & \cdots & a_{1n} \\ a_{21} & a_{22} & \cdots & a_{2n} \\ \cdots & \cdots & \cdots & \cdots \\ a_{n1} & a_{n2} & \cdots & a_{nn} \end{vmatrix} \neq 0$ 时,向量组线性无关.

【例 3.5】 讨论 n 维单位向量组 $\boldsymbol{e}_1 = \begin{pmatrix} 1 \\ 0 \\ \vdots \\ 0 \end{pmatrix}, \boldsymbol{e}_2 = \begin{pmatrix} 0 \\ 1 \\ \vdots \\ 0 \end{pmatrix}, \cdots, \boldsymbol{e}_n = \begin{pmatrix} 0 \\ 0 \\ \vdots \\ 1 \end{pmatrix}$ 的线性相关性.

解 n 维单位向量组可以构成如下矩阵:

$$\boldsymbol{E} = (\boldsymbol{e}_1, \boldsymbol{e}_2, \cdots, \boldsymbol{e}_n),$$

$\boldsymbol{E}$ 是 n 阶单位矩阵,则 $R(\boldsymbol{E}) = n$,即 $R(\boldsymbol{E})$ 等于向量的个数 n,相应的行列式不等于零,所以此向量组线性无关.

【例 3.6】 判断下列向量组是否线性相关?

$\boldsymbol{\alpha}_1 = (1,0,1,0)$, $\boldsymbol{\alpha}_2 = (0,1,0,1)$, $\boldsymbol{\alpha}_3 = (0,0,1,1)$, $\boldsymbol{\alpha}_4 = (1,1,0,0)$.

解 因为

$$\begin{vmatrix} 1 & 0 & 1 & 0 \\ 0 & 1 & 0 & 1 \\ 0 & 0 & 1 & 1 \\ 1 & 1 & 0 & 0 \end{vmatrix} = \begin{vmatrix} 1 & 0 & 1 \\ 0 & 1 & 1 \\ 1 & 0 & 0 \end{vmatrix} = \begin{vmatrix} 0 & 1 & 0 \\ 1 & 0 & 1 \\ 0 & 1 & 1 \end{vmatrix} = -1 + 1 = 0,$$

所以 $\boldsymbol{\alpha}_1, \boldsymbol{\alpha}_2, \boldsymbol{\alpha}_3, \boldsymbol{\alpha}_4$ 线性相关.

【例 3.7】 已知

$$\boldsymbol{\alpha}_1 = \begin{pmatrix} 1 \\ 1 \\ 0 \end{pmatrix}, \boldsymbol{\alpha}_2 = \begin{pmatrix} -1 \\ 1 \\ 2 \end{pmatrix}, \boldsymbol{\alpha}_3 = \begin{pmatrix} 1 \\ 3 \\ 2 \end{pmatrix},$$

讨论向量组 $\boldsymbol{\alpha}_1, \boldsymbol{\alpha}_2, \boldsymbol{\alpha}_3$ 的线性相关性.

解 $\boldsymbol{A} = (\boldsymbol{\alpha}_1, \boldsymbol{\alpha}_2, \boldsymbol{\alpha}_3) = \begin{pmatrix} 1 & -1 & 1 \\ 1 & 1 & 3 \\ 0 & 2 & 2 \end{pmatrix} \longrightarrow \begin{pmatrix} 1 & -1 & 1 \\ 0 & 2 & 2 \\ 0 & 2 & 2 \end{pmatrix} \longrightarrow \begin{pmatrix} 1 & -1 & 1 \\ 0 & 2 & 2 \\ 0 & 0 & 0 \end{pmatrix}.$

于是，矩阵 $\boldsymbol{A}$ 所构成的行列式等于零，由定理3.3知，向量组 $\boldsymbol{\alpha}_1,\boldsymbol{\alpha}_2,\boldsymbol{\alpha}_3$ 线性相关.

【例3.8】 已知向量组 $\boldsymbol{\alpha}_1,\boldsymbol{\alpha}_2,\boldsymbol{\alpha}_3$ 线性无关，证明向量组

$$\boldsymbol{\beta}_1=\boldsymbol{\alpha}_1+\boldsymbol{\alpha}_2,\ \boldsymbol{\beta}_2=\boldsymbol{\alpha}_2+\boldsymbol{\alpha}_3,\ \boldsymbol{\beta}_3=\boldsymbol{\alpha}_3+\boldsymbol{\alpha}_1$$

也线性无关.

证 设 $k_1\boldsymbol{\beta}_1+k_2\boldsymbol{\beta}_2+k_3\boldsymbol{\beta}_3=\boldsymbol{0}$，则有

$$(k_1+k_3)\boldsymbol{\alpha}_1+(k_1+k_2)\boldsymbol{\alpha}_2+(k_2+k_3)\boldsymbol{\alpha}_3=\boldsymbol{0}$$

因为 $\boldsymbol{\alpha}_1,\boldsymbol{\alpha}_2,\boldsymbol{\alpha}_3$ 线性无关，所以

$$\begin{cases}k_1+k_3=0,\\k_1+k_2=0,\\k_2+k_3=0,\end{cases}\text{即}\begin{pmatrix}1&0&1\\1&1&0\\0&1&1\end{pmatrix}\begin{pmatrix}k_1\\k_2\\k_3\end{pmatrix}=\begin{pmatrix}0\\0\\0\end{pmatrix},$$

系数行列式 $\begin{vmatrix}1&0&1\\1&1&0\\0&1&1\end{vmatrix}=2\neq 0$，该齐次方程组只有零解，故 $\boldsymbol{\beta}_1,\boldsymbol{\beta}_2,\boldsymbol{\beta}_3$ 线性无关.

习 题 3.2

1. 将下列向量 $\boldsymbol{\beta}$ 用其余向量来线性表示：

(1) $\boldsymbol{\alpha}_1=(1,1,-1)$，$\boldsymbol{\alpha}_2=(1,2,1)$，$\boldsymbol{\alpha}_3=(0,0,1)$，$\boldsymbol{\beta}=(1,0,-2)$；

(2) $\boldsymbol{\alpha}_1=(1,1,1,1)$，$\boldsymbol{\alpha}_2=(1,1,-1,-1)$，$\boldsymbol{\alpha}_3=(1,-1,1,-1)$，$\boldsymbol{\alpha}_4=(1,-1,-1,1)$，$\boldsymbol{\beta}=(1,2,1,1)$.

2. 判断下列向量组的线性相关性：

(1) $\boldsymbol{\alpha}_1=(1,1,1)$，$\boldsymbol{\alpha}_2=(0,2,5)$，$\boldsymbol{\alpha}_3=(1,3,6)$；

(2) $\boldsymbol{\alpha}_1=(2,-1,3)$，$\boldsymbol{\alpha}_2=(3,-1,5)$，$\boldsymbol{\alpha}_3=(1,-4,3)$；

(3) $\boldsymbol{\alpha}_1=(4,3,-1,1,-1)$，$\boldsymbol{\alpha}_2=(2,1,-3,2,-5)$，$\boldsymbol{\alpha}_3=(1,5,2,-2,6)$，$\boldsymbol{\alpha}_4=(1,-3,0,1,-2)$.

3. 试证：

(1) 若 $\boldsymbol{\alpha}_1,\boldsymbol{\alpha}_2,\boldsymbol{\alpha}_3$ 线性无关，则 $2\boldsymbol{\alpha}_1+\boldsymbol{\alpha}_2$，$\boldsymbol{\alpha}_2+5\boldsymbol{\alpha}_3$，$4\boldsymbol{\alpha}_3+3\boldsymbol{\alpha}_1$ 线性无关；

(2) 若 $\boldsymbol{\alpha}_1,\boldsymbol{\alpha}_2,\boldsymbol{\alpha}_3$ 线性无关，则 $\boldsymbol{\alpha}_1$，$\boldsymbol{\alpha}_1+\boldsymbol{\alpha}_2$，$\boldsymbol{\alpha}_1+\boldsymbol{\alpha}_2+\boldsymbol{\alpha}_3$ 线性无关.

3.3 向量组的秩

定义3.4 设 $\boldsymbol{\alpha}_1,\boldsymbol{\alpha}_2,\cdots,\boldsymbol{\alpha}_m$ 是一个向量组 $\boldsymbol{T}$ 中的 m 个向量，如果满足：

① $\boldsymbol{\alpha}_1,\boldsymbol{\alpha}_2,\cdots,\boldsymbol{\alpha}_m$ 线性无关；

② $\boldsymbol{T}$ 中任一向量 $\boldsymbol{\alpha}$ 可由 $\boldsymbol{\alpha}_1,\boldsymbol{\alpha}_2,\cdots,\boldsymbol{\alpha}_m$ 线性表示，

则称 $\boldsymbol{\alpha}_1,\boldsymbol{\alpha}_2,\cdots,\boldsymbol{\alpha}_m$ 是向量组 $\boldsymbol{T}$ 的一个**极大无关组**.

定义 3.5 向量组 $\boldsymbol{T}$ 的极大无关组所含的向量个数,称为 $\boldsymbol{T}$ 的**秩**,记为 $R(\boldsymbol{T})$.

定理 3.4 设矩阵 $\boldsymbol{A}_{m\times n}=\begin{pmatrix} a_{11} & a_{12} & \cdots & a_{1n} \\ a_{21} & a_{22} & \cdots & a_{2n} \\ \cdots & \cdots & \cdots & \cdots \\ a_{m1} & a_{m2} & \cdots & a_{mn} \end{pmatrix}$ 的行向量组为

$\boldsymbol{T}$: $\boldsymbol{\alpha}_1=(a_{11},a_{12},\cdots,a_{1n})$, $\boldsymbol{\alpha}_2=(a_{21},a_{22},\cdots,a_{2n})$, $\cdots$, $\boldsymbol{\alpha}_m=(a_{m1},a_{m2},\cdots,a_{mn})$

则 $R(\boldsymbol{A})=R(\boldsymbol{T})$.(证略)

利用定理 3.4 可将求向量组的秩转化为求矩阵的秩.

【例 3.9】 求下列向量组的秩,并求一个极大无关组:

(1) $\boldsymbol{\alpha}_1=(1,1,0,0)$, $\boldsymbol{\alpha}_2=(1,0,1,1)$, $\boldsymbol{\alpha}_3=(2,-1,3,3)$;

(2) $\boldsymbol{\beta}_1=(1,0,1,0)$, $\boldsymbol{\beta}_2=(2,1,-1,-3)$,

$\boldsymbol{\beta}_3=(1,0,-3,-1)$, $\boldsymbol{\beta}_4=(0,2,-6,3)$.

解 (1) 取 $\boldsymbol{A}=\begin{pmatrix} 1 & 1 & 2 \\ 1 & 0 & -1 \\ 0 & 1 & 3 \\ 0 & 1 & 3 \end{pmatrix}\xrightarrow{-r_1+r_2}\begin{pmatrix} 1 & 1 & 2 \\ 0 & -1 & -3 \\ 0 & 1 & 3 \\ 0 & 1 & 3 \end{pmatrix}\xrightarrow[\substack{r_2+r_4 \\ -r_2}]{r_2+r_3}\begin{pmatrix} 1 & 1 & 2 \\ 0 & 1 & 3 \\ 0 & 0 & 0 \\ 0 & 0 & 0 \end{pmatrix}$,

于是 $R(\boldsymbol{A})=2$. 因此,$R(\boldsymbol{\alpha}_1,\boldsymbol{\alpha}_2,\boldsymbol{\alpha}_3)=2$,且 $\boldsymbol{\alpha}_1,\boldsymbol{\alpha}_2$ 是一个极大无关组,即

$$\boldsymbol{\alpha}_3-3\boldsymbol{\alpha}_2+1\boldsymbol{\alpha}_1=0,$$

故 $\boldsymbol{\alpha}_3=3\boldsymbol{\alpha}_2-\boldsymbol{\alpha}_1$.

(2) 取

$$\boldsymbol{B}=\begin{pmatrix} 1 & 2 & 1 & 0 \\ 0 & 1 & 0 & 2 \\ 1 & -1 & -3 & -6 \\ 0 & -3 & -1 & 3 \end{pmatrix}\rightarrow\cdots\rightarrow\begin{pmatrix} 1 & 2 & 1 & 0 \\ 0 & 1 & 0 & 2 \\ 0 & 0 & 1 & -9 \\ 0 & 0 & 0 & -36 \end{pmatrix},$$

于是 $R(\boldsymbol{B})=4$,即 $R(\boldsymbol{\beta}_1,\boldsymbol{\beta}_2,\boldsymbol{\beta}_3,\boldsymbol{\beta}_4)=4$,故 $\boldsymbol{\beta}_1,\boldsymbol{\beta}_2,\boldsymbol{\beta}_3,\boldsymbol{\beta}_4$ 线性无关,当然为极大无关组.

注:求向量组的极大无关组时,把向量作为列构成一个矩阵,然后对矩阵施以行初等变换,化为行最简形式的阶梯矩阵.行首非零元对应的列所对应的向量构成向量组的一个极大无关组.

案例 3.1(调味品配置) 某调料有限公司用 6 种成分来制造多种调味制品.表 3.1 列出了 5 种调味制品 A,B,C,D,E 每包所需各成分的量.

表 3.1 5种调料制品成分表

	A	B	C	D	E
红辣椒	3	1.5	4.5	7.5	4.5
姜　黄	2	4	0	8	6
胡　椒	1	2	0	4	3
丁香油	1	2	0	4	3
大蒜粉	0.5	1	0	2	1.5
盐	0.25	0.5	0	2	0.75

一顾客为避免购买全部5种调味品,他可以只购买其中的一部分并用它配制出其余几种调味品.问这位顾客必须购买的最少的调味品的种类是多少?写出所需最少的调味品的集合.

解 5种调味品各自的成分可用向量来表示,即

$$\boldsymbol{\alpha}_1=\begin{pmatrix}3\\2\\1\\1\\0.5\\0.25\end{pmatrix},\ \boldsymbol{\alpha}_2=\begin{pmatrix}1.5\\4\\2\\2\\1\\0.5\end{pmatrix},\ \boldsymbol{\alpha}_3=\begin{pmatrix}4.5\\0\\0\\0\\0\\0\end{pmatrix},\ \boldsymbol{\alpha}_4=\begin{pmatrix}7.5\\8\\4\\4\\2\\2\end{pmatrix},\ \boldsymbol{\alpha}_5=\begin{pmatrix}4.5\\6\\3\\3\\1.5\\0.75\end{pmatrix}.$$

一顾客只购买其中的一部分,用它们来调制出其余几种调味品,相当于是求向量组 $\boldsymbol{\alpha}_1,\boldsymbol{\alpha}_2,\boldsymbol{\alpha}_3,\boldsymbol{\alpha}_4,\boldsymbol{\alpha}_5$ 的一个极大线性无关组.由定理3.4知,只需求矩阵 $\boldsymbol{A}$ 的秩即可.由矩阵秩的求法,有:

$$\boldsymbol{A}=\begin{array}{c}\begin{matrix}\boldsymbol{\alpha}_1 & \boldsymbol{\alpha}_2 & \boldsymbol{\alpha}_3 & \boldsymbol{\alpha}_4 & \boldsymbol{\alpha}_5\end{matrix}\\ \begin{pmatrix}3 & 1.5 & 4.5 & 7.5 & 4.5\\ 2 & 4 & 0 & 8 & 6\\ 1 & 2 & 0 & 4 & 3\\ 1 & 2 & 0 & 4 & 3\\ 0.5 & 1 & 0 & 2 & 1.5\\ 0.25 & 0.5 & 0 & 2 & 0.75\end{pmatrix}\end{array}\xrightarrow{\cdots}\begin{array}{c}\begin{matrix}\boldsymbol{\beta}_1 & \boldsymbol{\beta}_2 & \boldsymbol{\beta}_3 & \boldsymbol{\beta}_4 & \boldsymbol{\beta}_5\end{matrix}\\ \begin{pmatrix}1 & 0 & 2 & 0 & 1\\ 0 & 1 & -1 & 0 & 1\\ 0 & 0 & 0 & 1 & 0\\ 0 & 0 & 0 & 0 & 0\\ 0 & 0 & 0 & 0 & 0\\ 0 & 0 & 0 & 0 & 0\end{pmatrix}\end{array}=\boldsymbol{B}$$

故 $R(\boldsymbol{A})=R(\boldsymbol{B})=3$,$\boldsymbol{B}$ 中5个列向量反映了5种调味品经过某种混合后的状态,其中两种调味品可用其他三种调味品配制出来,即

$$\boldsymbol{\beta}_3=2\boldsymbol{\beta}_1-\boldsymbol{\beta}_2+0\boldsymbol{\beta}_4,\ \boldsymbol{\beta}_5=\boldsymbol{\beta}_1+\boldsymbol{\beta}_2+0\boldsymbol{\beta}_4,$$

因为考虑问题的实际意义,系数不可能为负,则上式可化为

$$\boldsymbol{\beta}_1=\frac{1}{2}\boldsymbol{\beta}_2+\frac{1}{2}\boldsymbol{\beta}_3+0\boldsymbol{\beta}_4\,,\ \boldsymbol{\beta}_5=\frac{3}{2}\boldsymbol{\beta}_2+\frac{1}{2}\boldsymbol{\beta}_3+0\boldsymbol{\beta}_4\,,$$

上面的关系式对原调味品来说，就是

$$\boldsymbol{\alpha}_1=\frac{1}{2}\boldsymbol{\alpha}_2+\frac{1}{2}\boldsymbol{\alpha}_3+0\boldsymbol{\alpha}_4\,,\ \boldsymbol{\alpha}_5=\frac{3}{2}\boldsymbol{\alpha}_2+\frac{1}{2}\boldsymbol{\alpha}_3+0\boldsymbol{\alpha}_4\,,$$

即 A, E 两种调味品可通过 B,C,D 调制得到，所以 B,C,D 三种调味品可作为最小调味品集合.

习　题　3.3

1. 求下列向量组的秩和它的一个极大无关组：

(1) $\boldsymbol{\alpha}_1=(2,1,1)$，$\boldsymbol{\alpha}_2=(1,2,-1)$，$\boldsymbol{\alpha}_3=(-2,3,0)$；

(2) $\boldsymbol{\alpha}_1=(2,1,3,-1)$，$\boldsymbol{\alpha}_2=(3,-1,2,0)$，

$\boldsymbol{\alpha}_3=(1,3,4,-2)$，$\boldsymbol{\alpha}_4=(4,-3,1,1)$.

2. 求下列向量组的秩及其一个极大无关组，并把其余向量用极大无关组表示：

(1) $\boldsymbol{\alpha}_1=(1,-1,2,4)$，$\boldsymbol{\alpha}_2=(0,3,1,2)$，

$\boldsymbol{\alpha}_3=(3,0,7,14)$，$\boldsymbol{\alpha}_4=(1,-1,2,3)$；

(2) $\boldsymbol{\alpha}_1=(1,3,1)$，$\boldsymbol{\alpha}_2=(1,1,0)$，

$\boldsymbol{\alpha}_3=(1,0,0)$，$\boldsymbol{\alpha}_4=(1,-2,-3)$.

3.4　MATLAB 软件在向量运算中的应用

在 MATLAB 软件中可以把向量看作是特殊的矩阵，其中行向量相当于行矩阵，列向量相当于列矩阵，因此，有关向量的线性运算可以看成矩阵的线性运算.

向量组秩的求法，按照定理，等价于对应矩阵的秩的求法. 但向量的输入，除了作为矩阵的特例像 $1\times n$ 矩阵一样地输入外，对一些特殊的向量常采用“:”和函数 linspace、logspace 两种输入方式，它们的用法可以从下面的例子知道.

【例 3.10】　>> a = 1 : 5 ↙　（从 1 到 5 公差为 1(可缺省）的等差数组）

```
a =
   1  2  3  4  5
```

【例 3.11】　>> b = 1 : 2 : 7 ↙　（从 1 到 7 公差为 2 的等差数组，如果输入 $b=1:2:8$，得到同样结果）

```
b =
   1  3  5  7
```

【例 3.12】　>> c = 6 :－3 :－6 ↙　（从 6 到 －6 公差为 －3 的等差数组）

```
c =
```

```
6  3  0  −3  −6
```

【例 3.13】 >> linspace(0,1,9) ↙ （从 0 到 1 共 9 个数值的等差数组）

```
ans =
0  0.1250  0.2500  0.3750  0.5000  0.6250  0.7500  0.87500  1.0000
```

即

linspace(a,b,n) （生成从 a 到 b 共 n 个数值的等差数组，公差不必给出）

与它相仿的是：

logspace(a,b,n) （生成从 10^a 到 10^b 共 n 个数值的等比数组）

【例 3.14】 4 等分 π（MATLAB 中 π 的符号是 pi）的数组可以用这两种方式输入：

```
>> x = 0:pi/4:pi ↙
x =
  0  0.7854  1.5708  2.3562  3.1416
>> x = linspace(0,pi,5) ↙
x =
  0  0.7854  1.5708  2.3562  3.1416
```

第4章 傅里叶级数

在研究和处理自然界以及电流、电子信号技术中常见的周期性现象时，我们希望将这些复杂多样的周期函数统一地用正弦或余弦函数来表示，以便于研究．换言之，我们希望用一系列三角函数的代数和来逼近这些复杂的函数．这就涉及到级数、幂级数及傅里叶级数这些知识．本章我们将详细介绍这些知识，并通过案例给出其在实际中的应用．

4.1 级数的基本概念

4.1.1 数项级数

引例 4.1(分数近似) 分数$\frac{1}{3}$写成循环小数的形式时为 0.3333…，即

$$\frac{1}{3}=0.3333\cdots=0.3+0.03+0.003+\cdots=\frac{3}{10}+\frac{3}{10^2}+\cdots$$

在近似计算中可以取

$$\frac{1}{3}=\frac{3}{10}+\frac{3}{10^2}+\cdots+\frac{3}{10^n},$$

显然，当 n 越大近似效果越好，且

$$\frac{1}{3}=\lim_{n\to\infty}\left(\frac{3}{10}+\frac{3}{10^2}+\cdots+\frac{3}{10^n}\right),$$

而式$\frac{3}{10}+\frac{3}{10^2}+\cdots+\frac{3}{10^n}+\cdots$是一个“无穷和式”，而这种“无穷和式”就是一个数项级数．

定义 4.1 对于给定的数列 $u_1,u_2,u_3,\cdots,u_n,\cdots$，则表达式

$$\sum_{i=1}^{\infty}u_i=u_1+u_2+u_3+\cdots+u_n+\cdots \tag{4.1}$$

称为**无穷级数**(又称为**数项级数**)，u_n 称为级数的**一般项**或**通项**．

定义 4.2　级数(4.1)的前 n 项和

$$s_n = \sum_{i=1}^{n} u_i = u_1 + u_2 + u_3 + \cdots + u_n, \tag{4.2}$$

称为级数(4.1)的**部分和**.

当 n 分别取 1,2,3… 时就得到了一个新的数列 $s_1 = u_1, s_2 = u_1 + u_2, \cdots$,该数列称为级数(4.1)的**部分和数列**,记为 $\{s_n\}$.

定义 4.3　若级数(4.1)的部分和数列 $\{s_n\}$ 极限存在,即

$$\lim_{n\to\infty} s_n = s,$$

则称该级数**收敛**. s 称为**级数的和**,记为 $s = \sum_{i=1}^{\infty} u_i$,这时也称该级数收敛于 s. 若部分和数列的极限不存在,则称该级数**发散**.

【例 4.1】　讨论几何级数

$$\sum_{n=1}^{\infty} ar^{n-1} = a + ar + ar^2 + \cdots + ar^{n-1} + \cdots$$

的敛散性.

解　求出部分和数列 $s_n = \dfrac{a(1-r^n)}{1-r}(r \neq 1)$.

(1) 当 $|r| < 1$ 时

$$\lim_{n\to\infty} s_n = \lim_{n\to\infty}\left(\frac{a}{1-r} - \frac{ar^n}{1-r}\right) = \frac{a}{1-r},$$

故级数收敛且收敛于 $\dfrac{a}{1-r}$.

(2) 当 $|r| > 1$ 时

$$\lim_{n\to\infty} s_n = \lim_{n\to\infty}\left(\frac{a}{1-r} - \frac{ar^n}{1-r}\right) = \infty,$$

故级数发散.

(3) 当 $r = 1$ 时,$s_n = na \to \infty (n \to \infty)$,故级数发散.

当 $r = -1$ 时,$s_n = \begin{cases} 0, & n \text{ 为偶数} \\ a, & n \text{ 为奇数} \end{cases}$,$\lim\limits_{n\to\infty} s_n$ 不存在,所以级数发散.

综上分析,对于几何级数 $\sum_{n=1}^{\infty} ar^{n-1} = a + ar + ar^2 + \cdots + ar^{n-1} + \cdots$,当公比 $|r| < 1$ 时收敛,收敛于 $\dfrac{a}{1-r}$;当公比 $|r| \geqslant 1$ 时发散.

4.1.2 函数项级数

定义 4.4 $u_1(x),u_2(x),\cdots,u_n(x)\cdots$ 是定义在区间 I 上的函数列，称和式

$$u_1(x)+u_2(x)+\cdots+u_n(x)+\cdots$$

为定义在区间 I 上的**函数项级数**，记为 $\sum_{n=1}^{\infty}u_n(x)$.

定义 4.5 若 $x_0\in I$，常数项级数 $u_n(x_0)$ 收敛，则称 x_0 为函数项级数 $\sum_{n=1}^{\infty}u_n(x)$ 的**收敛点**；若 $x_0\in I$，常数项级数 $u_n(x_0)$ 发散，则称 x_0 为函数项级数 $\sum_{n=1}^{\infty}u_n(x)$ 的**发散点**；$\sum_{n=1}^{\infty}u_n(x)$ 的收敛点（发散点）的全体称为 $\sum_{n=1}^{\infty}u_n(x)$ 的**收敛域**（**发散域**）.

定义 4.6 在收敛域上，函数项级数 $\sum_{n=1}^{\infty}u_n(x)$ 的和是关于 x 的函数，称之为**和函数** $s(x)$，即在收敛域上，$\sum_{n=1}^{\infty}u_n(x)=s(x)$.

4.1.3 幂级数

定义 4.7 函数项级数

$$a_0+a_1(x-x_0)+a_2(x-x_0)^2+\cdots+a_n(x-x_0)^n+\cdots$$

称为关于$(x-x_0)$的**幂级数**，记为 $\sum_{n=0}^{\infty}a_n(x-x_0)^n$. 当 $x_0=0$ 时，函数项级数

$$a_0+a_1x+a_2x^2+\cdots+a_nx^n+\cdots$$

称为关于 x 的幂级数，记为 $\sum_{n=0}^{\infty}a_nx^n$.

定义 4.8 若 $f(x)$ 在点 x_0 的某邻域内任意阶可导，则称级数

$$f(x_0)+f'(x_0)(x-x_0)+\frac{f''(x_0)}{2!}(x-x_0)^2+\cdots+\frac{f^{(n)}(x_0)}{n!}(x-x_0)^n+\cdots$$

为 $f(x)$ 的**泰勒级数**. 当 $x_0=0$ 时，得

$$f(0)+f'(0)x+\frac{f''(0)}{2!}x^2+\cdots+\frac{f^{(n)}(0)}{n!}x^n+\cdots$$

称该级数为 $f(x)$ 的**麦克劳林级数**.

【例 4.2】 将 $f(x)=\mathrm{e}^x$ 展开成 x 的幂级数.

解 由于 $f(0)=f'(0)=f''(0)=\cdots=f^{(n)}(0)=1$，所以

$$e^x = 1 + x + \frac{x^2}{2!} + \cdots + \frac{x^n}{n!} + \cdots, -\infty < x < +\infty$$

习　题　4.1

1. 写出下列级数的前 5 项：

(1) $\sum_{n=1}^{\infty} \frac{1+n}{1+n^2}$；　(2) $\sum_{n=1}^{\infty} \frac{(-1)^n}{n(n+2)}$；　(3) $\sum_{n=1}^{\infty} \frac{1 \cdot 3 \cdots (2n-1)}{2 \cdot 4 \cdots 2n}$.

2. 写出下列数项级数的通项：

(1) $1 + \frac{1}{3} + \frac{1}{5} + \frac{1}{7} + \cdots$　(2) $\frac{2}{1 \cdot 2} + \frac{3}{2 \cdot 3} + \frac{4}{3 \cdot 4} + \cdots$

(3) $1 - \frac{6}{2^2} + \frac{12}{2^3} - \frac{20}{2^4} + \frac{30}{2^5} - \cdots$

3. 将下列函数展开成麦克劳林级数：

(1) $f(x) = \sin x$；　(2) $f(x) = \cos x$；

(3) $f(x) = \frac{1}{1+x}$.

4.2　傅里叶级数

类似于幂级数，正弦函数 $\sin nx (n = 0,1,2,\cdots)$，余弦函数 $\cos nx (n = 0,1,2,\cdots)$ 是工程技术中最简单的周期函数. 在物理学和工程技术问题中，周期现象极为常见．除了正弦函数外，还会遇到非正弦的周期函数，它们反映了较复杂的周期运动，如电子技术中常用的周期为 T 的矩形波(图 4.1) 就是一个非正弦函数的例子.

引例 4.2(矩形波的近似)　考虑这样的问题，周期为 T 的矩形波能否用下列三角级数

$$\frac{a_0}{2} + \sum_{n=1}^{\infty} (a_n \cos nx + b_n \sin nx) \quad (4.3)$$

来表示?这是信号谐波分析的基础.

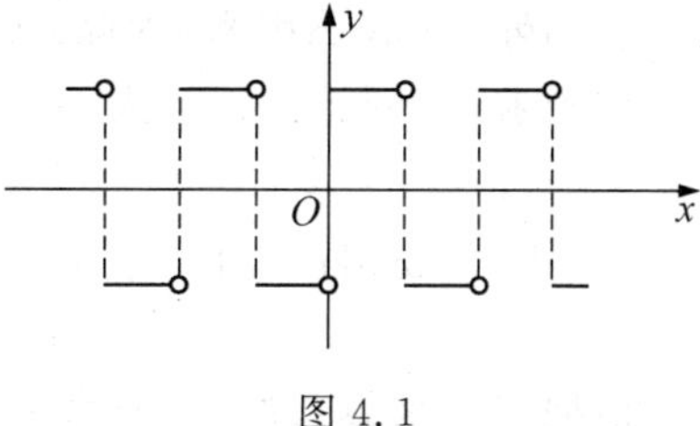

图 4.1

实践表明，把函数展开成三角级数的理论对数学和工程技术的发展起着极为重要的作用. 19 世纪，法国数学家傅里叶在研究热的传导中，曾经引入一类“周期性变化” 函数 $f(x)$ 来表示无穷多个三角函数 $\sin nx$ 或 $\cos nx (n = 1,2,\cdots)$ 的和，从此以后，就有了这一类级数.

4.2.1 三角函数系的正交性

函数系

$$\{1,\sin x,\cos x,\sin 2x,\cos 2x\cdots\sin nx,\cos nx,\cdots\}$$

称为**基本三角函数系**.由于

$$\int_{-\pi}^{\pi}\cos nx\,\mathrm{d}x=0,\ \int_{-\pi}^{\pi}\sin nx\,\mathrm{d}x=0,$$

$$\int_{-\pi}^{\pi}\sin kx\cos nx\,\mathrm{d}x=0,$$

$$\int_{-\pi}^{\pi}\sin kx\sin nx\,\mathrm{d}x=\begin{cases}0, & k\neq n\\ \pi, & k=n\end{cases}$$

$$\int_{-\pi}^{\pi}\cos kx\cos nx\,\mathrm{d}x=\begin{cases}0, & k\neq n\\ \pi, & k=n\end{cases}$$

$$(k=1,2\cdots;n=1,2\cdots) \tag{4.4}$$

表明三角函数系任意两个相异函数的乘积在区间$[-\pi,\pi]$上的积分等于零,这个性质称为三角函数系的**正交性**.

4.2.2 函数展开成傅里叶级数

设 $f(x)$ 是周期为 2π 的周期函数,且能展开成三角级数

$$f(x)=\frac{a_0}{2}+\sum_{k=1}^{\infty}(a_k\cos kx+b_k\sin kx). \tag{4.5}$$

下面讨论系数 $a_0,a_1,b_1,\cdots$ 与函数 $f(x)$ 之间存在的关系,即如何利用 $f(x)$ 把 $a_0,a_1,b_1,\cdots$ 表达出来.为此,进一步假设级数(4.5)可逐项积分.

首先求 a_0,对式(4.5)从 $-\pi$ 到 π 逐项积分,即

$$\int_{-\pi}^{\pi}f(x)\mathrm{d}x=\int_{-\pi}^{\pi}\frac{a_0}{2}\mathrm{d}x+\sum_{k=1}^{\infty}\left(a_k\int_{-\pi}^{\pi}\cos kx\,\mathrm{d}x+b_k\int_{-\pi}^{\pi}\sin kx\,\mathrm{d}x\right),$$

根据三角函数系的正交性,等式右端除第一项外,其余各项为零,所以

$$\int_{-\pi}^{\pi}f(x)\mathrm{d}x=\frac{a_0}{2}\times 2\pi$$

于是,

$$a_0=\frac{1}{\pi}\int_{-\pi}^{\pi}f(x)\mathrm{d}x.$$

其次求 a_n，用 $\cos nx$ 乘以式(4.5) 两端，再从 $-\pi$ 到 π 逐项积分，得

$$\int_{-\pi}^{\pi} f(x)\cos nx\,\mathrm{d}x$$
$$= \frac{a_0}{2}\int_{-\pi}^{\pi}\cos nx\,\mathrm{d}x + \sum_{k=1}^{\infty}\left(a_k\int_{-\pi}^{\pi}\cos kx\cos nx\,\mathrm{d}x + b_k\int_{-\pi}^{\pi}\sin kx\cos nx\,\mathrm{d}x\right).$$

根据三角函数系的正交性，等式右端除 $k = n$ 的一项外，其余各项为零，所以

$$\int_{-\pi}^{\pi} f(x)\cos nx\,\mathrm{d}x = a_n\int_{-\pi}^{\pi}\cos^2 nx\,\mathrm{d}x = a_n\pi,$$

于是

$$a_n = \frac{1}{\pi}\int_{-\pi}^{\pi} f(x)\cos nx\,\mathrm{d}x,\quad n = 1,2,\cdots$$

再求 b_n，将式(4.5) 两端同时乘以 $\sin nx$，并在 $[-\pi,\pi]$ 上积分，得

$$b_n = \frac{1}{\pi}\int_{-\pi}^{\pi} f(x)\sin nx\,\mathrm{d}x,\quad n = 1,2,\cdots$$

以上计算得到的系数 a_0，a_n，b_n 称为傅里叶系数，归纳如下：

$$\begin{cases} a_0 = \dfrac{1}{\pi}\displaystyle\int_{-\pi}^{\pi} f(x)\,\mathrm{d}x, \\ a_n = \dfrac{1}{\pi}\displaystyle\int_{-\pi}^{\pi} f(x)\cos nx\,\mathrm{d}x, \quad n = 1,2,\cdots \\ b_n = \dfrac{1}{\pi}\displaystyle\int_{-\pi}^{\pi} f(x)\sin nx\,\mathrm{d}x, \quad n = 1,2,\cdots \end{cases} \tag{4.6}$$

显然 a_0 的算式可以归到 a_n 中去(取 $n = 0$)，因此式(4.6) 改写成

$$\begin{cases} a_n = \dfrac{1}{\pi}\displaystyle\int_{-\pi}^{\pi} f(x)\cos nx\,\mathrm{d}x, \quad n = 0,1,2,\cdots \\ b_n = \dfrac{1}{\pi}\displaystyle\int_{-\pi}^{\pi} f(x)\sin nx\,\mathrm{d}x, \quad n = 1,2,\cdots \end{cases} \tag{4.7}$$

用公式(4.7) 算出 a_n，b_n 后所构成的相应级数

$$\frac{a_0}{2} + \sum_{n=1}^{\infty}(a_n\cos nx + b_n\sin nx)$$

称为函数 $f(x)$ 的**傅里叶级数**，并记为

$$f(x) \sim \frac{a_0}{2} + \sum_{n=1}^{\infty}(a_n\cos nx + b_n\sin nx). \tag{4.8}$$

一个定义在$(-\infty,+\infty)$ 上周期为 2π 的函数 $f(x)$，如果它在一个周期上可积，则一定可作出 $f(x)$ 的傅里叶级数. 然而，函数 $f(x)$ 的傅里叶级数是否一定收

敛?如果收敛,它是否一定收敛于 $f(x)$?一般来说,这两个问题的答案不是肯定的.那么,在什么条件下,函数 $f(x)$ 的傅里叶级数收敛呢?如果收敛,其和是否也为 $f(x)$ 呢?下面的定理回答了这个问题.

定理 4.1(狄利克雷定理)　设以 2π 为周期的函数 $f(x)$ 在 $[-\pi,\pi]$ 上满足下列条件(称为狄利克雷条件):

(1) 连续或只有有限个第一类间断点,

(2) 至多只有有限个极值点,

则 $f(x)$ 的傅里叶级数收敛,并且当 x 是连续点时,级数收敛于 $f(x)$;当 x 是 $f(x)$ 的间断点时,级数收敛于 $\frac{1}{2}[f(x-0)+f(x+0)]$.(证明从略)

定理 4.1 表明,只要周期函数 $f(x)$ 满足狄利克雷条件,即在一个周期 $[-\pi,\pi]$ 上至多只有有限个第一类间断点,并且不作无限次振荡,则 $f(x)$ 的傅里叶级数在整个数轴上收敛,且在连续点 x_0 处级数收敛于该点的函数值 $f(x_0)$,在间断点处收敛于该点的左、右极限的算术平均值.可见,函数展开成傅里叶级数的条件比展开成幂级数的条件要弱得多.

案例 4.1(脉冲矩形波)　周期为 2π 的信号函数 $f(x)$(图 4.2) 在 $[-\pi,\pi]$ 上的表达式为

$$f(x)=\begin{cases}1, & 0\leqslant x<\pi\\ -1, & -\pi\leqslant x<0\end{cases}$$

求其傅里叶展开式.

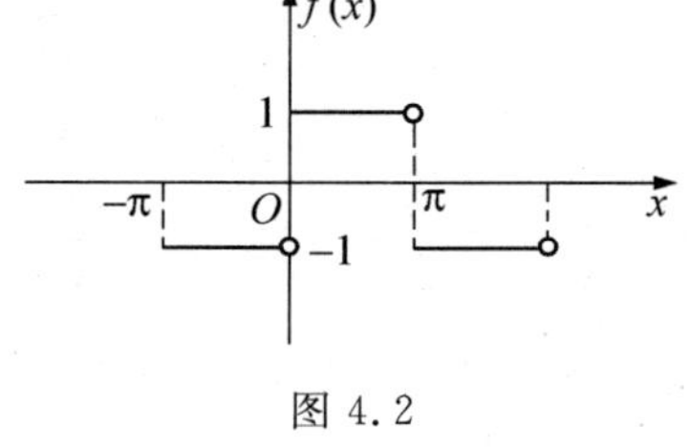

图 4.2

解　利用公式(4.6) 计算傅里叶系数如下:

$$a_0=\frac{1}{\pi}\int_{-\pi}^{\pi}f(x)\mathrm{d}x=0,$$

$$a_n=\frac{1}{\pi}\int_{-\pi}^{\pi}f(x)\cos nx\,\mathrm{d}x=0,$$

$$b_n=\frac{2}{\pi}\int_{0}^{\pi}f(x)\sin nx\,\mathrm{d}x=\begin{cases}\dfrac{4}{n\pi}, & n=1,3,5\cdots\\ 0, & n=2,4,6\cdots\end{cases}$$

所以函数 $f(x)$ 的傅里叶级数展开为

$$f(x)=\frac{4}{\pi}\left(\sin x+\frac{1}{3}\sin 3x+\frac{1}{5}\sin 5x+\frac{1}{7}\sin 7x+\cdots\right)$$

$$(-\infty<x<+\infty,x\neq k\pi,k\in\mathbf{Z})$$

且当 $x=k\pi$ 时,傅里叶级数收敛于

$$\frac{f(k\pi+0)+f(k\pi-0)}{2}=\frac{-1+1}{2}=0.$$

案例4.2(脉冲锯齿信号) 周期为2π的脉冲锯齿信号函数$f(x)$(图4.3)在$[-\pi,\pi]$上的表达式为

$$f(x)=\begin{cases}x, & 0\leqslant x<\pi\\ 0, & -\pi\leqslant x<0\end{cases}$$

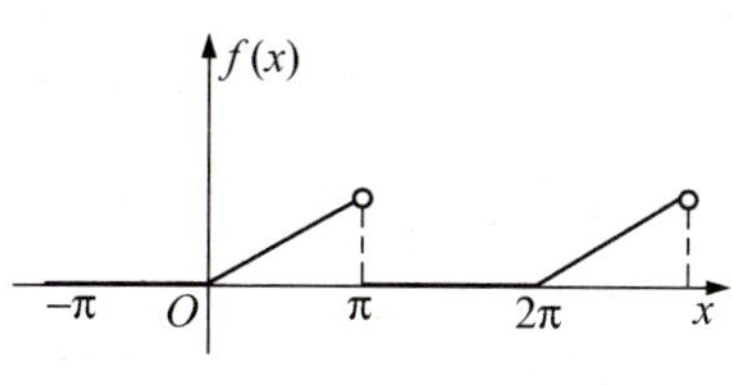

图4.3

求其傅立叶展开式.

解 利用公式(4.6)计算傅里叶系数如下:

$$a_0=\frac{1}{\pi}\int_{-\pi}^{\pi}f(x)\mathrm{d}x=\frac{1}{\pi}\int_0^{\pi}x\mathrm{d}x=\frac{\pi}{2},$$

$$a_n=\frac{1}{\pi}\int_{-\pi}^{\pi}f(x)\cos nx\,\mathrm{d}x=\frac{1}{\pi}\int_0^{\pi}x\cos nx\,\mathrm{d}x=\begin{cases}0, & n=2,4,6\cdots\\ -\dfrac{2}{n^2\pi}, & n=1,3,5\cdots\end{cases}$$

$$b_n=\frac{1}{\pi}\int_{-\pi}^{\pi}f(x)\sin nx\,\mathrm{d}x=\frac{1}{\pi}\int_0^{\pi}x\sin nx\,\mathrm{d}x=\frac{(-1)^{n+1}}{n},\ n=1,2,3\cdots$$

所以函数$f(x)$的傅里叶级数展开为

$$f(x)=\frac{\pi}{4}-\frac{2}{\pi}\left(\cos x+\frac{1}{3^2}\cos 3x+\cdots\right)+\left(\sin x-\frac{\sin 2x}{2}+\frac{\sin 3x}{3}+\cdots\right)$$

$$(-\infty<x<+\infty,x\neq(2k-1)\pi,k\in\mathbf{Z})$$

如果$f(x)$不是周期函数,而仅仅只是定义在$[-\pi,\pi)$上的满足狄利克雷条件的函数,它也可以展开成傅里叶级数.事实上,可以借用一个以2π为周期的函数$F(x),x\in\mathbf{R}$.在$[-\pi,\pi)$上$f(x)=F(x)$.这时称$F(x)$为$f(x)$的**延拓函数**.于是把$F(x)$展开成傅里叶级数,当把它限制在$[-\pi,\pi)$上时,就得到了$f(x)$的傅里叶级数展开式,并且这个展开式的范围为$F(x)$在$[-\pi,\pi)$上的所有连续点.

案例4.3(单脉冲方波信号) 设单脉冲方波信号函数$f(x)$在$[-\pi,\pi]$上的表达式为

$$f(x)=\begin{cases}2, & -\dfrac{\pi}{2}\leqslant x\leqslant\dfrac{\pi}{2}\\ 0, & \text{其他}\end{cases}$$

把$f(x)$展开为傅里叶级数.

解　将 $f(x)$ 延拓后得函数 $F(x)$，如图 4.4 所示.

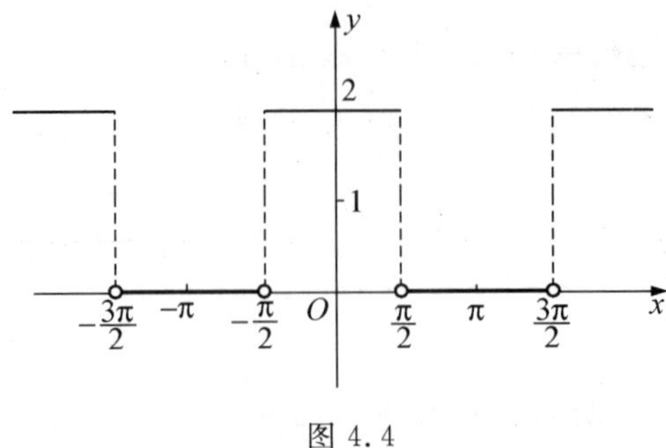

图 4.4

(1) $F(x)$ 满足收敛定理的条件.

$$a_0 = \frac{1}{\pi}\int_{-\pi}^{\pi} F(x)\mathrm{d}x = \frac{1}{\pi}\int_{-\frac{\pi}{2}}^{\frac{\pi}{2}} 2\mathrm{d}x = 2,$$

$$a_n = \frac{1}{\pi}\int_{-\pi}^{\pi} F(x)\cos nx\,\mathrm{d}x = \frac{1}{\pi}\int_{-\frac{\pi}{2}}^{\frac{\pi}{2}} 2\cos nx\,\mathrm{d}x = \frac{4}{\pi}\int_{0}^{\frac{\pi}{2}} \cos nx\,\mathrm{d}x$$

$$= \frac{4}{n\pi}\sin\frac{n\pi}{2} = \begin{cases} \dfrac{4}{n\pi}, & n = 1,5,9\cdots \\ -\dfrac{4}{n\pi}, & n = 3,7,11\cdots \\ 0, & n \text{ 为偶数} \end{cases}$$

$$b_n = \frac{1}{\pi}\int_{-\pi}^{\pi} F(x)\sin nx\,\mathrm{d}x = \frac{1}{\pi}\int_{-\frac{\pi}{2}}^{\frac{\pi}{2}} 2\sin nx\,\mathrm{d}x = 0.$$

(2) $F(x)$ 在 $x = \frac{1}{2}(2k-1)\pi$ 处间断，在这些点处，$F(x)$ 的傅里叶级数收敛于

$$\frac{f\left(\frac{2k-1}{2}\pi+0\right)+f\left(\frac{2k-1}{2}\pi-0\right)}{2} = \frac{2+0}{2} = 1 \neq f\left(\frac{2k-1}{2}\pi\right).$$

(3) $F(x)$ 的傅里叶级数为

$$F(x) = 1 + \frac{4}{\pi}\left(\sin x - \frac{1}{3}\sin 3x + \frac{1}{5}\sin 5x - \frac{1}{7}\sin 7x + \cdots\right)$$

$$\left(-\infty < x < +\infty, x \neq \frac{2k-1}{2}\pi, k \in \mathbf{Z}\right)$$

和函数的图形图 4.5 所示.

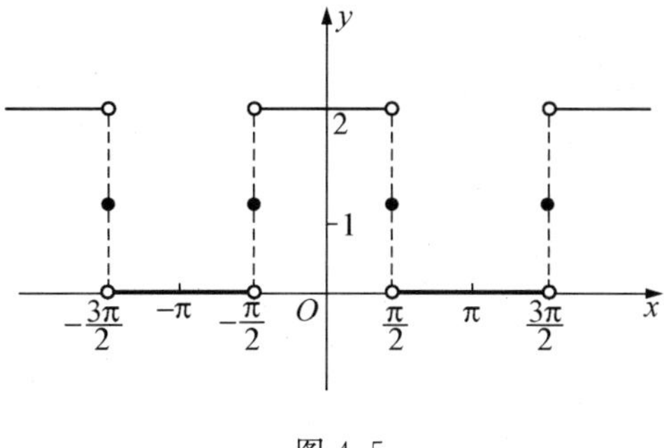

图 4.5

习　题　4.2

1. 下列周期函数 $f(x)$ 的周期为 2π，试将 $f(x)$ 展开成傅里叶级数，$f(x)$ 在 $[-\pi,\pi)$ 上的表达式为：

(1) $f(x)=\begin{cases}\pi+x, & -\pi\leqslant x<0\\ \pi-x, & 0\leqslant x\leqslant\pi\end{cases}$　　(2) $f(x)=2\sin\dfrac{x}{3},\ -\pi\leqslant x<\pi$

2. 将下列函数展开成傅里叶级数：

(1) $f(x)=x,\ -\pi\leqslant x\leqslant\pi$　　(2) $f(x)=\sin\dfrac{x}{2},\ -\pi\leqslant x\leqslant\pi$

4.3　周期为 *T* 的周期函数的傅里叶级数

4.3.1　周期为 *T* 的周期函数的傅里叶级数

前面讨论的都是将周期为 2π 或定义在 $[-\pi,\pi]$ 上的函数展开成傅里叶级数的问题，但是一般的周期函数其周期未必都是 2π，那么遇到以 T 为周期的函数时，如何将它展开成傅里叶级数呢？

设 $f(x)$ 是以 T 为周期的函数，并且满足狄利克雷条件，令 $t=\dfrac{2\pi}{T}x$，即 $x=\dfrac{T}{2\pi}t$，则

$$f(x)=f\left(\frac{T}{2\pi}t\right)=g(t),$$

且 $g(t+2\pi)=f\left(\dfrac{T}{2\pi}(t+2\pi)\right)=f(x+T)=f(x)=g(t)$，所以它是以 2π 为周期的函数. 按照上节式(4.6)可得 $g(t)$ 的傅里叶级数展开式为

$$f(x) = g(t) = \frac{a_0}{2} + \sum_{n=1}^{\infty}(a_n \cos nt + b_n \sin nt)$$

$$= \frac{a_0}{2} + \sum_{n=1}^{\infty}\left(a_n \cos \frac{2\pi}{T}nx + b_n \sin \frac{2\pi}{T}nx\right),$$

且可以证明

$$\begin{cases} a_0 = \dfrac{2}{T}\displaystyle\int_{-\frac{T}{2}}^{\frac{T}{2}} f(x)\mathrm{d}x, \\ a_n = \dfrac{2}{T}\displaystyle\int_{-\frac{T}{2}}^{\frac{T}{2}} f(x)\cos \dfrac{2\pi}{T}nx\,\mathrm{d}x, \quad n = 1,2,\cdots \\ b_n = \dfrac{2}{T}\displaystyle\int_{-\frac{T}{2}}^{\frac{T}{2}} f(x)\sin \dfrac{2\pi}{T}nx\,\mathrm{d}x, \quad n = 1,2,\cdots \end{cases}$$

若记 $\omega = \frac{2\pi}{T}$，则得

$$f(x) = \frac{a_0}{2} + \sum_{n=1}^{\infty}(a_n \cos n\omega x + b_n \sin n\omega x), \tag{4.9}$$

$$\begin{cases} a_0 = \dfrac{2}{T}\displaystyle\int_{-\frac{T}{2}}^{\frac{T}{2}} f(x)\mathrm{d}x, \\ a_n = \dfrac{2}{T}\displaystyle\int_{-\frac{T}{2}}^{\frac{T}{2}} f(x)\cos n\omega x\,\mathrm{d}x, \quad n = 1,2,\cdots \\ b_n = \dfrac{2}{T}\displaystyle\int_{-\frac{T}{2}}^{\frac{T}{2}} f(x)\sin n\omega x\,\mathrm{d}x, \quad n = 1,2,\cdots \end{cases}$$

若把式(4.9)中一般项 $a_n \cos n\omega x$ 与 $b_n \sin n\omega x$ 利用两角和的正弦公式合并到一起，则函数的傅里叶级数又可以写成如下形式：

$$f(x) = A_0 + \sum_{n=1}^{\infty} A_n \sin(n\omega x + \varphi_n), \tag{4.10}$$

其中，

$$A_0 = \frac{a_0}{2},\ A_n = \sqrt{a_n^2 + b_n^2},$$

$$\varphi_n = \arctan\left(\frac{a_n}{b_n}\right),$$

A_0 为常数项，称为非正弦周期函数在一个周期内的**平均值**，也称为**直流分量**. 当 $n = 1$ 时，$A_1 \sin(\omega x + \varphi_1)$ 称为非正弦周期函数的**基波**，A_1 为基波的**振幅**，φ_1 为基波的**初相位**. 当 $n \geqslant 2$ 时，各项统称为**高次协波**，A_n，φ_n 分别称为 n 次协波的**振幅**和**初相位**.

案例 4.4(矩形波信号)　设矩形波信号 $f(x)$ 是周期为 4 的周期函数，它在 $[-2,2)$ 上的表达式为

$$f(x)=\begin{cases}0, & -2\leqslant x<0\\ k, & 0\leqslant x<2\end{cases}\quad(\text{常数 } k\neq 0)$$

将 $f(x)$ 展开成傅里叶级数.

解　此时 $\frac{T}{2}=2$，有

$$a_0=\frac{1}{2}\int_0^2 k\mathrm{d}x=k,$$

$$a_n=\frac{1}{2}\int_0^2 k\cos\frac{n\pi}{2}x\mathrm{d}x=\left(\frac{k}{n\pi}\sin\frac{n\pi x}{2}\right)\Bigg|_0^2=0,\ n\neq 0$$

$$b_n=\frac{1}{2}\int_0^2 k\sin\frac{n\pi}{2}x\mathrm{d}x=\left(-\frac{k}{n\pi}\cos\frac{n\pi x}{2}\right)\Bigg|_0^2=\frac{k}{n\pi}(1-\cos n\pi)$$

$$=\begin{cases}\dfrac{2k}{n\pi}, & n=1,3,5,\cdots\\ 0, & n=2,4,6,\cdots\end{cases}$$

将求得的系数 a_n,b_n 代入式(4.5)，得

$$f(x)=\frac{k}{2}+\frac{2k}{\pi}\left(\sin\frac{\pi}{2}x+\frac{1}{3}\sin\frac{3\pi}{2}x+\frac{1}{5}\sin\frac{5\pi}{5}x+\cdots\right)$$

$$(-\infty<x<+\infty;x\neq 0,\pm 2,\pm 4,\cdots)$$

$f(x)$ 的傅里叶级数的和函数的图形如图 4.6(不妨设 $k>0$) 所示.

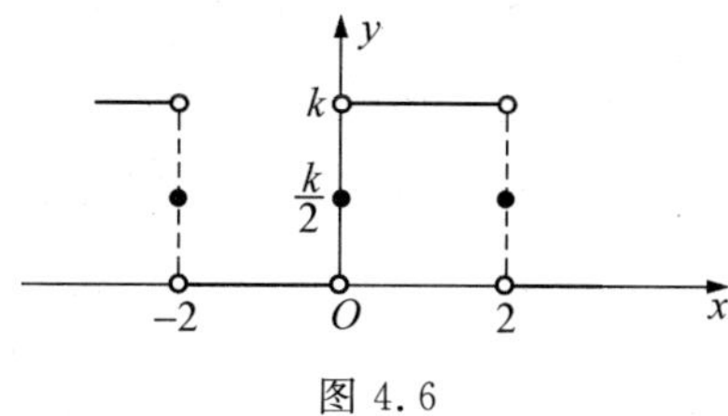

图 4.6

直流分量 $A_0=\frac{k}{2}$.

4.3.2　奇函数、偶函数的傅里叶级数

电工技术中遇到的非正弦周期函数常具有某种对称性，利用函数的对称性可使系数 a_0,a_n,b_n 的计算简化.

定理 4.2　设 $f(x)$ 是周期为 2π 的周期函数，则

(1) 当 $f(x)$ 为奇函数时，其傅里叶系数为

$$a_n = 0, \qquad n = 0,1,2,\cdots$$

$$b_n = \frac{2}{\pi}\int_0^{\pi} f(x)\sin nx\,\mathrm{d}x, \qquad n = 1,2,3,\cdots$$

(2) 当 $f(x)$ 为偶函数时，其傅里叶系数为

$$a_n = \frac{2}{\pi}\int_0^{\pi} f(x)\cos nx\,\mathrm{d}x, \qquad n = 0,1,2,\cdots$$

$$b_n = 0, \qquad n = 1,2,3,\cdots$$

定义 4.9 如果 $f(x)$ 为奇函数，称其傅里叶级数 $\sum\limits_{n=1}^{\infty} b_n \sin nx$ 为**正弦级数**；如果 $f(x)$ 为偶函数，称其傅里叶级数 $\frac{a_0}{2} + \sum\limits_{n=1}^{\infty} a_n \cos nx$ 为**余弦级数**.

案例 4.5(脉冲三角信号) 将脉冲三角信号函数

$$f(x) = |x| = \begin{cases} -x, & -\pi \leqslant x < 0 \\ x, & 0 \leqslant x \leqslant \pi \end{cases}$$

展开成傅里叶级数.

解 所给函数在 $[-\pi,\pi]$ 上满足狄利克雷条件，并且延拓为 2π 为周期的偶函数时，它在每一点 x 处连续(图 4.7)，因此延拓的周期函数的傅里叶级数在 $[-\pi,\pi]$ 上收敛于 $f(x)$.

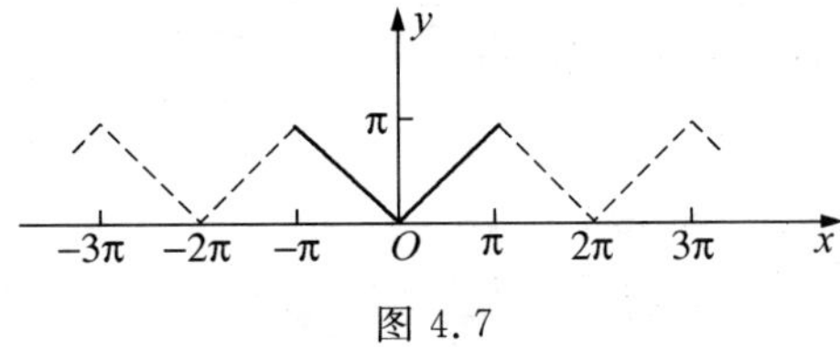

图 4.7

其傅里叶系数如下：

$$b_n = 0, n = 1,2,\cdots$$

$$a_0 = \frac{2}{\pi}\int_0^{\pi} f(x)\,\mathrm{d}x = \frac{2}{\pi}\int_0^{\pi} x\,\mathrm{d}x = \pi,$$

$$a_n = \frac{2}{\pi}\int_0^{\pi} f(x)\cos nx\,\mathrm{d}x = \frac{2}{\pi}\int_0^{\pi} x\cos nx\,\mathrm{d}x = \frac{2}{\pi}\left(\frac{x\sin nx}{n} + \frac{\cos nx}{n^2}\right)\Bigg|_0^{\pi}$$

$$= \frac{2}{n^2\pi}(\cos n\pi - 1) = \begin{cases} -\dfrac{4}{n^2\pi}, & n = 1,3,5,\cdots \\ 0, & n = 2,4,6,\cdots \end{cases}$$

于是，

$$f(x)=\frac{\pi}{2}-\frac{4}{\pi}\left(\cos x+\frac{1}{3^2}\cos 3x+\frac{1}{5^2}\cos 5x+\cdots\right),-\pi\leqslant x\leqslant\pi$$

在以上展开式中，令 $x=0$，代入得

$$0=\frac{\pi}{2}-\frac{4}{\pi}\left(1+\frac{1}{3^2}+\frac{1}{5^2}+\cdots\right)$$

所以，

$$\frac{\pi^2}{8}=1+\frac{1}{3^2}+\frac{1}{5^2}+\cdots$$

这样，利用傅里叶级数解决了这个特殊的常数项级数的求和问题，利用这个关系式还可以推出另一些结果. 令

$$S=1+\frac{1}{2^2}+\frac{1}{3^2}+\frac{1}{4^2}+\cdots+\frac{1}{n^2}+\cdots$$

$$S_1=1+\frac{1}{3^2}+\frac{1}{5^2}+\frac{1}{7^2}+\cdots+\frac{1}{(2n-1)^2}+\cdots$$

$$S_2=\frac{1}{2^2}+\frac{1}{4^2}+\cdots+\frac{1}{(2n)^2}+\cdots$$

则 $S=S_1+S_2$，且 $S_2=\frac{1}{4}S=\frac{1}{4}(S_1+S_2)$.

$$S_2=\frac{1}{3}S_1=\frac{\pi^2}{24}$$

所以
$$\frac{1}{2^2}+\cdots+\frac{1}{(2n)^2}+\cdots=\frac{\pi^2}{24}$$

案例 4.6(锯齿波信号)　求锯齿波信号函数 $f(t)=\frac{t}{\pi}\ (-\pi<t<\pi)$(图 4.8) 的傅里叶展开.

解　由图 4.8 可知 $f(t)$ 为奇函数，所以可展成余弦级数

$$\begin{aligned}b_k&=\frac{1}{\pi}\int_{-\pi}^{\pi}\frac{t}{\pi}\sin kt\,\mathrm{d}t\\&=\frac{1}{\pi^2}\left[\frac{1}{k^2}\sin kt-\frac{t}{k}\cos kt\right]_{-\pi}^{\pi}\\&=\frac{2}{(k\pi)^2}(\sin k\pi-k\pi\cos k\pi),\\&=-\frac{2}{k\pi}\cos k\pi\ (k=1,2,\cdots),\end{aligned}$$

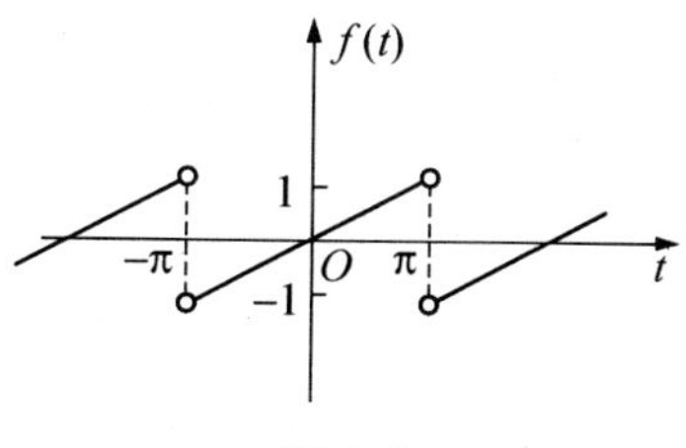

图 4.8

所以 $f(t)=\frac{2}{\pi}\left(\sin t-\frac{1}{2}\sin 2t+\frac{1}{3}\sin 3t+\cdots\right)$.

习　题　4.3

1. 设 $f(x)$ 为周期是 4 的函数，表达式为

$$f(x)=\begin{cases}0, & -2\leqslant x<0\\1, & 0\leqslant x<2\end{cases}$$

试将 $f(x)$ 展开成傅里叶级数.

2. 在 $[-1,1]$ 上展开 $f(x)=x^2$ 为傅里叶级数.

3. 将函数 $f(x)=x^2$，$0\leqslant x\leqslant 2$ 展开成正弦级数和余弦级数.

4.4　常见脉冲信号的傅里叶级数

在无线电技术中，为了便于研究信号的传输与信号处理问题，往往将一些信号分解为比较简单的信号分量之和. 任何周期信号只要满足收敛定理的条件就可以分解成直流分量及许多正弦、余弦分量的叠加.

(半波整流波形)(图 4.9)

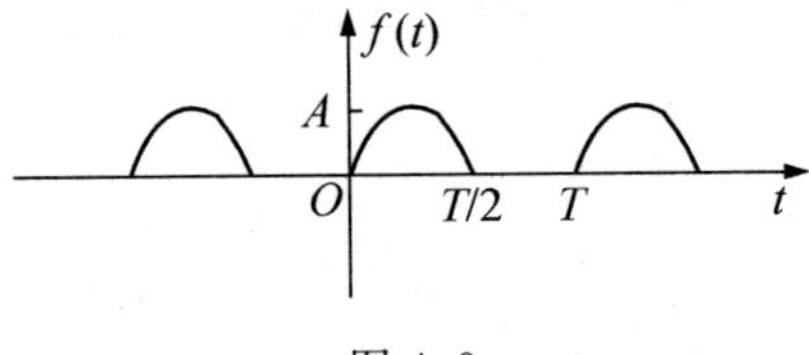

图 4.9

级数展开式为

$$f(t)=\frac{2A}{\pi}\left(\frac{1}{2}+\frac{\pi}{4}\sin\omega t-\frac{1}{3}\cos 2\omega t-\frac{1}{15}\cos 4\omega t+\cdots\right),\ \left(\omega=\frac{2\pi}{T}\right).$$

(全波整流波形)(图 4.10)

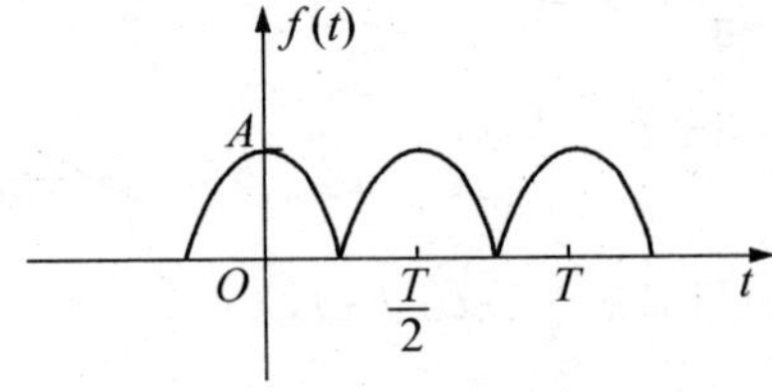

图 4.10

级数展开式为

$$f(t)=\frac{4A}{\pi}\left(\frac{1}{2}+\frac{1}{1\times3}\cos2\omega t-\frac{1}{3\times5}\cos4\omega t+\cdots\right),\ \left(\omega=\frac{2\pi}{T}\right).$$

(梯形波)(图 4.11)

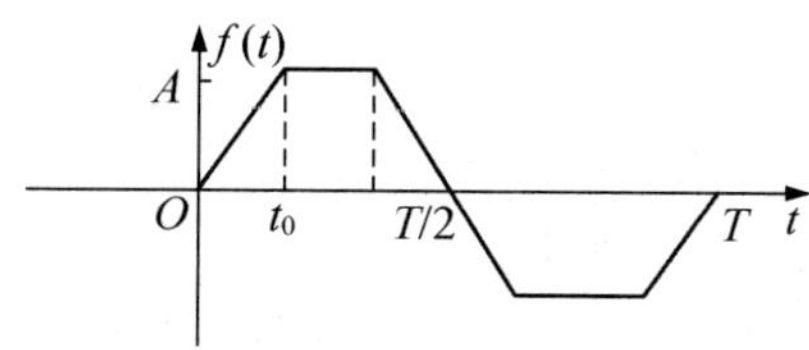

图 4.11

级数展开式为

$$f(t)=\frac{4A}{\omega t_0\pi}\left(\sin\omega t_0\sin\omega t+\frac{1}{9}\sin3\omega t_0\sin3\omega t+\frac{1}{25}\sin5\omega t_0\sin5\omega t+\cdots\right),\ \left(\omega=\frac{2\pi}{T}\right).$$

4.5 MATLAB 软件在傅里叶级数中的应用

在 MATLAB 软件中没有求解函数的傅里叶展开式的函数，所以要自己编写程序来求解函数的傅里叶级数.

1. 定义 afourier 函数用来返回傅里叶系数 a_0, a_n, b_n

```
function [a0,an,bn] = afourier(fun,L)      % 定义 afourier 函数用来返回傅里叶系数 a0,an,bn
syms x n      % 定义符号变量
a0 = int(fun,x,-L,L)/L;   % 由符号积分计算傅里叶系数 a0
an = int(fun * cos(n * pi * x/L),x,-L,L)/L;   % 由符号积分计算傅里叶系数 an
bn = int(fun * sin(n * pi * x/L),x,-L,L)/L;   % 由符号积分计算傅里叶系数 bn
```

2. 通过调用函数来给出傅里叶展开式的程序(可将下面程序写成 m 文件)

```
m = input('请输入显示项数');   % 指定函数傅里叶级数展开式的项数
L = input('请输入相对半周期');   % 输入半周期 L = T/2
[a0,an,bn] = afourier(fun,L)      % 调用函数 afourier 求解傅里叶系数 a0,an,bn
fn = an * cos(n * pi * x/L) + bn * sin(n * pi * x/L);
fnn = symsum(fn,n,1,m-1);   % 用函数 symsum 对符号表达式求和,n
```

由 1 取到 $m-1$

F = a0/2 + fnn　% 写出傅里叶级数展开式的前 m 项

【例 4.3】 在闭区间[−1,1]上将函数 $f(x)=x^2+1$ 展开成傅里叶级数.

1. 首先定义函数(在默认文件夹保存语句段为 afourier.m)

```
function [a0,an,bn] = afourier(fun,L)
syms x n
a0 = int(fun,x,-L,L)/L;
an = int(fun*cos(n*pi*x/L),x,-L,L)/L;
bn = int(fun*sin(n*pi*x/L),x,-L,L)/L;
```

2. 写 afour.m 文件,保存在默认文件夹中

```
m = input('请输入显示项数');
L = input('请输入相对半周期');
[a0,an,bn] = afourier(fun,L)
fn = an*cos(n*pi*x/L) + bn*sin(n*pi*x/L);
fnn = symsum(fn,n,1,m-1);
F = a0/2 + fnn
```

3. 在 MATLAB 主窗口输入下列语句

```
>> syms x n
   fun = x^2 + 1;
   afour
```

则得运算过程和结果如下:

```
请输入显示项数 9
请输入相对半周期 1
a0 =
8/3
an =
4*(n^2*pi^2*sin(n*pi) - sin(n*pi) + n*pi*cos(n*pi))/n^3/pi^3
bn =
0
F
= 4/3 - 4/pi^2*cos(pi*x) + 1/pi^2*cos(2*pi*x) - 4/9/pi^2*cos(3*pi*x) + 1/4/pi^2*cos(4*pi*x) - 4/25/pi^2*cos(5*pi*x) + 1/9/pi^2*cos(6*pi*x) - 4/49/pi^2*cos(7*pi*x) + 1/16/pi^2*cos(8*pi*x)
```

第5章　拉普拉斯变换

拉普拉斯(Laplace)变换通过积分运算,把一个函数变成另一个函数,通过它可以将微分方程转化为代数方程,是求解微分方程的一种简便的方法,它在工程技术领域有着重要的应用,在分析自动控制系统的运动过程和脉冲电路的工作过程中有着广泛的应用.本章将简要地介绍拉普拉斯变换以及拉普拉斯逆变换的基本概念、主要性质和应用.

5.1　拉普拉斯变换的概念

引例 5.1(动态电路分析)　动态电路的分析,有时域分析法和应用拉普拉斯变换的复频域分析法.时域分析法适用于一阶电路和简单二阶电路的分析,这是因为对于高阶电路采用时域法分析计算时,确定初始条件和积分常数计算很麻烦,然而,这时应用拉普拉斯变换的复频域分析法,可以简化计算.

拉普拉斯变换可以将时域电路描述动态过程的常系数线性微分方程变换为复频域的复数代数方程,在复频域求解代数方程,得出待求响应量的复频域函数,最后经拉氏反变换为所求解的时域响应.这种变换分析方法,其实质就是时域问题变换为复频域问题来求解,使分析计算易于进行.

如果某电路的动态微分方程为 $L\dfrac{\mathrm{d}i(t)}{\mathrm{d}t}+Ri(t)=U\varepsilon(t)$,我们可以通过拉普拉斯把它变成代数方程,这样利于分析和求解.

定义 5.1　设函数 $f(t)$ 的定义域为$[0,+\infty)$,如果广义积分

$$F(p)=\int_0^{+\infty}f(t)\mathrm{e}^{-pt}\,\mathrm{d}t \tag{5.1}$$

在参数 p 的某一区间内收敛,则称式(5.1)为 $f(t)$ 的**拉普拉斯变换**,简称**拉氏变换**,记作 $\mathscr{L}[f(t)]$,即

$$\mathscr{L}[f(t)]=F(p)=\int_0^{+\infty}f(t)\mathrm{e}^{-pt}\,\mathrm{d}t,$$

其中,$F(p)$ 称为 $f(t)$ 的**象函数**;而 $f(t)$ 称为 $F(p)$ 的**象原函数**,也称其为 $F(p)$ 的**拉普拉斯逆变换**,记作$\mathscr{L}^{-1}[F(p)]$,即

$$f(t)=\mathscr{L}^{-1}[F(p)].$$

定义中只要求 $f(t)$ 在 $t\geqslant 0$ 时有定义，为讨论方便，总假定 $t<0$ 时，$f(t)\equiv 0$. 定义中的参数 p 可在复数范围内取值，本章只讨论 p 为实数的情形，但并不影响对拉氏变换性质的研究和应用.

由定义可见，求函数 $f(t)$ 的拉普拉斯变换，实质上就是将该函数通过广义积分转换成一个新的函数 $F(p)$，它是一种积分变换.

【例 5.1】 已知函数 $f(t)=\begin{cases}2, & 0\leqslant t<2,\\ 3, & t\geqslant 2,\end{cases}$ 求 $f(t)$ 的拉普拉斯变换.

解 利用定义求解

$$\begin{aligned}F(p)=\mathscr{L}[f(t)]&=\int_0^{+\infty}f(t)\mathrm{e}^{-pt}\,\mathrm{d}t\\&=\int_0^2 2\mathrm{e}^{-pt}\,\mathrm{d}t+\int_2^{+\infty}3\mathrm{e}^{-pt}\,\mathrm{d}t\\&=-\frac{2}{p}\mathrm{e}^{-pt}\Big|_0^2-\frac{3}{p}\mathrm{e}^{-pt}\Big|_2^{+\infty}\\&=\frac{2}{p}(1-\mathrm{e}^{-2p})+\frac{3}{p}\mathrm{e}^{-2p}\\&=\frac{1}{p}(2+\mathrm{e}^{-2p}).\end{aligned}$$

案例 5.1(单位阶跃信号) 求单位阶跃函数 $\varepsilon(t)=\begin{cases}1, & t\geqslant 0\\ 0, & t<0\end{cases}$ 的拉普拉斯变换.

解 根据拉普拉斯变换的定义，知

$$\mathscr{L}[\varepsilon(t)]=\int_0^{+\infty}\mathrm{e}^{-pt}\,\mathrm{d}t,$$

该积分在 $p>0$ 时收敛，且有

$$\int_0^{+\infty}\mathrm{e}^{-pt}\,\mathrm{d}t=\lim_{b\to+\infty}\int_0^b\mathrm{e}^{-pt}\,\mathrm{d}t=\lim_{b\to+\infty}\left(\frac{1}{p}-\frac{\mathrm{e}^{-bp}}{p}\right)=\frac{1}{p},p>0$$

所以

$$\mathscr{L}[\varepsilon(t)]=\frac{1}{p},p>0$$

案例 5.2(指数信号) 求指数函数信号 $f(t)=\mathrm{e}^{at}$(a 为常数)的拉普拉斯变换.

解 $$\mathscr{L}[\mathrm{e}^{at}]=\int_0^{+\infty}\mathrm{e}^{at}\mathrm{e}^{-pt}\,\mathrm{d}t=\int_0^{+\infty}\mathrm{e}^{-(p-a)t}\,\mathrm{d}t,$$

该积分在 $p > a$ 时收敛，且有

$$\mathscr{L}[e^{at}] = \frac{1}{p-a}, p > a.$$

【例 5.2】 求函数 $f(t) = at$（$t \geqslant 0$，a 为常数）的拉普拉斯变换.

解 根据拉普拉斯变换公式，

$$\begin{aligned}\mathscr{L}(at) &= \int_0^{+\infty} at\,e^{-pt}\,dt = -\frac{a}{p}\int_0^{+\infty} t\,d(e^{-pt}) = \left[-\frac{at}{p}e^{-pt}\right]_0^{+\infty} + \frac{a}{p}\int_0^{+\infty} e^{-pt}\,dt \\ &= 0 + \frac{a}{p}\int_0^{+\infty} e^{-pt}\,dt = \left[-\frac{a}{p^2}e^{-pt}\right]_0^{+\infty} = \frac{a}{p^2}, p > 0.\end{aligned}$$

同理可得下面两个常用结果：

$$\mathscr{L}(\sin\omega t) = \frac{\omega}{p^2+\omega^2}, p > 0; \mathscr{L}(\cos\omega t) = \frac{p}{p^2+\omega^2}, p > 0.$$

案例 5.3(单位脉冲信号) 求单位脉冲函数 $\delta(t) = \lim\limits_{\tau\to 0}\delta_\tau(t) = \begin{cases} 0, & t < 0 \\ \dfrac{1}{\tau}, & 0 \leqslant t < \tau \\ 0, & t \geqslant \tau \end{cases}$ 的拉普拉斯变换.

解 根据拉普拉斯变换的定义，有

$$\begin{aligned}\mathscr{L}[\delta(t)] &= \int_0^{+\infty} \delta(t)e^{-pt}\,dt = \int_0^{+\infty} \lim_{\varepsilon\to 0^+}\delta_\varepsilon(t)e^{-pt}\,dt \\ &= \lim_{\varepsilon\to 0^+}\int_0^{\varepsilon} \frac{1}{\varepsilon}e^{-pt}\,dt = \lim_{\varepsilon\to 0^+}\frac{1}{\varepsilon}\left[-\frac{e^{-pt}}{p}\right]_0^{\varepsilon} \\ &= \frac{1}{p}\lim_{\varepsilon\to 0^+}\frac{1-e^{-p\varepsilon}}{\varepsilon} = \frac{1}{p}\lim_{\varepsilon\to 0^+}\frac{(1-e^{-p\varepsilon})'}{(\varepsilon)'} \\ &= \frac{1}{p}\lim_{\varepsilon\to 0^+}\frac{pe^{-p\varepsilon}}{1} = 1,\end{aligned}$$

即 $\mathscr{L}[\delta(t)] = 1$.

习　题　5.1

1. 利用定义求下列函数的拉普拉斯变换：

(1) $f(t) = e^{-2t}$；　(2) $f(t) = 2t$；　(3) $f(t) = \begin{cases} 0, & t < 0 \\ 2, & t \geqslant 0 \end{cases}$

5.2　拉普拉斯变换的性质

本节介绍拉普拉斯变换的几个主要性质，它们都可利用拉普拉斯变换的定义和相应的运算性质直接证明，这里我们略去其证明. 利用这些性质，可以求出一些较为复杂的函数的拉普拉斯变换.

性质 5.1(线性性质) 设 α、β 均为常数，且 $\mathscr{L}[f_1(t)]=F_1(p)$，$\mathscr{L}[f_2(t)]=F_2(p)$，则

$$\mathscr{L}[\alpha f_1(t)+\beta f_2(t)]=\alpha\mathscr{L}[f_1(t)]+\beta\mathscr{L}[f_2(t)]=\alpha F_1(p)+\beta F_2(p).\quad(5.2)$$

【例 5.3】 求函数 $f(t)=\frac{1}{a}(1-\mathrm{e}^{at})$ 的拉普拉斯变换.

解 根据线性性质，

$$\mathscr{L}\left[\frac{1}{a}(1-\mathrm{e}^{at})\right]=\frac{1}{a}\mathscr{L}[1-\mathrm{e}^{at}]=\frac{1}{a}\{\mathscr{L}[1]-\mathscr{L}[\mathrm{e}^{at}]\}$$

$$=\frac{1}{a}\left(\frac{1}{p}-\frac{1}{p-a}\right)=-\frac{1}{p(p-a)}.$$

$$\mathscr{L}[1]=\int_0^{+\infty}1\cdot\mathrm{e}^{-pt}\mathrm{d}t=-\frac{1}{p}\mathrm{e}^{-pt}\Big|_0^{+\infty}=\frac{1}{p}.$$

性质 5.2(位移性质) 若 $\mathscr{L}[f(t)]=F(p)$，则

$$\mathscr{L}[\mathrm{e}^{at}f(t)]=F(p-a)\ (a\text{ 为常数}).\quad(5.3)$$

位移性质表明，像原函数乘以 e^{at} 等于其像函数作 a 个单位位移.

【例 5.4】 求 $\mathscr{L}[\mathrm{e}^{-3t}\sin\omega t]$.

解 因为 $\mathscr{L}[\sin\omega t]=\frac{\omega}{p^2+\omega^2}$，由位移性质即得

$$\mathscr{L}[\mathrm{e}^{-3t}\sin\omega t]=\frac{\omega}{(p+3)^2+\omega^2}.$$

性质 5.3(滞后性质) 若 $\mathscr{L}[f(t)]=F(p)$，则

$$\mathscr{L}[f(t-a)]=\mathrm{e}^{-ap}F(p)\ (a>0).\quad(5.4)$$

滞后性质表明：像函数乘以 e^{-ap} 等于其原函数的图形沿 t 轴向右平移 a 个单位.

【例 5.5】 求函数 $\varepsilon(t-a)=\begin{cases}0, & t<a\\ 1, & t\geqslant a\end{cases}$ 的拉普拉斯变换.

解 因为 $\mathscr{L}[\varepsilon(t)]=\frac{1}{p}$，由滞后性质即得

$$\mathscr{L}[\varepsilon(t-a)]=\frac{1}{p}\mathrm{e}^{-ap}$$

性质 5.4(微分性质) 若 $\mathscr{L}[f(t)]=F(p)$，并设 $f(t)$ 在$[0,+\infty)$上连续，

$f'(t)$ 为分段连续，则

$$\mathscr{L}[f'(t)] = pF(p) - f(0).$$

微分性质表明：一个函数求导后取拉氏变换等于这个函数的拉氏变换乘以参数 p，再减去函数的初始值.

对函数 $f(t)$的高阶导数应用性质 5.4，得到推论 5.1.

推论 5.1　若 $\mathscr{L}[f(t)] = F(p)$，则

$$\mathscr{L}[f^{(n)}(t)] = p^n F(p) - [p^{n-1}f(0) + p^{n-2}f'(0) + \cdots + f^{(n-1)}(0)]. \tag{5.5}$$

特别地，当初始值 $f(0) = f'(0) = f''(0) = \cdots = f^{(n-1)}(0) = 0$ 时，有

$$\mathscr{L}[f^{(n)}(t)] = p^n F(p), n = 1,2,\cdots \tag{5.6}$$

利用微分性质，可将关于 $f(t)$ 的微分方程转化为 $F(p)$ 的代数方程，因此，微分性质在求解微分方程中有着重要的应用.

【例 5.6】　利用微分性质求 $\mathscr{L}[\sin\omega t]$和 $\mathscr{L}[\cos\omega t]$.

解　令 $f(t) = \sin\omega t$，则 $f(0) = 0, f'(0) = \omega, f''(t) = -\omega^2\sin\omega t$，由微分性质得

$$\mathscr{L}[f''(t)] = p^2\mathscr{L}[f(t)] - pf(0) - f'(0) = p^2\mathscr{L}[\sin\omega t] - \omega.$$

又因为

$$\mathscr{L}[f''(t)] = \mathscr{L}[-\omega^2\sin\omega t] = -\omega^2\mathscr{L}[\sin\omega t],$$

所以

$$-\omega^2\mathscr{L}[\sin\omega t] = p^2\mathscr{L}[\sin\omega t] - \omega,$$

移项化简，得

$$\mathscr{L}[\sin\omega t] = \frac{\omega}{p^2 + \omega^2};$$

同理

$$\mathscr{L}[\cos\omega t] = \frac{p}{p^2 + \omega^2}.$$

【例 5.7】　用微分性质求 $f(t) = t^n$(n 是正整数）的拉普拉斯变换.

解　因为 $f(0) = f'(0) = f''(0) = \cdots = f^{(n-1)}(0) = 0, f^{(n)}(t) = n!$，所以

$$\mathscr{L}[n!] = \mathscr{L}[f^{(n)}(t)] = p^n\mathscr{L}[f(t)] = p^n\mathscr{L}[t^n].$$

又因为
$$\mathscr{L}[n!] = n!\mathscr{L}[1] = \frac{n!}{p},$$

所以
$$\mathscr{L}[t^n] = \frac{n!}{p^{n+1}}.$$

性质 5.5(积分性质) 若 $\mathscr{L}[f(t)]=F(p)(p\neq 0)$,且 $f(t)$ 连续,则

$$\mathscr{L}\left[\int_0^t f(t)\mathrm{d}t\right]=\frac{F(p)}{p}.$$

积分性质表明:一个函数积分后再取拉氏变换,等于这个函数的像函数除以参数 p.

性质 5.6 若 $\mathscr{L}[f(t)]=F(p)$,则当 $a>0$ 时,$\mathscr{L}[f(at)]=\frac{1}{a}F\left(\frac{p}{a}\right)$.

性质 5.7 若 $\mathscr{L}[f(t)]=F(p)$,则 $\mathscr{L}[t^n f(t)]=(-1)^n F^{(n)}(p)$.

性质 5.8 若 $\mathscr{L}[f(t)]=F(p)$,且 $\lim\limits_{t\to 0}\frac{f(t)}{t}$ 存在,则 $\mathscr{L}\left[\frac{f(t)}{t}\right]=\int_p^{+\infty}F(p)\mathrm{d}p$.

【例 5.8】 求 $\mathscr{L}\left[\frac{\sin t}{t}\right]$.

解 因为 $\mathscr{L}[\sin t]=\frac{1}{p^2+1}$,而且 $\lim\limits_{t\to 0}\frac{\sin t}{t}=1$,所以

$$\mathscr{L}\left[\frac{\sin t}{t}\right]=\int_p^{+\infty}\frac{1}{p^2+1}\mathrm{d}p$$

$$=\arctan p\Big|_p^{+\infty}=\frac{\pi}{2}-\arctan p,$$

即

$$\int_p^{+\infty}\frac{\sin t}{t}\mathrm{e}^{-pt}\mathrm{d}t=\frac{\pi}{2}-\arctan p.$$

案例 5.4(控制系统的传递函数) 控制系统的模型如图 5.1 所示,其中 $u(t)$ 为输入,$y(t)$ 为输出.

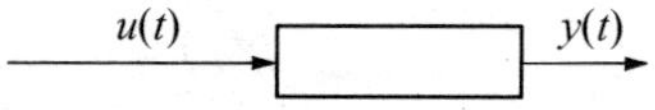

$u(t)$ → [ ] → $y(t)$

图 5.1

控制系统的传递函数定义为 $G(p)=\frac{Y(p)}{U(p)}$,即输出函数的象函数与输入函数的象函数之比.已知控制系统可以由以下一阶微分方程来描述:

$$a_1\frac{\mathrm{d}y(t)}{\mathrm{d}t}+a_0 y(t)=u(t),$$

且已知 $y(0)=0$ 作为初始条件,起始时刻为 $t=0$,求系统的传递函数.

解 对系统微分方程两边取拉普拉斯变换得

$$a_1[pY(p)-y(0)]+a_0Y(p)=U(p),$$

解得传递函数为

$$G(p)=\frac{Y(p)}{U(p)}=\frac{1}{a_1p+a_0}.$$

现将实际应用中常用函数的拉普拉斯变换列于表 5.1 中.

表 5.1　常用拉普拉斯变换表

序号	$f(t)$	$F(p)$	序号	$f(t)$	$F(p)$
1	$\delta(t)$	1	11	$\sin(\omega t+\varphi)$	$\frac{p\sin\varphi+\omega\cos\varphi}{p^2+\omega^2}$
2	$\varepsilon(t)$	$\frac{1}{p}$	12	$\cos(\omega t+\varphi)$	$\frac{p\cos\varphi-\omega\sin\varphi}{p^2+\omega^2}$
3	t^n	$\frac{n!}{p^{n+1}}$	13	$t\sin\omega t$	$\frac{2p\omega}{(p^2+\omega^2)^2}$
4	t	$\frac{1}{p^2}$	14	$t\cos\omega t$	$\frac{p^2-\omega^2}{(p^2+\omega^2)^2}$
5	e^{at}	$\frac{1}{p-a}$	15	$e^{-at}\sin\omega t$	$\frac{\omega}{(p+a)^2+\omega^2}$
6	$1-e^{-at}$	$\frac{a}{p(p+a)}$	16	$e^{-at}\cos\omega t$	$\frac{p+a}{(p+a)^2+\omega^2}$
7	te^{at}	$\frac{1}{(p-a)^2}$	17	$\frac{1}{a^2}(1-\cos at)$	$\frac{1}{p(p^2+a^2)}$
8	t^ne^{at}	$\frac{n!}{(p-a)^{n+1}}$	18	$e^{at}-e^{bt}$	$\frac{a-b}{(p-a)(p-b)}$
9	$\sin\omega t$	$\frac{\omega}{p^2+\omega^2}$	19	$2\sqrt{\frac{t}{\pi}}$	$\frac{1}{p\sqrt{p}}$
10	$\cos\omega t$	$\frac{p}{p^2+\omega^2}$	20	$\frac{1}{\sqrt{\pi t}}$	$\frac{1}{\sqrt{p}}$

习　题　5.2

1. 利用拉普拉斯变换的性质,求下列函数的拉普拉斯变换:

(1) $f(t)=t^2+3t-2$;　　(2) $f(t)=2\sin 3t+3\cos 2t$;

(3) $f(t)=t\sin 3t$;　　(4) $f(t)=t^2e^{-3t}$;

(5) $f(t)=e^{3t}\cos 2t$;　　(6) $f(t)=\sin t\cos t$.

2. 利用微分性质求函数 $f(t)=\cos\omega t$ 的拉普拉斯变换.

5.3　拉普拉斯变换的逆变换的求解

前面主要讨论了怎样由已知函数 $f(t)$求它的像函数 $F(p)$的问题. 本节我们要讨论相反的问题:已知像函数 $F(p)$要求它的像原函数 $f(t)$,这就是拉普拉斯逆变换问题.

5.3.1 拉普拉斯逆变换的性质

在求像函数的拉普拉斯逆变换时，常利用拉普拉斯变换表和拉普拉斯变换的性质，为应用方便，我们把常用的拉普拉斯变换的性质用逆变换的形式列在下面，其中已假设 a,b 为实数，且

$$\mathscr{L}[f_1(t)]=F_1(p),\ \mathscr{L}[f_2(t)]=F_2(p),\ \mathscr{L}[f(t)]=F(p).$$

性质 5.9(线性性质)

$$\begin{aligned}\mathscr{L}^{-1}[\alpha F_1(p)+\beta F_2(p)]&=\alpha\mathscr{L}^{-1}[F_1(p)]+\beta\mathscr{L}^{-1}[F_2(p)]\\&=\alpha f_1(t)+\beta f_2(t).\end{aligned}$$

性质 5.10(位移性质)

$$\mathscr{L}^{-1}[F(p-a)]=\mathrm{e}^{at}\mathscr{L}^{-1}[F(p)]=\mathrm{e}^{at}f(t).$$

性质 5.11(滞后性质)

$$\mathscr{L}^{-1}[\mathrm{e}^{-ap}F(p)]=f(t-a)\varepsilon(t-a).$$

【例 5.9】 求下列像函数 $F(p)$ 的拉普拉斯逆变换.

(1) $F(p)=\dfrac{1}{p+3}$； (2) $F(p)=\dfrac{1}{(p-2)^3}$；

(3) $F(p)=\dfrac{2p-5}{p^2}$； (4) $F(p)=\dfrac{4p-3}{p^2+4}$.

解 (1) 利用表 5.1 中的变换 5，得

$$\begin{aligned}f(t)&=\mathscr{L}^{-1}\left[\frac{1}{p+3}\right]\\&=\mathscr{L}^{-1}\left[\frac{1}{p-(-3)}\right]=\mathrm{e}^{-3t}.\end{aligned}$$

(2) 由性质 5.10 及表 5.1 中的变换 3，得

$$\begin{aligned}f(t)&=\mathscr{L}^{-1}\left[\frac{1}{(p-2)^3}\right]\\&=\mathrm{e}^{2t}\mathscr{L}^{-1}\left[\frac{1}{p^3}\right]=\frac{\mathrm{e}^{2t}}{2}\mathscr{L}^{-1}\left[\frac{2!}{p^3}\right]=\frac{1}{2}t^2\mathrm{e}^{2t}.\end{aligned}$$

(3) 由性质 5.9 及表 5.1 中的变换 2、变换 4，得

$$\begin{aligned}f(t)&=\mathscr{L}^{-1}\left[\frac{2p-5}{p^2}\right]\\&=2\mathscr{L}^{-1}\left[\frac{1}{p}\right]-5\mathscr{L}^{-1}\left[\frac{1}{p^2}\right]=2-5t.\end{aligned}$$

（4）由性质 5.9 及表 5.1 中的变换 9、变换 10，得

$$
\begin{aligned}
f(t) &= \mathscr{L}^{-1}\left[\frac{4p-3}{p^2+4}\right] \\
&= 4\mathscr{L}^{-1}\left[\frac{p}{p^2+4}\right]-\frac{3}{2}\mathscr{L}^{-1}\left[\frac{2}{p^2+4}\right] \\
&= 4\cos 2t-\frac{3}{2}\sin 2t.
\end{aligned}
$$

【例 5.10】 求 $F(p)=\dfrac{2p+3}{p^2-2p+5}$ 的拉普拉斯逆变换.

解

$$
\begin{aligned}
f(t) &= \mathscr{L}^{-1}\left[\frac{2p+3}{p^2-2p+5}\right] \\
&= \mathscr{L}^{-1}\left[\frac{2(p-1)+5}{(p-1)^2+4}\right] \\
&= 2\mathscr{L}^{-1}\left[\frac{p-1}{(p-1)^2+4}\right]+\frac{5}{2}\mathscr{L}^{-1}\left[\frac{2}{(p-1)^2+4}\right] \\
&= 2e^t\mathscr{L}^{-1}\left[\frac{p}{p^2+4}\right]+\frac{5}{2}e^t\mathscr{L}^{-1}\left[\frac{2}{p^2+4}\right] \\
&= 2e^t\cos 2t+\frac{5}{2}e^t\sin 2t \\
&= e^t\left(2\cos 2t+\frac{5}{2}\sin 2t\right).
\end{aligned}
$$

在应用拉普拉斯变换解决工程技术中的实际问题时，常常遇到像函数是有理分式的情形，此时，可采用部分分式方法将有理分式分解为简单有理分式的和，再利用拉普拉斯变换表求出其像函数.

5.3.2 拉普拉斯逆变换的部分分式展开法

在电路理论中集中参数电路中的电压电流的象函数往往是 p 的有理函数，且一般为有理分式，如

$$
\begin{aligned}
F(p) &= \frac{N(p)}{D(p)} \\
&= \frac{b_m p^m+b_{m-1}p^{m-1}+\cdots+b_1 p+b_0}{a_n p^n+a_{n-1}p^{n-1}+\cdots+n_1 p+a_0}.
\end{aligned}
$$

这类有理函数可按部分分式展开法处理，系数 $a_0,a_1,\cdots,a_{n-1},a_n$ 和 b_0，$b_1,\cdots,b_{m-1},b_m$ 都是实常数；m,n 是正整数. 按代数定理可将 $F(p)$ 展开为部分分式

之和.我们只讨论以下两种情况:

(1) $D(p)=0$ 无重根:这时,$F(p)$ 可展开为 n 个简单的部分分式之和的形式,即

$$F(p)=\frac{c_1}{p-p_1}+\frac{c_2}{p-p_2}+\cdots+\frac{c_i}{p-p_i}+\cdots+\frac{c_n}{p-p_n}=\sum_{i=1}^{n}\frac{c_i}{p-p_i},$$

式中,$p_1,p_2,\cdots,p_n$ 是方程 $D(p)=0$ 的根;c_i 为待定常数,可按下列公式计算:$c_i=\lim\limits_{p\to p_i}(p-p_i)F(p)$.

求得原函数为

$$f(t)=\mathscr{L}^{-1}[F(p)]=\mathscr{L}^{-1}\left[\sum_{i=1}^{n}\frac{c_i}{p-p_i}\right]=\sum_{i=1}^{n}c_i\mathrm{e}^{p_it}.$$

(2) $D(p)=0$ 有重根:设 $D(p)=0$ 有 r 重根 p_1,其余为单根,$F(p)$ 可展开为

$$\begin{aligned}F(p)&=\frac{N(p)}{(p-p_1)^r(p-p_{r+1})\cdots(p-p_n)}\\&=\frac{c_r}{(p-p_1)^r}+\frac{c_{r-1}}{(p-p_1)^{r-1}}+\cdots+\frac{c_1}{p-p_1}\\&\quad+\frac{c_{r+1}}{p-p_{r+1}}+\cdots+\frac{c_i}{p-p_i}+\cdots+\frac{c_n}{p-p_n},\end{aligned}$$

式中,p_1 为 $D(p)=0$ 的 r 重根,$p_{r+1},\cdots,p_n$ 为 $F(p)$ 的 $n-r$ 个单根;待定常数 c_i 可由待定系数法求得.

原函数 $f(t)$

$$\begin{aligned}&=\mathscr{L}^{-1}[F(p)]\\&=\mathscr{L}^{-1}\left[\frac{c_r}{(p-p_1)^r}+\frac{c_{r-1}}{(p-p_1)^{r-1}}+\cdots+\frac{c_1}{p-p_1}+\frac{c_{r+1}}{p-p_{r+1}}+\cdots+\frac{c_i}{p-p_i}+\cdots+\frac{c_n}{p-p_n}\right]\\&=\left[\frac{c_r}{(r-1)!}t^{r-1}+\frac{c_{r-1}}{(r-2)!}t^{r-2}+\cdots+c_2t+c_1\right]\mathrm{e}^{p_1t}+\sum_{i=r+1}^{n}c_i\mathrm{e}^{p_it}.\end{aligned}$$

【例 5.11】 求 $F(p)=\dfrac{p+9}{p^2+5p+6}$ 的拉普拉斯逆变换.

解 先将 $F(p)$ 分解为简单有理分式之和. 设

$$\frac{p+9}{p^2+5p+6}=\frac{p+9}{(p+2)(p+3)}=\frac{A}{p+2}+\frac{B}{p+3},$$

由待定系数法得，$A=7,B=-6$，所以

$$\frac{p+9}{p^2+5p+6}=\frac{7}{p+2}-\frac{6}{p+3},$$

于是，

$$\begin{aligned}f(t)&=\mathscr{L}^{-1}[F(p)]=\mathscr{L}^{-1}\left[\frac{7}{p+2}-\frac{6}{p+3}\right]\\&=7\mathscr{L}^{-1}\left[\frac{1}{p+2}\right]-6\mathscr{L}^{-1}\left[\frac{1}{p+3}\right]\\&=7\mathrm{e}^{-2t}-6\mathrm{e}^{-3t}.\end{aligned}$$

【例 5.12】　求 $F(p)=\dfrac{p+3}{p(p+2)^2}$ 的拉普拉斯逆变换.

解　先将 $F(p)$ 分解为简单有理分式之和.设

$$\frac{p+3}{p(p+2)^2}=\frac{A}{p}+\frac{B}{p+2}+\frac{C}{(p+2)^2},$$

由待定系数法得，$A=\dfrac{3}{4},B=-\dfrac{3}{4},C=-\dfrac{1}{2}$，所以

$$\begin{aligned}F(p)&=\frac{p+3}{p(p+2)^2}\\&=\frac{3/4}{p}-\frac{3/4}{p+2}-\frac{1/2}{(p+2)^2},\end{aligned}$$

于是，
$$\begin{aligned}f(t)&=\mathscr{L}^{-1}[F(p)]=\mathscr{L}^{-1}\left[\frac{3}{4}\times\frac{1}{p}-\frac{3}{4}\times\frac{1}{p+2}-\frac{1}{2}\times\frac{1}{(p+2)^2}\right]\\&=\frac{3}{4}\mathscr{L}^{-1}\left[\frac{1}{p}\right]-\frac{3}{4}\mathscr{L}^{-1}\left[\frac{1}{p+2}\right]-\frac{1}{2}\mathscr{L}^{-1}\left[\frac{1}{(p+2)^2}\right]\\&=\frac{3}{4}-\frac{3}{4}\mathrm{e}^{-2t}-\frac{1}{2}t\mathrm{e}^{-2t}.\end{aligned}$$

案例 5.5(简单电路分析)　如图 5.2 所示 RL 串联电路中，开关 S 在 $t=0$ 时闭合，初始条件为电感电流 $i(0_-)=0$，求闭合后电路中的电流 $i(t)$.

解　由电学原理可列出电路的微分方程：

$$L\frac{\mathrm{d}i(t)}{\mathrm{d}t}+Ri(t)=U\varepsilon(t),$$

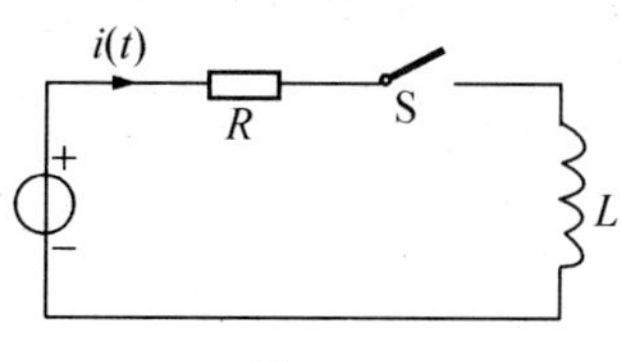

图 5.2

相应的拉氏变换方程为

$$L[pI(p)-i(0_-)]+RI(p)=\frac{U(p)}{p},$$

因为 $i(0_-)=0$,解出 $I(p)$ 得

$$I(p)=\frac{U/P}{PL+R}=\frac{U}{R}\left[\frac{1}{p}-\frac{1}{p+\frac{R}{L}}\right],$$

再由拉氏逆变换得

$$i(t)=\mathscr{L}^{-1}[I(p)]=\frac{U}{R}(1-\mathrm{e}^{-\frac{R}{L}t}).$$

案例 5.6(电阻、电感元件的复频域模型) 给出电阻与电感元件,如图 5.3、图 5.4 所示,分析其复频域模型.

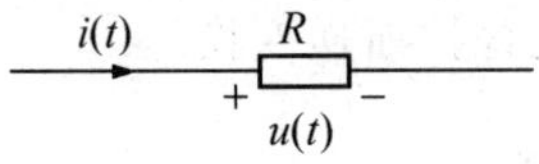

$i(t)$ R + − $u(t)$

图 5.3 电阻元件图

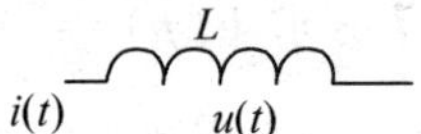

图 5.4 电感元件图

解 由电阻元件与电压、电流的关系得

$$u(t)=Ri(t),$$

对上式两边同时进行拉普拉斯变换得

$$U(p)=RI(p),$$

此即为电阻元件的复频域模型,称为电阻的运算形式.

由时域中电感元件与电压、电流的关系得

$$u(t)=L\frac{\mathrm{d}i(t)}{\mathrm{d}t},$$

对上式两边同时进行拉普拉斯变换得

$$U(p)=pLI(p)-Li(0_-),$$

其中 $i(0_-)$ 表示电感中的初始电流,即得电感元件的电压电流关系运算形式.

习 题 5.3

1. 求下列函数的拉普拉斯逆变换:

(1) $F(p)=\frac{3}{p-2}$; (2) $F(p)=\frac{3}{3p+2}$;

(3) $F(p)=\frac{1}{(p-4)^3}$; (4) $F(p)=\frac{3p}{p^2+9}$;

(5) $F(p)=\frac{2p-6}{p^2+16}$.

2. 求下列函数的拉普拉斯逆变换：

(1) $F(p)=\dfrac{1}{p(p+1)}$；　　(2) $F(p)=\dfrac{2p-5}{p^2-5p+6}$.

5.4 MATLAB 软件在拉普拉斯变换与逆变换中的应用

在 MATLAB 软件中用来求解函数的拉普拉斯变换的函数如下：

L=laplace(F)

命令中的输入参数 F 表示原函数的符号表达式，输出参数 L 为象函数的符号表达式，默认自变量用 s 表示.

【例 5.13】 如 5.1 节案例 5.2，求指数函数信号 $f(t)=e^{at}$（a 为常数）的拉普拉斯变换，在 MATLAB 中可用如下命令求解：

```
>> syms t a                        %定义 t,a 为符号变量
>> L=laplace(exp(a*t))             % exp(a*t)表示函数 e^at
L =                                %运行结果
1/(s-a)
```

【例 5.14】 如 5.1 节例 5.8，求 $\mathscr{L}\left[\dfrac{\sin t}{t}\right]$，在 MATLAB 中可用如下命令求解：

```
>> syms t
>> L=laplace(sin(t)/t)             %注意不要将 sin(t)写为 sint
L =
atan(1/s)
```

在 MATLAB 中用来求解函数的拉普拉斯逆变换的函数如下：

F=ilaplace(L)

命令中的输入参数 L 表示象函数的符号表达式，输出参数 F 为象函数的符号表达式，默认自变量用 t 表示.

【例 5.15】 如例 5.12，求 $F(p)=\dfrac{p+3}{p(p+2)^2}$ 的拉普拉斯逆变换.

```
>> syms p
>> F=ilaplace((p+3)/(p*(p+2)^2))      %(p+3)/(p*(p+2)^2)表
```
示函数 $\dfrac{p+3}{p(p+2)^2}$

```
F =
3/4-1/2*t*exp(-2*t)-3/4*exp(-2*t)
```

第6章 概 率

随机走到一个有交通灯的十字路口，可能会遇到红灯，也可能会遇到绿灯或黄灯.这类既可能发生、也可能不发生的现象在自然界和日常生活中十分普遍，人们经过长期观测发现这类现象在大量重复实验和观察下却呈现出某种规律性，即统计规律性，概率论和数理统计就是研究和揭示随机现象统计规律性的一门学科，是数学的一个重要分支.

概率学的产生：概率学这门重要的数学分支学科最初只是对于带机遇性游戏的分析，“分赌注”问题：梅累与其赌友掷骰子，每人押了32个金币，并事先约定：如果梅累先掷出三个6点，或其友先掷出三个4点，便算赢家.当梅累掷出两次6点，其友掷出一次4点时，梅累接到通知，要去接见外宾，君命难违，此时收回赌注又不甘心，只好双方分赌注.但这难住了他们，赌友说，虽然梅累只需再碰上一次6点就赢了，但他若再碰上两次4点，他也赢了，所以他应分得64的1/3；梅累说，即使下次赌友掷出一个4点，他还可分一半，即32个，加上他有一半希望得6点，这又可得16，故应得64的3/4.他们争论不休，最后求教了法国数学家帕斯卡.1654年，帕斯卡与费马展开讨论，并运用组合知识解决了这一问题，后来他们还研究了多个赌徒分赌注的问题.1655年，荷兰数学家惠更斯也参与了帕斯卡与费马的讨论，结论成书为《关于赌博中的推断》，这是概率的奠基之作.“概率”一词是与探求真实性联系在一起的.在我们所生活的世界里，充满了不确定性，试图通过猜测事件的真相来掌握这种不确定性，概率这门学科就应运而生了.

概率学的发展：保险业推动了概率学的发展.18世纪欧洲的保险公司为了获得丰厚的利润，必须预先确定火灾、水灾、死亡等意外事件发生的概率，据此来确定保险的价格.例如，人寿保险价格的简单确定方法：先对各种年龄死亡的人数进行统计，得到表6.1.

表6.1 保险公司的统计数据

年 龄	活到该年龄的人数	在该年龄死亡的人数
30	85441	720
40	78106	765
50	69804	962
60	57917	15426

由此可知,如果一个人 40 岁,那么他当年死亡的概率是 $765\div78106\approx0.0098$,若有 1 万个 40 岁的人参加保险,每人付 a 元保险金,死亡可得 b 元人寿保险金.预期这 1 万个人的死亡数是 $10000\times0.0098=9.8$ 人,因此,保险公司需付出 $9.8b$ 元人寿保险金,其收支差额为 $10000a-9.8b$,这就是公司的利润.由此可见,保险公司获得利润的关键在于事先能较准确地确定出所保险项目中危险发生的概率.

实际上,保险问题中蕴涵着错综复杂的干扰因素,例如死亡概率常常受到自杀、谋杀、车祸等非正常死亡因素的干扰.

概率趣话(概率与 π):布丰(George Louis de Buffon,1707—1788,法国数学家)曾经做过一个投针试验.他在一张纸上画了很多条距离相等的平行直线,他将小针随意地投在纸上,一共投了 2212 次,结果与平行直线相交的共有 704 根,总数 2212 与相交数 704 的比值为 3.142,布丰得到的更一般的结果是:如果纸上两平行线间的距离为 d,小针的长为 l,投针次数为 n,所投的针中与平行线相交的次数为 m,那么当 n 相当大时有:

$$\pi\approx\frac{2nl}{dm}.$$

后来有许多人效仿布丰,用同样的方法计算 π 值,其中最为神奇的是意大利数学家拉兹瑞尼(Lazzerini),他在 1901 年宣称进行了多次投针试验得到了 π 的值为 3.1415929.用如此巧妙的方法,求到如此高精确的 π 值,这体现了概率统计的魅力.

我们在日常生活中经常有意识地运用概率论与数理统计.今天天气预报说:明天的降雨概率为 80%,那你明天会带伞出门吗? 如果说中奖的概率是 0.1%,你买一千张彩票就一定能中奖吗? 抽签的先后顺序与抽到有记号的签有无关联? 可见概率论与数理统计在各专业领域如农业、医学、军事、经济管理、社会科学调查、信息和控制等方面都有广泛的应用.

6.1　随机事件

6.1.1　随机现象

引例 6.1(电荷)　带同种电荷的两个小球必互相排斥,带异种电荷的两个小球必互相吸引.

引例 6.2(水沸腾)　标准大气压下,水温在 100℃ 沸腾,在 50℃ 却不可能沸腾.

引例 6.3(掷骰子)　多次重复掷一颗均匀的骰子,每次可能会出现 1,2,3,4,5,6 点多种结果之一.

引例 6.4(射击) 某门炮向某一目标射击,每次弹着点的位置.

在上述引例中,涉及了以下内容:

定义 6.1(确定性现象) 指在一定的条件下必然产生某种结果或必然不产生某种结果的现象是**确定性现象**.如引例 6.1、引例 6.2 都是确定性现象.

定义 6.2(随机现象) 指在同样的条件下试验,产生的结果不一定完全一样且试验之前无法预料其结果的现象是**随机现象**.引例 6.3、引例 6.4 就是随机现象.为了研究随机现象的规律性,需要对客观事物反复地进行试验与观察.

6.1.2 随机试验

定义 6.3(试验) 在一定条件下,对自然现象和社会现象进行的实验或观察,称为**试验**.试验通常用 E 表示,如:

E_1:掷一枚骰子,观察出现的点数;

E_2:记录 110 报警台一天接到的报警次数;

E_3:在一批灯泡中任意抽取一个,测试它的寿命;

E_4:记录长度的测量误差;

上面列举了 4 个试验的例子,它们有着以下三个共同的特点:

(1) 试验在相同条件下可重复进行;

(2) 试验的所有可能基本结果事先明确且不止一个;

(3) 每次试验究竟出现哪个结果不能事先肯定.

在概率论中,将具有上述三个特点的试验称为**随机试验**.我们是通过研究随机试验来研究随机现象的.

6.1.3 样本空间

对随机试验,我们首先关心的是它可能出现的结果有哪些.随机试验的每一个可能出现的结果称为一个**样本点**,用字母 ω 表示,而把试验 E 的所有可能结果的集合称作 E 的**样本空间**,并用字母 Ω 表示.下面分别写出上述各试验 $E_k(k=1,2,3,4)$ 所对应的样本空间 Ω_k:

$$\Omega_1 = \{1,2,3,4,5,6\};$$

$$\Omega_2 = \{0,1,2,3,\cdots\};$$

$$\Omega_3 = \{t \mid t \geqslant 0\};$$

$$\Omega_4 = \{t \mid t \in (-\infty,+\infty)\}.$$

样本空间所含有的样本点可以是有限多个,也可以是无限多个.另外,样本点应是随机试验最基本并且不可再分的结果.当随机试验的内容确定之后,样本空间就随之确定了.

6.1.4 随机事件

在一次试验中可能发生也可能不发生的事情，称为**随机事件**，常用 $A,B,C\cdots$ 表示. 如：抛掷一颗骰子，“出现向上的点数为 2”、“出现向上的点数为 2 的倍数”等均是随机事件；而“出现向上的点数为 2”这一事件是不可再分的，称为**基本事件**，但出现“向上的点数为 2 的倍数”这一事件则由出现“向上的点数为 2”、“向上的点数为 4”、“向上的点数为 6”这些基本事件复合形成，这种事件常称为**复合事件**.

定义 6.4(必然事件) 每次试验必然发生的事件称为**必然事件**，记作 Ω，如：“在大气压力为 101325Pa 下，纯水加热到 100℃ 沸腾”即为必然事件.

定义 6.5(不可能事件) 不可能发生的事件称为**不可能事件**，记作 $\varnothing$，如：“抛一枚硬币，落下后，正面向上和反面向上同时发生”，为不可能事件.

必然事件和不可能事件常看成随机事件的两个极端情形，必然事件包含试验中所有的样本点，不可能事件不包含任何样本点.

案例 6.1(产品抽样) 袋中有三件一等品 a_1,a_2,a_3 和两件二等品 b_1,b_2，从袋中任取三件，试求：

(1) 求该随机试验中基本事件的个数，并写出样本空间；

(2)“恰好有一件二等品”这一事件由哪些基本事件组成；

(3)“恰好有两件二等品”这一事件由哪些基本事件组成；

(4)“至少有一件二等品”这一事件由哪些基本事件组成.

解 (1) 袋中共有5个产品，从袋中任取3个，该试验共有 $C_5^3=10$ 个基本事件：$e_1=\{a_1,a_2,a_3\}$，$e_2=\{a_1,a_2,b_1\}$，$e_3=\{a_1,a_2,b_2\}$，$e_4=\{a_1,a_3,b_1\}$，$e_5=\{a_1,a_3,b_2\}$，$e_6=\{a_2,a_3,b_1\}$，$e_7=\{a_2,a_3,b_2\}$，$e_8=\{a_1,b_1,b_2\}$，$e_9=\{a_2,b_1,b_2\}$，$e_{10}=\{a_3,b_1,b_2\}$；

(2) 设 B 表示“恰有一个二等品”的事件，则 $B=\{e_2,e_3,e_4,e_5,e_6,e_7\}$；

(3) 设 C 表示“恰有两个二等品”的事件，则 $C=\{e_8,e_9,e_{10}\}$；

(4) 设 D 表示“至少有一个二等品”的事件，则 $B=\{e_2,e_3,e_4,e_5,e_6,e_7,e_8,e_9,e_{10}\}$.

6.1.5 事件的关系与运算

在随机试验中，有许多事件发生，而这些事件之间又有联系. 详细分析事件之间的关系，可以帮助我们更深刻地认识随机事件.

6.1.5.1 事件的包含与相等

引例 6.5(掷骰子) 骰子是一个正六面体，每面分别标有数字 1 ～ 6，进行抛掷骰子的随机试验中，“出现 4 点”、“出现偶数”、“出现数字小于 3”等都是随机事件.

如果事件 A 发生必然导致事件 B 发生，则称事件 B **包含**事件 A，记为 $A \subset B$(图 6.1). 引例 6.5 中，$A =$ “出现 4 点”，$B =$ “出现偶数点”，则 $A \subset B$.

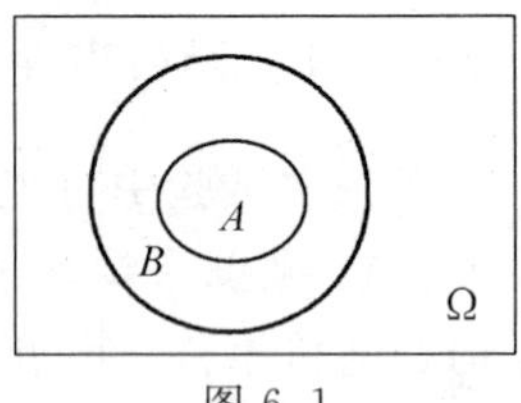

图 6.1

案例 6.2(检验灯泡)　从一批灯泡中任取一只，测试它的寿命，考虑事件：$A =$ “寿命大于 1500 小时”，$B =$ “寿命大于 1000 小时”，因寿命大于 1500 小时的灯泡必然寿命会大于 1000 小时，故 $A \subset B$.

如果 $A \subset B$，同时 $B \subset A$，则称事件 A 和事件 B **相等**，记为 $A = B$.

引例 6.5 中，$A =$ “出现 2、4、6 点”，$B =$ “出现偶数点”，则 $A = B$.

6.1.5.2　事件的并(和)

事件 A 与事件 B 至少有一个发生的事件，称为事件 A 与事件 B 的**并(和)**，记为 $A \cup B$ 或 $A + B$ (图 6.2).

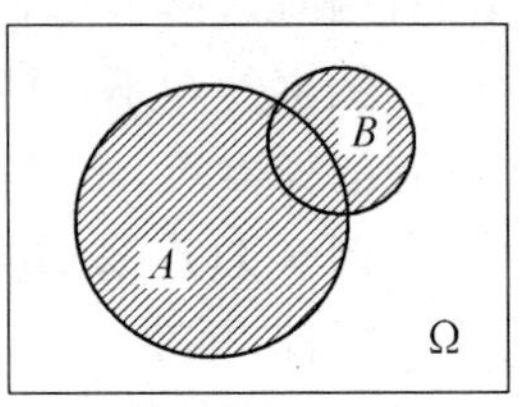

图 6.2

引例 6.5 中，令 $A =$ “出现偶数点”，$B =$ “出现小于 5 的点”，则 $A \cup B = \{1、2、3、4、6\}$.

作为样本空间的子集，和事件是由事件 A 和 B 中的所有样本点组成的新事件，是样本空间子集 A 与 B 的并集.

推广： $\bigcup_{i=1}^{n} A_i$ 表示 $A_1, A_2, \cdots, A_n$ 中至少有一个发生.

6.1.5.3　事件的交(积)

事件 A 与事件 B 同时发生，称为事件 A 与事件 B 的**交(积)**，记作 $A \cap B$ 或 AB(图 6.3).

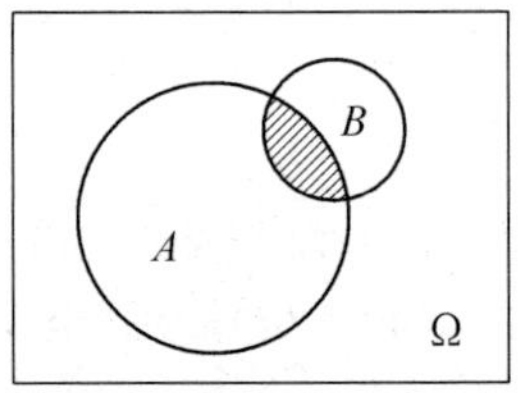

图 6.3

引例 6.5 中，令 $A =$ “出现偶数点”，$B =$ “出现小于 5 的点”，则 $A \cap B = \{2、4\}$.

推广： $\bigcap_{i=1}^{n} A_i$ 表示 $A_1, A_2, \cdots, A_n$ 同时发生.

换句话说，积事件 AB 是由事件 A 与 B 的所有公共基本事件组成的新事件，是 A 与 B 的交集.

6.1.5.4　事件的差

A 发生且 B 不发生的事件称为事件 A 与事件 B 的**差**，记作 $A - B$(图 6.4).

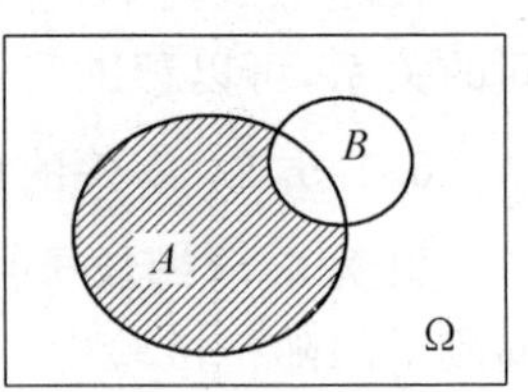

图 6.4

差事件 $A - B$ 是由在 A 中但不在 B 中的所有基本事件组成的新事件，是子集 A 与 B 的差集.

引例 6.5 中，令 $A =$ “出现偶数点”，$B =$ “出现小于

5 的点”,则 $A - B = \{6\}$,即“出现 6 点”.

6.1.5.5　互斥(互不相容)事件

在同一次试验中,若事件 A 与事件 B 不能同时发生,即 $A \cap B = \varnothing$,则称 A 与 B 为**互斥(互不相容)事件**(图 6.5).

引例 6.5 中,令 $A =$ “出现偶数点”, $B =$ “出现 3 点”,则 $A \cap B = \varnothing$,即 A 与 B 为互斥事件,不能同时发生.

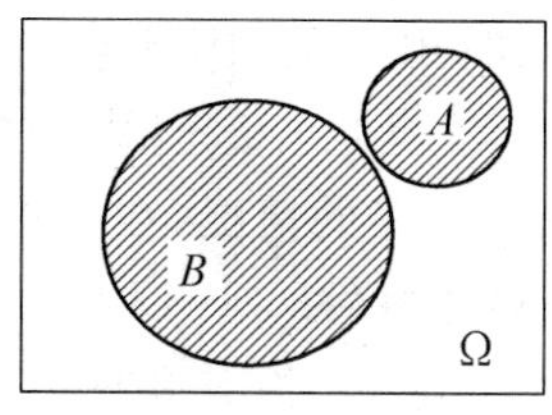

图 6.5

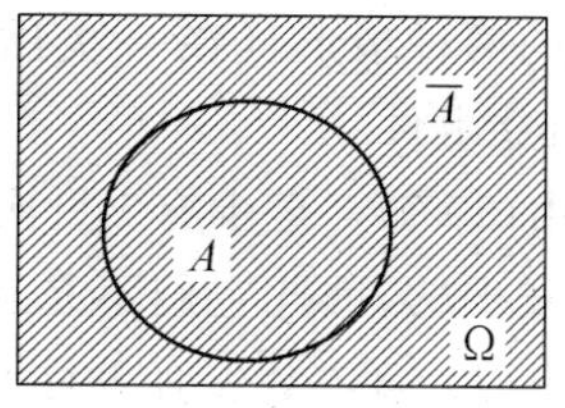

图 6.6

6.1.5.6　对立(逆)事件

如果事件 A 与事件 B 中必有一个发生,且仅有一个发生,即 $A \cup B = \Omega$, $A \cap B = \varnothing$,则称事件 A 与事件 B 互为**对立(逆)事件**,记为 $B = \overline{A}, A = \overline{B}$(图 6.6).

由此,“非 A”事件为 A 的对立(逆)事件,即 $\overline{A} = \Omega - A$.

引例 6.5 中,令 $A =$ “出现偶数点”,则 $\overline{A} =$ “出现奇数点”.

显然有:(1) $A = \overline{\overline{A}}$;

(2) $\overline{\Omega} = \varnothing, \overline{\varnothing} = \Omega$;

(3) $A - B = A\overline{B}$.

案例 6.3(中靶事件)　甲、乙、丙三人同时进行射击,设 A, B, C 分别表示甲、乙、丙中靶事件,试用事件的运算关系表示下列事件:① 三人都中靶;② 三人都不中靶;③ 至少有一人中靶;④ 恰有两人中靶;⑤ 至多有一人中靶;⑥ 不多于两人中靶;⑦ 三人中至少有两人中靶.

解　① ABC;

② $\overline{A}\,\overline{B}\,\overline{C}$;

③ $A \cup B \cup C$;

④ $AB\overline{C} \cup A\overline{B}C \cup \overline{A}BC$;

⑤ $\overline{ABC} \cup A\overline{BC} \cup \overline{A}B\overline{C} \cup \overline{AB}C$;

⑥ $\overline{ABC}$;

⑦ $AB \cup BC \cup AC$.

案例 6.4(互斥性与对立性概念辨析)　判别下列问题下的各对事件的互斥性与对立性:

从 1000 只灯泡中任取 3 只检验(其中有 10 只次品,其余为正品)取得:

(1)"恰有 1 只次品"和"恰有 2 只次品";

(2)"至少有 1 只次品"和"全是次品";

(3)"至少有 1 只正品"和"至少有 1 只次品";

(4)"至少有 1 只次品"和"全是正品".

解 (1) 由于题设下的基本事件相当于从 1000 只灯泡中任取 3 只的一个组合,它可能全是正品,也可能是其他情形,现在"恰有 1 只次品"和"恰有 2 只次品"仅是其中的两种情形且在一次试验下是不可能同时出现的,因此它们是互斥事件,但非对立事件.

(2) 由(1)知,"至少有 1 只次品"包含了"全是次品"的情况,在一次试验中是可以同时发生的,因此它们不是互斥事件,更不是对立事件.

(3) 由(1)知,"至少有 1 只正品"是"恰有 1 只正品"、"恰有 2 只正品"、"恰有 3 只正品"的和事件;类似地,"至少有 1 只次品"是"恰有 1 只次品"、"恰有 2 只次品"、"恰有 3 只次品"的和事件. 于是,它们在同一次试验中是可以同时发生的,因此它们既不是互斥事件,也不是对立事件.

(4) 由(2)知,两事件不可能同时发生且其和事件构成必然事件,因此它们不仅是互斥事件,更是对立事件.

6.1.6 事件的运算律

在进行事件运算时,经常要用到下述运算律,设 A,B,C 为事件,则有:

(1) 交换律:$A \cup B = B \cup A, A \cap B = B \cap A$;

(2) 结合律:$(A \cup B) \cup C = A \cup (B \cup C)$,

$(A \cap B) \cap C = A \cap (B \cap C)$;

(3) 分配律:$(A \cup B) \cap C = (A \cap C) \cup (B \cap C)$,

$(A \cap B) \cup C = (A \cup C) \cap (B \cup C)$;

(4) 对偶律:$\overline{A \cup B} = \overline{A} \cap \overline{B}, \overline{A \cap B} = \overline{A} \cup \overline{B}$.

案例 6.5(电路工作) 在如图 6.7 所示的电路中,设事件 A,B,C 分别表示 a,b,c 闭合,事件 D 表示指示灯亮,试用 A,B,C 表示下列事件:

(1) 指示灯亮;

(2) 指示灯不亮.

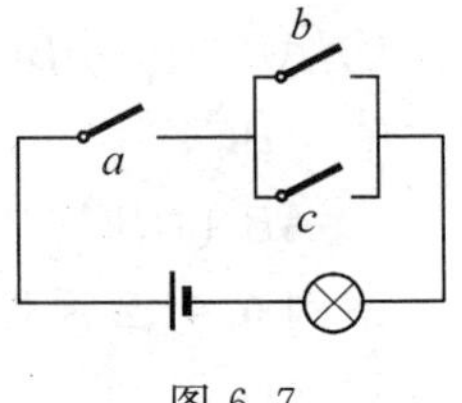

图 6.7

解 (1) 当且仅当"a 闭合"且"b,c 中至少有一个闭合"时指示灯亮,于是

$$D = A \cap (B \cup C);$$

(2) 事件$\overline{D}$表示指示灯不亮，当且仅当“a未闭合”或“b,c都未闭合”时指示灯不亮，于是$\overline{D} = \overline{A} \cup (\overline{B} \cap \overline{C})$.

习　题　6.1

1. 同时掷两颗骰子，x、y分别表示第一、二两颗骰子出现的点数，设事件 A 表示“两颗骰子出现点数之和为奇数”，B 表示“点数之差为零”，C 表示“点数之积不超过 20”，用样本点的集合表示事件 $B-A$，BC，$B \cup \overline{C}$.

2. 袋中有十个球，分别编有 1 至 10 的号码. 从中任取一个，设

A：取得的球的号码是偶数，

B：取得的球的号码是奇数，

C：取得的球的号码小于 5.

问下述运算分别表示什么事件？

(1) $A \cup B$；(2) AB；(3) AC；(4) $\overline{A}\,\overline{C}$；(5) $\overline{C \cup B}$.

3. 对飞机进行两次射击，每次射击一弹，设

A_1：第一次射击击中飞机，

A_2：第二次射击击中飞机.

试用它们表示下列事件：

(1) 两弹都击中；

(2) 两弹都没有击中；

(3) 恰有一弹击中飞机；

(4) 至少有一弹击中飞机.

4. A、B、C 表示三个事件，分别用它们的运算关系表示下列各个事件：

(1) A、B、C 都发生；

(2) A、B、C 都不发生；

(3) A 发生，B、C 都不发生；

(4) A、B、C 至少有一个发生；

(5) A、B、C 恰好有一个发生；

(6) A、B、C 恰好有两个发生.

5. 设 A、B 表示两个事件，设 C 表示“事件 A、B 都发生”，D 表示“事件 A、B 不都发生”，E 表示“事件 A、B 都不发生”，则其中哪两个是互斥事件?哪两个是对立事件?

6. 袋中有 10 个零件，其中 6 个一等品，4 个二等品. 无放回地抽取三次，每次取一件. 若用 A_i 表示第 i 次抽取到的是一等品($i=1,2,3$)，问如何表示下列事件?

(1) 三件都是一等品；

(2) 三件都是二等品；

(3) 前两件是一等品,最后一件是二等品;

(4) 不计顺序,三件中有两件是一等品,一件是二等品.

6.2 随机事件的概率

6.2.1 概率的统计定义

对于随机现象,主要从下列两个方面加以研究,一是研究它的所有可能出现的结果(即事件),以及这些结果的相互关系(即事件间的相互关系);二是研究各事件发生的可能性大小(即统计规律性).

引例 6.6(重复投掷硬币) 人们知道掷一枚硬币,事先无法知道哪一面向上,但是出现正面和反面的机会是相等的,在大量的投掷时,正面和反面出现的次数"差不多",表 6.2 为前人重复抛硬币的试验结果.

表 6.2 重复抛硬币试验结果

试验人	投掷次数 n	出现正面次数 m	正面出现频率 m/n
获摩更	2048	1061	0.5181
布丰	4040	2048	0.5069
皮尔逊	24000	12012	0.5005
维尼	30000	14994	0.4998

由引例 6.6 看出,当试验的次数 n 增加时,出现正面的频率 $\frac{m}{n}$ 围绕着一个确定的常数 0.5 作幅度越来越小的摆动.出现正面的频率稳定于 0.5 附近,是一个客观存在的事实,不随人们主观意志为转移.这一规律,就是频率的稳定性.

定义 6.6 在 n 次重复试验中,若事件 A 发生 m 次,则 $\frac{m}{n}$ 叫做事件 A 发生的**频率**(m 为事件 A 发生的**频数**),记作

$$f_n(A) = \frac{m}{n}.$$

显然,事件的频率满足:

(1) $0 \leqslant f_n(A) \leqslant 1$;

(2) $f_n(\Omega) = 1, f_n(\varnothing) = 0$;

(3) 若 A 与 B 互斥,则 $f_n(A+B) = f_n(A) + f_n(B)$.

频率是概率的一个很好反映，但是，频率却不能因此作为概率，因为概率应当是一个确定的量，不应像频率那样随重复试验和重复次数的变化而变化. 不过，频率可以作为概率的一个有客观依据的估计，这个依据就是频率稳定性.

引例 6.7(7 回合的射击)　某射手在同一条件下进行 7 回合的射击，结果如表 6.3 所示.

表 6.3　7 回合的射击结果

射击次数 n	10	20	50	100	200	500	1000
击中靶心次数 m	8	19	45	92	178	455	899
击中靶心频率 m/n	0.8	0.95	0.9	0.92	0.89	0.91	0.899

求：(1) 这个射手射击一次，击中靶心的概率大约是多少？

(2) 这个射手射击 60 次，大约有多少次能击中靶心？

解　(1) 由表中数据可以看出，当射击次数很多时，击中靶心的频率接近 0.9，且在其附近摆动，因此可以认为击中靶心的概率大约为 0.9.

(2) 由(1)可知，射击 60 次的频率约为 0.9，因此这 60 次中击中靶心的次数约为 54.

据此，我们可以对概率给出一个客观描述，这就是概率的统计定义.

定义 6.7　在一个随机试验中，如果随着试验次数的增大，事件 A 出现的频率$\dfrac{m}{n}$在某一常数 P 附近摆动，则称 P 为事件 A 发生的**概率**，记作

$$P(A) = P.$$

这个定义称为概率的**统计定义**.

由此定义可知：$P(A) \approx f_n(A) = \dfrac{m}{n}$.

案例 6.6(水库中鱼的数量)　从水库中捕出 2000 尾鱼，给每尾鱼系上小红绳做记号，然后放回水库. 经过适当的时间，让做有记号的鱼与其他鱼充分混合，再从水库中捕出一定数量的鱼，第二次捕到的鱼有 500 尾，其中有记号的鱼有 40 尾. 试根据上述数据，估计水库内鱼的尾数.

解　设水库中鱼的尾数为 n，并设 $A=$“捕到有记号的鱼”，当 2000 尾被做上记号的鱼放回水库与其他鱼充分混合后，任捕水库中的一尾鱼，有 $P(A) = \dfrac{m}{n} = \dfrac{2000}{n}$，

对于第二次捕的 500 尾鱼，有 $f_{500}(A) = \dfrac{40}{500}$，

由于第二次捕的鱼数量较大，可视为 $P(A) \approx f_{500}(A)$，即 $\frac{2000}{n} \approx \frac{40}{500}$，故 $n \approx 25000$.

这就是说，频率的稳定性是概率的经验基础，而频率的稳定值是随机事件的概率．频率是个试验值，具有偶然性，可能取多个不同值，它近似地反映了事件发生可能性的大小；概率是个理论值，只能取唯一值．只有概率，才精确地反映出事件发生可能性的大小．

概率的性质如下：

(1) $0 \leqslant P(A) \leqslant 1$；

(2) $P(\Omega) = 1, P(\varnothing) = 0$；

(3) 若 A、B 互斥，则 $P(A+B) = P(A) + P(B)$；

(4) $P(\overline{A}) = 1 - P(A)$.

6.2.2 古典概型

根据概率的统计定义来求概率，要做大量的试验，并且所得的结果只能是近似值．但对于某些类型的概率问题，可以通过研究它的内在规律来确定它的概率．

引例 6.8(抛掷骰子) 进行抛掷一颗骰子的随机试验，令 A_i 表示“出现‘i’点”($i = 1,2,3,4,5,6$)，以上 6 个事件是试验的基本事件．考虑到骰子的对称性，故出现各个基本事件的可能性应该相同，即有

$$P(A_i) = \frac{1}{6} \quad (i = 1,2,3,4,5,6)$$

而其他随机事件应该是由以上基本事件组成的，如：B 表示“出现小于 3 的数”，包含 A_1，A_2 两个基本事件，因而有

$$P(B) = \frac{2}{6} = \frac{1}{3}.$$

若随机试验具有以下两个特征：

(1)（有限性） 在试验或观察中，样本空间只有有限个基本事件；

(2)（等可能性） 每个基本事件发生的可能性都相同，

则称这种随机试验的概率模型为**古典概型**．这种模型是概率论发展初期的主要研究对象，一方面，它相对简单、直观，易于理解，另一方面，它又能解决一些实际问题．因此，至今在概率论中都占有比较重要的地位．

定义 6.8 在古典概型中，若基本事件总数为 n，事件 A 包含的基本事件个数为 m，则事件 A 的概率为

$$P(A) = \frac{\text{事件 } A \text{ 包含的基本事件个数}}{\text{基本事件总数}} = \frac{m}{n}.$$

案例 6.7(抽取产品)　有 10 件产品，其中 2 件次品，无放回地取出 3 件，求：

(1) 这三件产品全是正品的概率；

(2) 这三件产品恰有一件次品的概率；

(3) 这三件产品至少有一件次品的概率.

解　设 A 表示"全是正品"，B 表示"恰有一件次品"，C 表示"至少有一件次品".

从 10 件中取出 3 件，共有 C_{10}^3 种取法，即有 C_{10}^3 个等可能的基本事件.

(1) $P(A)=\dfrac{C_8^3}{C_{10}^3}=\dfrac{56}{120}=\dfrac{7}{15}$；

(2) $P(B)=\dfrac{C_8^2C_2^1}{C_{10}^3}=\dfrac{56}{120}=\dfrac{7}{15}$；

(3) 两种情况：恰有一件次品，取法有 $C_8^2C_2^1$ 种；恰有两件次品，取法有 $C_8^1C_2^2$ 种.

$$P(C)=\frac{C_8^2C_2^1+C_8^1C_2^2}{C_{10}^3}=\frac{64}{120}=\frac{8}{15},$$

或"至少有一件次品"的对立事件是"三件产品全是正品"，故

$$P(C)=1-P(A)=1-\frac{7}{15}=\frac{8}{15}.$$

案例 6.8(放球模型)　2 个球放到 4 个不同的盒子中，求：

(1) 第二个盒子中无球的概率；

(2) 第三个盒子恰有一球的概率；

(3) 第一个和第三个盒子中各有一球的概率.

解　每个球放入 4 个不同盒子都有 4 种不同放法，于是 2 个球放入 4 个不同盒子共有 $4^2=16$ 种不同放法，即基本事件的总数为 $n=16$.

(1) 设事件 A 表示"第二个盒子中无球"，即两个放入了其他三个盒子，每个球有 3 种不同放法，于是 A 包含基本事件的总数 $m=3^2=9$，故

$$P(A)=\frac{9}{16}=0.5625.$$

(2) 设事件 B 表示"第三个盒子恰有一球"，则

$$P(B)=\frac{3\times A_2^2}{16}=\frac{3}{8}=0.375.$$

(3) 设事件 C 表示"第一个和第三个盒子中各有一球"，则

$$P(C)=\frac{A_2^2}{16}=\frac{1}{8}=0.125.$$

案例 6.9(抽取数字)　从 1,2,…,9 九个数字中任取一个，取后放回，先后取

出 5 个数字组成五位数，求下列事件的概率：

(1) A_1 =“五个数字全不相同”；　　(2) A_2 =“五位数是奇数”；

(3) A_3 =“2 恰好出现 2 次”；　　(4) A_4 =“2 至少出现 2 次”.

解　(1) $P(A_1)=\frac{A_9^5}{9^5}=0.256$；

(2) $P(A_2)=\frac{9^4\cdot C_5^1}{9^5}=0.556$；

(3) $P(A_3)=\frac{C_5^2 8^3}{9^5}=0.867$；

(4) 设 B_i =“2 恰好出现 i 次”($i=0,1,2,3,4,5$)，则

$$P(A_4)=1-P(B_0+B_1)=1-P(B_0)-P(B_1)$$

$$=1-\frac{8^5}{9^5}-\frac{5\cdot 8^4}{9^5}=0.0983.$$

习　题　6.2

1. 一个袋中有五个红球、三个白球、两个黑球，从中任取三个球，求这三个球恰为一红、一白、一黑的概率.

2. 设有一批产品共 100 件，其中有 5 件次品，其余均是正品. 今从中任取 50 件，求取出的 50 件中恰有 2 件次品的概率.

3. 将 10 本书任意放在书架上，求其中指定的 3 本书靠在一起的概率.

4. 两封信随机地投入四个邮箱，求前两个邮筒内没有信的概率以及第一个邮筒内只有一封信的概率.

5. 从一副扑克中(52 张) 任取两张，求：

(1) 都是红桃的概率；

(2) 恰有一张黑桃、一张红桃的概率.

6. 袋中有两个红球、一个白球，从中随机地摸取两个，试求：

(1) 取球无先后之分；

(2) 取球有先后之分，每次取一个，取后不放回；

(3) 取球有先后之分，每次取一个，取后放回，两个都是红球的概率.

6.3　概率的加法公式

6.3.1　互不相容事件的加法公式

若已知事件 A 和事件 B 发生的概率，如何计算事件 A 和 B 至少有一个发生

的概率?

引例 6.9(检查产品) 产品分一等品、二等品与废品三种,若一等品的概率为 0.73,二等品的概率为 0.21,求产品的合格品率和废品率.

解 分别用 A_1、A_2、A 表示"一等品"、"二等品"、"合格品",则$\overline{A}$ 表示"废品",显然合格品包含一等品和二等品,故

$$P(A) = P(A_1 \cup A_2) = P(A_1) + P(A_2) = 0.73 + 0.21 = 0.94,$$

$$P(\overline{A}) = 1 - P(A) = 1 - 0.94 = 0.06.$$

互不相容事件的加法公式 两个互不相容事件的和的概率,等于它们概率的和,即若 A、B 互不相容,则

$$P(A \cup B) = P(A) + P(B).$$

现就古典概型情况加以证明:

设基本事件的总数为 n,事件 A 包含了 m_A 个基本事件,事件 B 包含了 m_B 个基本事件,由于 A、B 互不相容,A 所包含的 m_A 个基本事件与 B 所包含的 m_B 个基本事件是完全不同的,所以包含了 $m_A + m_B$ 个基本事件,故

$$P(A \cup B) = \frac{m_A + m_B}{n} = \frac{m_A}{n} + \frac{m_B}{n} = P(A) + P(B).$$

推论 6.1 若事件 $A_1, A_2, \cdots, A_n$ 两两互不相容,则

$$P(A_1 \cup A_2 \cup \cdots \cup A_n) = P(A_1) + P(A_2) + \cdots + P(A_n),$$

其中 n 为正整数.

推论 6.2 对任意事件 A,B 有

$$P(B - A) = P(B) - P(AB).$$

特别地,当 $A \subset B$ 时,$P(B - A) = P(B) - P(A)$,且 $P(A) \leqslant P(B)$.

案例 6.10(取球问题) 袋中有 20 个球,其中有 3 个白球、17 个黑球. 从中任取 3 个,求至少有一个白球的概率.

我们用 A_i 表示"取得 i 个白球($i = 0,1,2,3$)",用 A 表示"至少有一个白球".

解法一 (利用古典概型中计算概率的方法)

$$P(A) = \frac{C_3^1 C_{17}^2 + C_3^2 C_{17}^1 + C_3^3 C_{17}^0}{C_{20}^3} = \frac{23}{57}.$$

解法二 (利用概率的加法公式)

由于 A_1、A_2、A_3 两两互不相容,故

$$P(A) = P(A_1) + P(A_2) + P(A_3) = \frac{C_3^1 C_{17}^2}{C_{20}^3} + \frac{C_3^2 C_{17}^1}{C_{20}^3} + \frac{C_3^3 C_{17}^0}{C_{20}^3} = \frac{23}{57}.$$

解法三 （利用对立事件的概率公式）

$\overline{A}$ 表示“一个白球也没取到”，则

$$P(\overline{A})=1-P(A)=1-\frac{C_3^0C_{17}^3}{C_{20}^3}=\frac{23}{57}.$$

本例说明，当直接计算某事件的概率比较复杂时，可转化为求它的对立事件的概率，往往会简化计算.

注：在应用公式 $P(A\cup B)=P(A)+P(B)$ 时，一定要验证 A、B 互不相容.

例如：甲、乙两门炮同时向同一架敌机射击，击中的概率分别为 0.5 和 0.6，求敌机被击中的概率. 若用 A、B 分别表示“甲击中”、“乙击中”这两个事件，则 $A\cup B$ 表示“敌机被击中”，用公式 $P(A\cup B)=P(A)+P(B)=0.5+0.6=1.1$，错误！错误的原因是忽略了“甲、乙两炮同时击中敌机的可能”.

案例 6.11(苗圃卖桃树) 苗圃出售 10 株被摘去标签的桃树，已知其中 4 株为一个品种，其余 6 株为另一个品种，一个顾客买了 3 株，求 3 株是同一品种的概率.

解 设 A_1 表示“3 株桃树都是甲品种”，A_2 表示“3 株桃树都是乙品种”，B 表示“3 株桃树是同一品种”. 由于 A_1、A_2 两两互不相容，则

$$P(B)=P(A_1\cup A_2)=P(A_1)+P(A_2)=\frac{C_4^3}{C_{10}^3}+\frac{C_6^3}{C_{10}^3}=\frac{1}{5}=0.2.$$

6.3.2 任意事件的加法公式

那么，对于任意两个事件的和的概率如何计算呢？

引例 6.10(电路断路问题) 如图 6.8 所示线路中，元件 a 发生故障的概率为 0.05，元件 b 发生故障的概率为 0.06，a、b 同时发生故障的概率为 0.003，求断路的概率.

解 用 A 表示“元件 a 发生故障”，B 表示“元件 b 发生故障”，则 $A\cup B$ 表示“元件 a、b 至少有一个发生故障”，即“断路”，则

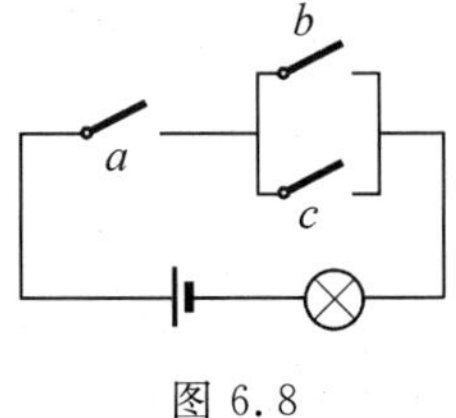

图 6.8

$$P(A\cup B)=P(A)+P(B)-P(AB)=0.05+0.06-0.003=0.107.$$

定理 6.1 对任意两个事件 A,B(图 6.9)，有

$$P(A\cup B)=P(A)+P(B)-P(AB).$$

推论 6.3 对任意三个事件 A,B,C(图 6.10)，有

$$P(A\cup B\cup C)=P(A)+P(B)+P(C)-P(AB)-P(AC)-P(BC)+P(ABC).$$

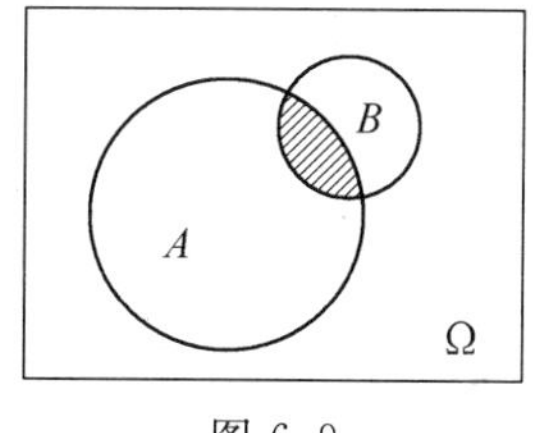

图 6.9

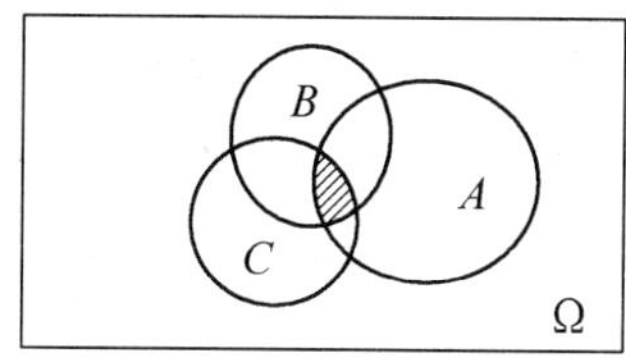

图 6.10

案例 6.12(订报的家庭)　某地区订日报的家庭占 60%，订晚报的家庭占 30%，两种报都不订的家庭占 25%，试求：(1) 两种报都订的家庭的概率；(2) 只订日报的家庭的概率.

解　设 $A=$“订日报的家庭”，$B=$“订晚报的家庭”.

(1) $P(A\cup B)=1-P(\overline{A}\,\overline{B})=1-0.25=0.75$；

$P(AB)=P(A)+P(B)-P(A\cup B)=0.6+0.3-0.75=0.15$.

(2) $P(A\overline{B})=P(A-AB)=P(A)-P(AB)=0.6-0.15=0.45$.

习　题　6.3

1. 已知某射手射击时击中 6、7、8、9、10 环的概率分别为 0.19、0.18、0.17、0.16、0.15，该射手射击一次，求：

(1) 至少中 8 环的概率；

(2) 至多中 8 环的概率.

2. 设事件 A、B 互斥，且 $P(A)=0.6$，$P(A\cup B)=0.8$，求 $P(\overline{B})$.

3. 甲、乙两人进行射击，甲击中目标的概率为 0.8，乙击中目标的概率为 0.85，甲、乙同时击中目标的概率为 0.68，求目标被击中的概率.

4. 由 10，11，…，99 中任取一个两位数，求这个数能被 2 或 3 整除的概率.

5. 盒中有 6 只灯泡，其中 2 只次品，4 只正品，有放回地从中任取两次，每次取一只，试求下列事件的概率：

(1) 取到的 2 只都是次品；

(2) 取到的 2 只中正品、次品各一只；

(3) 取到的 2 只中至少有一只正品.

6. 现有某电子元件 50 个，其中一级品 45 个、二级品 5 个，若从中任取 3 个，求至少有一个二级品的概率？

7. 某单位订阅甲、乙、丙三种报纸，职工中 40% 读甲报，26% 读乙报，24% 读丙报，8% 兼读甲、乙报，5% 兼读甲、丙报，4% 兼读丙、乙报，2% 兼读甲、丙、乙报，现从职工中随机抽取一人，问该人至少读一种报纸的概率是多少？不读报的概率是多少？

6.4 概率的乘法公式

6.4.1 条件概率

在实际问题中，除了要知道事件 A 的概率 $P(A)$ 外，有时还需要知道“在事件 B 发生的条件下，事件 A 发生的概率”，这个概率记作 $P(A \mid B)$，由于增加了新的条件“事件 B 已经发生”，所以一般来说，$P(A \mid B)$ 与 $P(A)$ 不同，称 $P(A \mid B)$ 为条件概率. 相应地，把 $P(A)$ 称为无条件概率或原概率.

定义 6.9 “在 B 发生的条件下，A 发生的概率”称**条件概率**，记作 $P(A \mid B)$.

引例 6.11(产品抽检) 甲、乙两个工厂生产同类产品，结果如表 6.4 所示.

表 6.4 甲、乙两个工厂产品情况

	合格品数	废品数	合　　计
甲厂产品数	67	3	70
乙厂产品数	28	2	30
合　　计	95	5	100

从这 100 件产品中随机抽取一件，用 A 表示“取到的是甲厂产品”，B 表示“取到的是合格品”，则 $\overline{A}$ 表示“取到的是乙厂产品”，$\overline{B}$ 表示“取到的是废品”. 由概率的古典定义可知：

$$P(A)=\frac{70}{100},P(B)=\frac{95}{100},P(AB)=\frac{67}{100}.$$

现在要问：如果已知取到的产品是合格品，那么这件产品是甲厂产品的概率是多少呢?这实质上是求在事件 B 已经发生的前提下，事件 A 的条件概率. 由于一共有 95 件合格品，而其中甲厂产品有 67 件，故 $P(A \mid B)=\frac{67}{95}$.

类似可求出 $P(\overline{A} \mid B)=\frac{28}{95},P(B|A)=\frac{67}{70},P(\overline{B}|A)=\frac{3}{70}$ 等.

案例 6.13(英语六级通过情况) 全年级 100 名同学中，有 80 名男生，20 名女生. 通过英语六级者有 30 人，其中有女生 12 人，现在从班级名册中任意指定一个名字，试求：

(1) 被指定的同学通过英语六级的概率 $P(A)$；

(2) 被指定的同学是女生的概率 $P(B)$；

(3) 被指定的同学既是女生，又通过英语六级的概率；

(4) 如果发现被指定的是女生,其通过英语六级的概率.

解 (1) $P(A)=\frac{30}{100}=0.3$; (2) $P(B)=\frac{20}{100}=0.2$;

(3) $P(AB)=\frac{12}{100}=0.12$; (4) $P(A\mid B)=\frac{12}{20}=0.6$.

定理 6.2 条件概率也可按如下公式计算:

$$P(A\mid B)=\frac{P(AB)}{P(B)}\quad (P(B)\neq 0)$$

$$P(B\mid A)=\frac{P(AB)}{P(A)}\quad (P(A)\neq 0)$$

引例 6.11 的条件概率 $P(A\mid B)=\frac{P(AB)}{P(B)}=\frac{\frac{67}{100}}{\frac{95}{100}}=\frac{67}{95}$.

案例 6.14(电子元件寿命) 某种电子元件用满 6000 小时未坏的概率是$\frac{3}{4}$,用满 10000 小时未坏的概率是$\frac{1}{2}$,现有一个此种电子元件,已经用过 6000 小时未坏,问它能用到 10000 小时的概率.

解 设 $A=\{$用满 10000 小时未坏$\}$,$B=\{$用满 6000 小时未坏$\}$,则

$$P(A)=\frac{1}{2},P(B)=\frac{3}{4}.$$

因为 $A\subset B$,所以 $AB=A$.

因此,$P(A\mid B)=\frac{P(AB)}{P(B)}=\frac{P(A)}{P(B)}=\frac{1/2}{3/4}=\frac{2}{3}$.

6.4.2 任意事件的乘法公式

由条件概率计算公式可得乘法公式.

定理 6.3 对于两个事件 A,B,有

$$P(AB)=P(A)\cdot P(B\mid A)=P(B)P(A\mid B).$$

案例 6.15(灯泡检验) 市场上供应的灯泡中,甲厂占 70%,乙厂占 30%,甲厂产品的合格率为 95%,乙厂产品的合格率为 80%,求从市场上买到一个灯泡是甲厂生产的合格灯泡的概率和乙厂生产的不合格灯泡的概率.

解 设 $A=\{$甲厂产品$\}$,$B=\{$合格灯泡$\}$,则

$$P(AB)=P(A)\cdot P(B\mid A)=0.7\times 0.95=0.665,$$

$$P(\overline{A}\,\overline{B})=P(\overline{A})\cdot P(\overline{B}\mid \overline{A})=0.3\times 0.2=0.06.$$

案例 6.16(河流泛滥)　假设某地区位于甲、乙两河流的汇合处，当任一河流泛滥时，该地区即遭受水灾.设某时期内甲河流泛滥的概率为 0.1，乙河流泛滥的概率为 0.2.当甲河流泛滥时乙河流泛滥的概率为 0.3.求：(1) 该时期内这个地区遭受水灾的概率；(2) 当乙河流泛滥时甲河流泛滥的概率.

解　设 A_1 表示“某时期内甲河流泛滥”，A_2 表示“某时期内乙河流泛滥”，A 表示“该时期内这个地区遭受水灾”.

由条件可知 $P(A_1)=0.1, P(A_2)=0.2, P(A_2|A_1)=0.3$.

由乘法公式得 $P(A_1A_2)=P(A_1)P(A_2|A_1)=0.1\times 0.3=0.03$.

$$(1)\ P(A)=P(A_1\cup A_2)=P(A_1)+P(A_2)-P(A_1A_2)$$
$$=0.1+0.2-0.03=0.27;$$

$$(2)\ P(A_1|A_2)=\frac{P(A_1A_2)}{P(A_2)}=\frac{0.03}{0.2}=0.15.$$

推广(有限个事件的乘法公式)　对于 n 个事件 $A_1,A_2,\cdots A_n$，有

$$P(A_1A_2\cdots A_n)=P(A_1)P(A_2\mid A_1)P(A_3\mid A_1A_2)\cdots P(A_n\mid A_1A_2\cdots A_{n-1})$$

案例 6.17(产品抽取)　100 件产品中有 10 件次品，无放回地抽 3 次，每次取 1 件，求全是次品的概率.

解　用 A_i 表示“第 i 次抽到次品”($i=1,2,3$)，B 表示“全是次品”，则

$$P(A_1)=\frac{10}{100},\ P(A_2|A_1)=\frac{9}{99},\ P(A_3|A_1A_2)=\frac{8}{98},$$

$$P(B)=P(A_1A_2A_3)=P(A_1)P(A_2|A_1)P(A_3|A_1A_2)$$
$$=\frac{10}{100}\cdot\frac{9}{99}\cdot\frac{8}{98}=\frac{2}{2695}.$$

6.4.3　事件的独立性

在现实生活中，有些事件的发生不互相影响，如：

引例 6.12　抛两枚硬币，观察出现正反面的情况，令 A 表示“第一枚硬币出现正面”，B 表示“第二枚硬币出现反面”.

引例 6.13　甲、乙两人同时向一目标射击各一次，彼此互不影响.A 表示“甲击中”，B 表示“乙击中”.

很明显，上两个引例中事件 A 与事件 B 之间没有必然的联系，其中任一个事件发生与否，都不影响另一个事件发生的可能性，这就称事件 A 与事件 B 是相互独立的，即 $P(A\mid B)=P(A)$ 或 $P(B|A)=P(B)$.

案例 6.18(抽取数字)　从 1 至 9 九个数中依次随机地取出 2 个数，设事件 A

为“第一次取得奇数”，事件 B 为“第二次取得奇数”，试问在下列情形下取数时，事件 A 与 B 是否相互独立：(1) 有放回；(2) 无放回.

解 (1) 有放回情形下：由已知可知，$P(B)=\frac{5}{9}$，第一次取得奇数时，第二次取得奇数的概率为 $P(B\mid A)=\frac{5}{9}$，即 $P(B|A)=P(B)$，由此可见，事件 A 与 B 是相互独立事件.

(2) 无放回情形下：第二次取得奇数的概率为 $P(B)=\frac{5}{8}$；第一次取得奇数时，第二次取得奇数的概率为 $P(B\mid A)=\frac{4}{8}$，$P(B|A)\neq P(B)$，因此，事件 A 与 B 不是相互独立事件.

注：事件的独立性是个重要的概念. 在实际问题中，两事件是否独立，是根据具体问题中独立性的实际意义来判断的. 比如：两部机床互不联系地各自运转，则“这部机床发生故障”与“那部机床发生故障”是相互独立的；而地球上“甲地地震”与“乙地地震”就不能轻易判定是相互独立的，因为它们可能存在着某种内在的联系.

由案例 6.17 可知，事件 B 发生的概率与已知事件 A 发生的条件无关，即 $P(B|A)=P(B)$. 这样，乘法公式 $P(AB)=P(A)P(B\mid A)$ 就变成了 $P(AB)=P(A)P(B)$.

定义 6.10(两事件独立的严格定义) 对于事件 A 与事件 B，若

$$P(AB)=P(A)P(B), \tag{6.1}$$

则称事件 A 与 B 相互独立.

注：(1) 相互独立事件与互斥事件是两个不同背景下的概念，所谓 A、B 两事件相互独立，其实质是事件 A 发生的概率与事件 B 是否发生毫无关系；所谓 A、B 两事件互不相容，其实质是事件 B 的发生，必然导致事件 A 的不发生，从而事件 A 发生的概率与事件 B 是否发生密切相关.

(2) 由此定义可知，必然事件 Ω、不可能事件 $\varnothing$ 与任何事件是相互独立的；另外可以证明：当 A 与 B 相互独立时，A 与 $\overline{B}$，$\overline{A}$ 与 B，$\overline{A}$ 与 $\overline{B}$ 也都是相互独立的事件.

(3) 在实际应用中，一般不是根据定义，而是根据实际经验知道 A 与 B 相互独立，然后再利用式(6.1) 求出 $P(AB)$.

6.4.4 独立事件的加法公式

若事件 A、B 独立，则

$$P(A \cup B)=P(A)+P(B)-P(A)P(B),$$

也可表为 $$P(A \cup B)=1-P(\overline{A})P(\overline{B}).$$

案例 6.19(破译密码) 甲、乙两人自行破译一个密码,他们能译出密码的概率分别为$\frac{1}{3}$和$\frac{1}{4}$,求:

(1) 两个人都译出密码的概率;(2) 两个人都译不出密码的概率;

(3) 恰有一个人译出密码的概率;(4) 至多有一个人译出密码的概率;

(5) 密码被破译的概率.

解 设事件 A_1 为"甲译出密码",事件 A_2 为"乙译出密码".由于甲、乙两人是自行破译密码,所以 A_1 与 A_2 为相互独立事件.又设事件 A 为"两个人都译出密码",事件 B 为"两个人都译不出密码",事件 C 为"恰有一个人译出密码",事件 D 为"至多有一个人译出密码",事件 E 为"密码被破译".

于是 $A=A_1A_2, B=\overline{A}_1\,\overline{A}_2, C=A_1\overline{A}_2 \cup \overline{A}_1A_2, D=B \cup C=\overline{A}, E=A_1 \cup A_2$,且 $P(A_1)=\frac{1}{3}, P(A_2)=\frac{1}{4}$,从而

(1) $P(A)=P(A_1A_2)=P(A_1)P(A_2)=\frac{1}{3}\times\frac{1}{4}=\frac{1}{12}$;

(2) $P(B)=P(\overline{A}_1\,\overline{A}_2)=P(\overline{A}_1)P(\overline{A}_2)=\left(1-\frac{1}{3}\right)\left(1-\frac{1}{4}\right)=\frac{1}{2}$;

(3) $$\begin{aligned}P(C)&=P(A_1\overline{A}_2 \cup \overline{A}_1A_2)=P(A_1\overline{A}_2)+P(\overline{A}_1A_2)\\&=P(A_1)P(\overline{A}_2)+P(\overline{A}_1)P(A_2)\\&=\frac{1}{3}\times\left(1-\frac{1}{4}\right)+\left(1-\frac{1}{3}\right)\times\frac{1}{4}=\frac{5}{12};\end{aligned}$$

(4) $P(D)=P(B \cup C)=P(B)+P(C)=\frac{1}{2}+\frac{5}{12}=\frac{11}{12}$,

或 $$P(D)=P(\overline{A})=1-P(A)=1-\frac{1}{12}=\frac{11}{12};$$

(5) $$\begin{aligned}P(E)&=P(A_1 \cup A_2)=P(A_1)+P(A_2)-P(A_1)P(A_2)=\frac{1}{3}+\frac{1}{4}-\frac{1}{3}\times\frac{1}{4}\\&=\frac{1}{2},\end{aligned}$$

或 $$P(A_1 \cup A_2)=1-P(\overline{A}_1)P(\overline{A}_2)=1-P(B)=\frac{1}{2}.$$

6.4.5 多个事件的独立性

定义 6.11 对于三个事件 A,B,C,如果

$$P(AB)=P(A)P(B),$$
$$P(BC)=P(B)P(C),$$
$$P(AC)=P(A)P(C),$$
$$P(ABC)=P(A)P(B)P(C),$$

四个等式同时成立，则称 A,B,C 是**相互独立**的.

A,B,C 独立必有 A,B,C 两两独立，但反之不然.

上面定义可以推广：如果从 n 个事件 $A_1,A_2,\cdots,A_n$ 中任意取出 k 个事件($k=2,3,\cdots,n$)，都有所取出事件积的概率等于事件概率的积，则称 $A_1,A_2,\cdots,A_n$ 是相互独立的.

注：若由实际经验知 n 个事件 $A_1,A_2,\cdots,A_n$ 相互独立，则

$$P(A_1A_2\cdots A_n)=P(A_1)P(A_2)\cdots P(A_n),$$

$$P(A_1\cup A_2\cup\cdots A_n)=1-P(\overline{A_1})P(\overline{A_2})\cdots P(\overline{A_n}).$$

上述公式揭示了复合试验下事件的概率可转化为累次试验下事件概率的计算，必须注意：累次试验间应相互独立.

案例 6.20(看管机床) 一工人看管三台机床，在一小时内甲、乙、丙三台机床需工人照看的概率分别为 0.9,0.8 和 0.85. 求在一小时内：

(1) 没有一台机床需要照看的概率；

(2) 至少有一台机床不需要照看的概率.

解 显然，甲、乙、丙三台机床是否需要照看，彼此间是互不影响的；若设 A_1，A_2，A_3 分别表示“甲、乙、丙三台机床不需要照看”，则 A_1,A_2,A_3 是相互独立的，从而

(1) 事件“没有一台机床需要照看”可表示为 $A_1A_2A_3$，所以

$$\begin{aligned}P(A_1A_2A_3)&=P(A_1)P(A_2)P(A_3)\\&=[1-P(\overline{A_1})][1-P(\overline{A_2})][1-P(\overline{A_3})]\\&=(1-0.9)(1-0.8)(1-0.85)\\&=0.003.\end{aligned}$$

(2) 事件“至少有一台机床不需要照看”可表示为 $A_1\cup A_2\cup A_3$，所以

$$\begin{aligned}P(A_1\cup A_2\cup A_3)&=1-P(\overline{A_1})P(\overline{A_2})P(\overline{A_3})\\&=1-0.9\times0.8\times0.85\\&=0.388.\end{aligned}$$

案例 6.21(步枪射击飞机) 用步枪射击飞机，每支步枪的命中率为 0.004，问至少需多少支步枪同时各发射一弹，才能保证以 99% 的概率击中飞机？

解 设至少需 n 支步枪.

用 A_i 表示"第 i 支步枪击中飞机"$(i=1,2,\cdots,n)$,B 表示"飞机被击中",

$$\begin{aligned}P(B) &= P(A_1 \cup A_2 \cup \cdots \cup A_n) \\ &= 1-P(\overline{A_1})P(\overline{A_2})\cdots P(\overline{A_n}) \\ &= 1-(1-0.004)^n \geqslant 99\%,\end{aligned}$$

即 $0.996^n \leqslant 0.01$,故 $n \geqslant \dfrac{\lg 0.01}{\lg 0.996} \approx 1148.99$,取 $n=1149$,即至少需 1149 支步枪,才能以 99% 的概率击中飞机.

习 题 6.4

1. $P(A)=0.20$,$P(B)=0.45$,$P(AB)=0.15$,求:

(1) $P(A\overline{B})$,$P(\overline{A}B)$,$P(\overline{A}\,\overline{B})$;

(2) $P(A\cup B)$,$P(\overline{A}\cup B)$,$P(\overline{A}\cup\overline{B})$;

(3) $P(A\mid B)$,$P(B\mid A)$,$P(A\mid\overline{B})$.

2. 某气象台根据历年的资料,得到某地某月刮大风的概率为 $\dfrac{11}{30}$,在刮大风的条件下,下雨的概率为 $\dfrac{7}{8}$,求既刮大风又下大雨的概率.

3. 为了防止意外,在矿内同时设有两种报警系统 A 与 B,每种系统单独使用时,其有效的概率系统 A 为 0.92,系统 B 为 0.93,在 A 失灵的条件下,B 有效的概率为 0.85,求:

(1) 发生意外时,这两个报警系统至少有一个有效的概率;

(2) B 失灵的条件下,A 有效的概率.

4. 有 4 台机器,如果在 1 小时内这些机器发生故障的概率分别是 0.21,0.21,0.20,0.19. 假设各台机器是否发生故障相互没有影响.

(1) 设一个工人同时照看此四台机器,计算在 1 个小时内,这 4 台机器都不发生故障的概率.

(2) 设一人照看此 4 台机器,且一台机器发生故障需要且只需要一人修理,问机器发生故障需要等待修理的概率.

5. 10 个零件中有 7 个正品、3 个次品,每次无放回地随机抽取一个来检验,求:

(1) 第三次才抽到正品的概率;

(2) 抽三次,至少有一个正品的概率.

6. 一元件能正常工作的概率称为该元件的可靠度,由元件组成的系统能正常工作的概率称为该系统的可靠度. 设构成系统的每个元件的可靠度均为 r $(0<r<1)$,而各个元件能否正常工作是相互独立的,试求:

(1) 由 3 个元件组成的串联系统的可靠度;

(2) 由 3 个元件组成的并联系统的可靠度.

6.5　全概率公式、贝叶斯公式

6.5.1　完备事件组

在介绍全概率公式与贝叶斯公式前,先引进完备事件组的概念.

满足完全性和互不相容性的事件组 $A_1, A_2, \cdots, A_n$ 称为**完备事件组**. 所谓**完全性**,是指在任何一次试验中,n 个事件 $A_1, A_2, \cdots, A_n$ 至少有一个发生,即 $A_1 \cup A_2 \cup \cdots \cup A_n = \Omega$;

所谓**互不相容性**,是指在任何一次试验中,n 个事件 $A_1, A_2, \cdots, A_n$ 至多有一个发生,即$A_iA_j = \varnothing (i \neq j; i,j = 1,2,\cdots,n)$.

比如:抛掷一枚匀称的骰子,"出现 1 点"、"出现 2 点"、"出现 3 点"、"出现 4 点"、"出现 5 点"、"出现 6 点"这六个事件,构成完备事件组;"出现奇数点"、"出现偶数点"这两个事件,也构成完备事件组;但"出现 2 点"、"出现奇数点"、"出现 6 点"这三个事件,不满足完全性,不构成完备事件组;"出现奇数点"、"出现偶数点"、"出现 3 点"这三个事件,不满足互不相容性,也不构成完备事件组.

6.5.2　全概率公式

引例 6.14(热水瓶供应)　市场供应的热水瓶中,甲厂产品占 50%,乙厂产品占 30%,丙厂产品占 20%,甲厂产品的合格率为 90%,乙厂产品的合格率为 85%,丙厂产品的合格率为 80%. 求买到的热水瓶是合格品的概率.

解　用 A_1 表示"买到的是甲厂产品",A_2 表示"买到的是乙厂产品",A_3 表示"买到的是丙厂产品",B 表示"买到的是合格品",则

$$P(A_1) = 50\%, \quad P(A_2) = 30\%, \quad P(A_3) = 20\%,$$

$$P(B|A_1) = 90\%, \quad P(B|A_2) = 85\%, \quad P(B|A_3) = 80\%,$$

$$\begin{aligned} P(B) &= P(A_1B + A_2B + A_3B) = P(A_1B) + P(A_2B) + P(A_3B) \\ &= P(A_1)P(B|A_1) + P(A_2)P(B|A_2) + P(A_3)P(B|A_3) \\ &= \frac{50}{100} \cdot \frac{90}{100} + \frac{30}{100} \cdot \frac{85}{100} + \frac{20}{100} \cdot \frac{80}{100} = 86.5\%. \end{aligned}$$

将这道题的解法一般化,就得到以下**全概率公式**:

如果 $A_1, A_2, \cdots, A_n$ 构成完备事件组,且 $P(A_i) > 0 (i = 1,2,\cdots,n)$,则对任意事件 B,有

$$P(B)=\sum_{i=1}^{n}P(A_i)\cdot P(B\mid A_i).$$

案例 6.22(彩票中奖) 假设最后的 10 张彩票中，有 3 张是中奖彩票，7 张是不中奖彩票，甲先乙后各买一张，分别计算他们可中奖的概率.

解 设 $A=$"甲中奖"，$B=$"乙中奖"，显然 $P(A)=\frac{3}{10}$，

$$P(B)=P(AB)+P(\overline{A}B)=P(A)P(B|A)+P(\overline{A})P(B|\overline{A})$$

$$=\frac{3}{10}\times\frac{2}{9}+\frac{7}{10}\times\frac{3}{9}=\frac{3}{10}.$$

上述结果表明，在不拆看中奖与否的情况下，甲、乙不论谁先买或是后买，两人中奖的概率是一样的.

6.5.3 贝叶斯(Bayes)公式

引例 6.15(热水瓶供应) 市场供应的热水瓶中，甲厂产品占 50%，乙厂产品占 30%，丙厂产品占 20%，甲厂产品的合格率为 90%，乙厂产品的合格率为 85%，丙厂产品的合格率为 80%，若已知买到的一个热水瓶是合格品，求这个合格品是甲厂生产的概率.

解 仍沿用前引例的符号，所求概率为 $P(A_1|B)$.

根据条件概率的计算公式，$P(A_1|B)=\frac{P(A_1B)}{P(B)}$，

根据乘法公式，$P(A_1B)=P(A_1)P(B|A_1)$，

根据全概公式，$P(B)=\sum_{i=1}^{3}P(A_i)P(B|A_i)$，

故 $P(A_1|B)=\frac{P(A_1)P(B|A_1)}{\sum_{i=1}^{3}P(A_i)P(B|A_i)}$

$$=\frac{\frac{50}{100}\cdot\frac{90}{100}}{\frac{50}{100}\cdot\frac{90}{100}+\frac{30}{100}\cdot\frac{85}{100}+\frac{20}{100}\cdot\frac{80}{100}}\approx 52.0\%.$$

把这道题的解法一般化，就可以得到以下**贝叶斯公式**：

如果 $A_1,A_2,\cdots,A_n$ 构成完备组，且 $P(A_i)>0(i=1,2,\cdots,n)$，则对任意概率大于零的事件 B，有

$$P(A_i\mid B)=\frac{P(A_i)\cdot P(B\mid A_i)}{\sum_{i=1}^{n}P(A_i)\cdot P(B\mid A_i)}\quad(i=1,2,\cdots,n).$$

案例 6.23(取球问题) 箱中有一号袋1个、二号袋2个，一号袋中装1个红球、2个黄球，每个二号袋中装2个红球、1个黄球. 今从箱中随机抽取一袋，再从袋中随机抽取一球，结果为红球，求这个红球来自一号袋的概率.

解 用 A 表示“取到一号袋”，B 表示“取到红球”，则 $\overline{A}$ 表示“取到二号袋”，

$$P(A)=\frac{1}{3},P(\overline{A})=\frac{2}{3},P(B\mid A)=\frac{1}{3},P(B\mid \overline{A})=\frac{2}{3},$$

$$P(A\mid B)=\frac{P(A)P(B\mid A)}{P(A)P(B\mid A)+P(\overline{A})P(B\mid \overline{A})}$$

$$=\frac{\frac{1}{3}\cdot\frac{1}{3}}{\frac{1}{3}\cdot\frac{1}{3}+\frac{2}{3}\cdot\frac{2}{3}}=\frac{1}{5}.$$

案例 6.24(答题正确率) 试卷中有一道单项选择题，共有4个选项. 任一考生若会解答题目，则必能选出正确答案；若不会解答题目，则不妨从4个选项中任选一个答案. 已知考生会解答这道题目的概率为0.8，试求：

(1) 考生选出正确答案的概率；

(2) 已知考生选出正确答案，则他确实会做这道题目的概率.

解 设事件 B 表示“选出正确答案”，A 表示“考生会做这道题目”，$\overline{A}$ 表示“考生不会做这道题目”，根据题意，得

$$P(A)=0.8,\quad P(\overline{A})=0.2,$$
$$P(B|A)=1,\quad P(B|\overline{A})=0.25.$$

(1) 根据全概率公式，得

$$P(B)=P(A)P(B|A)+P(\overline{A})P(B|\overline{A})$$
$$=0.8\times1+0.2\times0.25=0.85.$$

(2) 根据贝叶斯公式，得

$$P(A|B)=\frac{P(A)P(B|A)}{P(B)}=\frac{0.8\times1}{0.85}\approx0.941.$$

习 题 6.5

1. 大豆种子40%保存于甲仓库，其余保存于乙仓库，已知它们的发芽率分别为0.92和0.89，现将两个仓库的种子全部混匀，任取一粒，求其发芽率.

2. 在秋菜运输中，某汽车可能到甲、乙、丙三地去拉菜，设到此三处拉菜的概率分别为0.2，0.5，0.3，而在各处拉到一级菜的概率分别为0.1，0.3，0.7.

(1) 求汽车拉到一级菜的概率；

(2) 已知汽车拉到一级菜，求该车菜是乙地拉来的概率.

3. 第一个袋中装着 6 个橘子和 5 个橙子，第二个袋中装有 6 个橘子和 8 个橙子. 现随机挑选一袋，并随机地取出其中一个果子，求选出的是橘子的概率.

4. 某厂的自动生产设备，于每批产品生产之前需要进行调试，以确保质量. 依以往的经验，若设备调试良好，其产品合格率为 90%，若调试不成功，则产品合格率为 30%；又知调试成功的概率为 75%. 某日，该厂在设备调试后生产，发现第一个产品是合格品. 问设备已经调试好的概率是多少？

5. 假设每个人的血清中含有肝炎病毒的概率为 0.4%，混合 100 个人的血清，求此血清中含有肝炎病毒的概率.

6. 平均有 40% 成功可能的棒球手在游戏中打 5 次，求他获得如下结果的概率：

(1) 恰好有两次击中；

(2) 击中少于两次.

6.6 离散型随机变量及其分布

前面介绍了随机事件与概率的概念，以及几个重要的概率计算公式，使我们对随机现象的统计规律性有了初步的认识. 本节我们将对随机现象进行深入研究，对随机现象的结果以变量的形式进行量化，进而引入微积分等数学工具研究其变化规律. 为此，我们引入一个特殊的变量——随机变量.

6.6.1 随机变量的概念

在现实中，很多随机试验的结果本身就是用数量表示的，结果的数量化显而易见.

引例 6.16(抽取次品) 设有 10 件产品，其中 7 件正品，3 件次品，从中任取 2 件，如果用 X 表示从中所取得的次品数，则 X 是一个变量，取值为 0，1，2. X 取不同的数值表示试验中可能发生的不同结果，并且以一定的概率取值. 如 $\{X=1\}$表示事件“出现 1 件次品”，且

$$P(X=1)=\frac{C_3^1C_7^1}{C_{10}^2}=\frac{7}{15}.$$

引例 6.17(尝试试验) 进行某种试验，设每一次试验成功的概率为 p，失败的概率为 $q=1-p$，重复地做这种试验，直到第一次成功为止. 如果用变量 X 表示试验的次数，则 X 的取值为 1，2，3，4，…. X 取不同的数值表示试验中可能出现的不同结果，且以一定概率取值. 如$\{X=k\}$表示“直到第一次成功为止，共做了 k 次试验”，且 $P(X=k)=q^{k-1}p$.

有些随机试验的结果看起来与数量没有联系，即试验结果不直接表现为数量

形式，但可以转化为数量形式.

引例 6.18(抛掷硬币一次) 抛一枚均匀硬币，观察其结果有“正面”、“反面”两种.引进一个变量 X，把出现正面、反面两种随机结果用数量表示出来，当出现正面时，令 $X=1$；当出现反面时，令 $X=0$，即 $X=\begin{cases}1, & \text{出现正面}\\ 0, & \text{出现反面}\end{cases}$，则 X 也按一定的概率取值.如 $\{X=1\}$ 表示事件“出现正面”，且 $P(X=1)=\dfrac{1}{2}$.

引例 6.19(电子元件寿命) 测试某种电子元件的寿命(单位：小时)，如果用 X 表示电子元件的寿命，则 X 是一个变量，X 的取值由试验结果所确定，为区间 $[0,+\infty)$ 上的任一实数.实际上，常考虑的是被测元件寿命 X 在某一区间内的概率，如 $P(1000\leqslant X\leqslant 1200)$ 表示“被测试的元件寿命在 1000 小时至 1200 小时之间”的概率.

引例 6.20(测量误差) 某电子表计时精确至 0.1 秒，即小数点后数字按“四舍五入”的原则得到，用变量 X 表示读数的误差，电子表计时产生的随机误差的范围是 $[-0.05,0.05]$，即 X 可能取区间内的任何一个值.常考虑 X 在某一区间的概率，如 $P(-0.01\leqslant X\leqslant 0.01)$.

从以上引例可知，X 的取值都与随机试验的结果相对应，随着结果的不同而取不同的值，由于试验结果的出现是具有一定概率的，因此，X 的取值也具有一定的概率.我们称这样的变量 X 为随机变量.

定义 6.12 **随机变量**就是由试验结果而定的量，随试验结果而变的量.随机变量通常用希腊字母 ξ、η 或大写拉丁字母 X、Y 等表示.

如上引例 6.16、6.17、6.18 中的随机变量所有取值都可以逐个一一列举，而引例 6.19、6.20 中的随机变量全部可能取值不仅有无穷多，而且还不能一一列举，而是充满一个区间.根据这些特点，我们可以定义随机变量的类型.

定义 6.13 如果随机变量 X 只能取有限个或无限可列个数值，则称 X 为**离散型随机变量**.

定义 6.14 如果随机变量 X 可以取得某一区间内任何数值，则称 X 为**连续型随机变量**.

引入了随机变量，随机试验中各种事件就可以通过随机变量的取值表达出来.如例 6.16 中，事件“至少抽到 1 件次品”可用 $\{X\geqslant 1\}$ 表示；例 6.20 中，事件“误差绝对值不超过 0.002 秒的概率”可用 $\{|X|\leqslant 0.002\}$ 来表示.

案例 6.25(报童卖报) 一报童卖报，每份 0.15 元，其成本为 0.10 元.报馆每天给报童 1000 份报，并规定他不得把卖不出去的报纸退回.设 X 为报童每天卖出的报纸份数，试将报童赔钱这一事件用随机变量的表达式表示.

解 若报童卖出去的报纸钱不够成本，则他就会赔钱，故

当 $0.15X < 1000 \times 0.1$ 时报童赔钱，因此，这一事件可表示为 $\{X < 666\}$.

案例 6.26(随机变量的取值) 写出下列随机变量的可能取值，并说明随机变量所取的值表示的随机试验的结果：

(1) 一袋中装有 5 只同样大小的白球，编号为 1,2,3,4,5，现从该袋内随机取出 3 只球，被取出的球的最大号码数 X；

(2) 某单位的某部电话在单位时间内收到的呼叫次数 Y.

解 (1) X 可取 3,4,5.

$X = 3$，表示取出的 3 个球的编号为 1,2,3；

$X = 4$，表示取出的 3 个球的编号为 1,2,4 或 1,3,4 或 2,3,4；

$X = 5$，表示取出的 3 个球的编号为 1,2,5 或 1,3,5 或 1,4,5 或 2,3,5 或 2,4,5 或 3,4,5.

(2) Y 可取 $0,1,\cdots,n,\cdots$

$Y = i$，表示被呼叫 i 次，其中 $i = 0,1,2,\cdots$

6.6.2 离散型随机变量的分布列

要全面地掌握离散型随机变量 X 的规律性，不仅要知道随机变量 X 可能取什么值，还需要知道随机变量 X 取每一个可能值的概率.

定义 6.15 设 X 为离散型随机变量，可能取得值为 $x_1, x_2, \cdots, x_k, \cdots$，且

$$P(X = x_k) = p_k, k = 1,2,\cdots \tag{6.3}$$

或写成以下表格形式：

X	x_1	x_2	$\cdots$	x_k	$\cdots$
P	p_1	p_2	$\cdots$	p_k	$\cdots$

则称式(6.3)为离散型随机变量 X 的概率分布或分布列.

引例 6.21(取最大编号球) 一袋中装有 5 只同样大小的白球，编号为 1,2,3,4,5，现从该袋内随机取出 3 只球，X 为取出的球的最大编号，求 X 的分布列.

解 X 可能取的值和相应的随机试验的结果由案例 6.26 的(1)已知，现我们由古典概型的计算方法可知 X 的概率分布列.

$$P\{X = 3\} = \frac{1}{C_5^3} = \frac{1}{10},$$

$$P\{X = 4\} = \frac{C_3^2}{C_5^3} = \frac{3}{10},$$

$$P\{X = 5\} = \frac{C_4^2}{C_5^3} = \frac{6}{10},$$

则 X 的分布列为

X	3	4	5
P	$\frac{1}{10}$	$\frac{3}{10}$	$\frac{6}{10}$

由引例 6.21 可知每个取值点对应的概率都是大于等于零的，且所有取值点对应的概率之和为 1，故得出分布列的两个性质：

（1）（**非负性**）　$p_k \geqslant 0,\quad k = 1,2,3,\cdots$

（2）（**归一性**）　$\sum\limits_{k=1}^{\infty} p_k = 1.$

【例 6.1】　设随机变量 X 的分布列为 $P(X = k) = c\left(\frac{2}{3}\right)^k, k = 1,2,3$，试确定系数 c.

解　$\sum\limits_{k=1}^{3} p_k = c\cdot\frac{2}{3} + c\cdot\left(\frac{2}{3}\right)^2 + c\cdot\left(\frac{2}{3}\right)^3 = \frac{38}{27}c = 1,$

解得 $c = \frac{27}{38}.$

案例 6.27(投篮次数)　某篮球运动员投中篮圈概率是 0.9，求他两次独立投篮投中次数 X 的概率分布.

解　设 A_i 表示"运动员第 i 次投篮投中"$(i = 1,2)$，$P(A_i) = 0.9$.

X 可取值为 0,1,2.

$$P\{X = 0\} = P(\overline{A}_1\,\overline{A}_2) = P(\overline{A}_1)P(\overline{A}_2) = 0.1\times 0.1 = 0.01,$$

$$P\{X = 1\} = P(A_1\,\overline{A}_2) + P(\overline{A}_1)P(A_2) = 2\times 0.9\times 0.1 = 0.18,$$

$$P\{X = 2\} = P(A_1A_2) = P(A_1)P(A_2) = 0.9\times 0.9 = 0.81,$$

故分布列为

X	0	1	2
P	0.01	0.18	0.81

对于离散型随机变量在某一范围内取值的概率等于它取这个范围内各个值的概率的和，即 $P(X \geqslant x_k) = P(X = x_k) + P(X = x_{k+1}) + \cdots$

案例 6.28(细胞分裂)　一个类似于细胞分裂的物体，一次分裂为二，两次分裂为四，如此继续分裂有限多次后随机终止. 设分裂 n 次终止的概率是 $\frac{1}{2^n}(n = 1, 2,3,\cdots)$. 记 X 为原物体在分裂终止后所生成的子块数目，求 $P(X \leqslant 10)$.

解　依题意，原物体在分裂终止后所生成的数目 X 的分布列为

X	2	4	8	…	2^n	…
P	$\frac{1}{2}$	$\frac{1}{4}$	$\frac{1}{8}$	…	$\frac{1}{2^n}$	…

$$P(X \leqslant 10) = P(X = 2) + P(X = 4) + P(X = 8) = \frac{1}{2} + \frac{1}{4} + \frac{1}{8} = \frac{7}{8}.$$

6.6.3　几种常见的离散型随机变量的分布列

6.6.3.1　二点分布(0—1 分布)

在现实生活中,我们做一次随机试验有时会出现仅两种可能结果的情况.

引例 6.22(检验产品)　一批产品的次品率是 10%,从中随机地抽取一个产品进行检验,求其概率分布.

解　设取出的产品若是正品,记作 $X = 1$,若是次品,记作 $X = 0$,则有

$$P\{X = 1\} = 0.9,\ P\{X = 0\} = 0.1,$$

列表表示如下:

X	0	1
P	0.1	0.9

由引例 6.22 我们得到此类概率分布的定义和特点.

定义 6.16　设随机变量 X 只可能取值 0 和 1,它的概率函数为

$$P\{X = 1\} = p, P\{X = 0\} = 1 - p = q.$$

即其分布列为

X	0	1
P	q	p

则称 X 服从 **0—1 分布或二点分布**,记作 $X \sim (0-1)$

二点分布用于描述一次试验中只有两种可能结果的随机试验的概率分布情况. 它的应用极其广泛,很多试验都可归结为二点分布,如:

(1) 产品的"合格"与"不合格";　(2) 射击的"命中"与"不命中";

(3) 抛掷硬币试验的"正面出现"与"反面出现";　(4) 出生"男婴"与"女婴";

(5) 企业的"赢利"与"亏损";　(6) 电路的"通"与"断"等.

6.6.3.2　二项分布

(1) n 重贝努利试验

对许多随机试验事件,我们关心的是某事件 A 是否发生. 例如,抛掷硬币时注

意的是正面是否朝上；产品抽样检查时，注意的是抽出的产品是否是次品；射手向目标射击时，注意的是目标是否被命中；等等. 这类试验有如下共同特点：试验只有两个结果 A 和 $\overline{A}$，且 $P(A)=p, 0<p<1$. 将试验独立重复进行 n 次，则称为 $\boldsymbol{n}$ **重贝努利试验**. 此类试验的概率模型称为**贝努利概型**.

对于贝努利概型，我们主要研究 n 次试验中事件 A 出现 k 次 $(0\leqslant k\leqslant n)$ 的概率 $P_n(k)$.

引例 6.23(有放回抽取次品) 从一批由 12 件正品、3 件次品组成的产品中，有放回地抽取 4 次，每次抽 1 件，求其中恰有两件次品的概率.

解 将每一次抽取当作一次试验，设 A 表示"取到次品"，$\overline{A}$ 表示"取到正品"，有放回地抽取 4 次，则说明各次试验间相互独立，便构成一个 4 重贝努利试验，"其中恰有两件次品的概率"即为 4 次试验中 A 出现两次的概率 $P_4(2)$，由古典概率方法知

$$P_4(2)=\frac{C_4^2\cdot 3^2\cdot 12^2}{15^4}=C_4^2\left(\frac{3}{15}\right)^2\left(\frac{12}{15}\right)^2,$$

因此
$$P_4(2)=C_4^2p^2(1-p)^{4-2}.$$

注： 若将引例 6.23 的题设中有放回地抽取改成无放回地抽取，各次试验间相互独立吗?求其中恰有两件次品的概率能否利用上述结论呢?请读者思考.

由此一般化可知：

定理 6.4 若单次试验中事件 A 发生的概率为 $p(0<p<1)$，则在 n 次重复独立试验中，事件 A 发生 k 次的概率为

$$P_n(k)=C_n^kp^k(1-p)^{n-k}\quad(k=0,1,2,\cdots,n)$$

此公式也称为**二项概率计算公式**，并且有

$$\sum_{k=0}^{n}P_n(k)=\sum_{k=0}^{n}C_n^kp^kq^{n-k}=(q+p)^n=1.$$

在贝努利试验中，若设 X 为事件 A 在 n 次试验中发生的次数，则 X 是一个离散型随机变量，它的概率分布就是我们要讨论的二项分布.

(2) 二项分布

在一次随机试验中，某事件可能发生，也可能不发生，在 n 次独立重复试验中这个事件发生的次数 X 是一个随机变量. 如果在一次试验中某事件发生的概率是 p，那么在 n 次独立重复试验中这个事件恰好发生 k 次的概率是

$$P_n(X=k)=C_n^kp^kq^{n-k}\quad(k=0,1,2,\cdots,n)$$

$$q=1-p.$$

于是得到如下 X 随机变量的概率分布列表：

X	0	1	…	k	…	n
P	$C_n^0 p^0 q^n$	$C_n^1 p^1 q^{n-1}$	…	$C_n^k p^k q^{n-k}$	…	$C_n^n p^n q^0$

由于 $C_n^k p^k q^{n-k}$ 恰好是二项展开式

$$(q+p)^n = C_n^0 p^0 q^n + C_n^1 p^1 q^{n-1} + \cdots + C_n^k p^k q^{n-k} + \cdots + C_n^n p^n q^0$$

中各项的值，所以称这样的随机变量 X 服从二项分布，记作 $X \sim B(n,p)$，其中 n，p 为参数.

案例 6.29(大批产品中抽取次品)　某厂生产电子元件，其产品的次品率为 5%. 现从一批产品中任意地连续取出 2 件，写出其中次品数 X 的概率分布.

解　在产品中每抽一个进行检验，可看作一次试验. 显然该试验只有两个结果：正品或次品，抽样检查虽然是无放回抽样，但因产品数量很大，抽取的样品数相对产品总数而言非常少，因而可以当作有放回地抽样处理，这样每次抽样检验就相互独立了，同时每次抽到次品的概率可以认为是不变的，从而服从二项分布，这里 $n=2$，$p=0.05$，即随机变量 $X \sim B(2,0.05)$，其分布列为

$$P\{X=k\} = C_2^k (0.05)^k (0.95)^{2-k},$$

所以，

$$P\{X=0\} = C_2^0 (0.05)^0 (0.95)^2 = 0.9025,$$
$$P\{X=1\} = C_2^1 (0.05)^1 (0.95)^1 = 0.095,$$
$$P\{X=2\} = C_2^2 (0.05)^2 (0.95)^0 = 0.0025,$$

因此，次品数 X 的概率分布是

X	0	1	2
P	0.9025	0.095	0.0025

案例 6.30(定点投篮)　某人定点投篮的命中率是 0.6，在 10 次投篮中求：

(1) 恰有 4 次命中的概率；　(2) 最多命中 8 次的概率.

解　设 10 次投篮命中数为随机变量 X，他每次投篮只有两种结果，“中”与“不中”，所以

$$X \sim B(10,0.6),$$

$$P(X=4) = C_{10}^4 0.6^4 (1-0.6)^6 \approx 0.1115,$$

$$P(0 \leqslant X \leqslant 8) = 1 - P(X > 8) = 1 - P(X=9) - P(X=10),$$
$$= 1 - C_{10}^9 0.6^9 \times 0.4 - C_{10}^{10} 0.6^{10} \approx 0.9536.$$

6.6.3.3 泊松(Poisson)分布

在实际生产中二项分布应用广泛,但计算却非常复杂,为了便于应用,当试验次数增加,而每次试验中某事件出现的概率很小,即当n很大,p很小时,可以用以下近似公式计算:

$$C_n^k p^k (1-p)^{n-k} \approx \frac{\lambda^k e^{-\lambda}}{k!},\text{其中 } \lambda = np,$$

由此引出泊松分布:

定义 6.17 如果随机变量X的概率分布为

$$P\{X=k\} = \frac{\lambda^k e^{-\lambda}}{k!} \quad (k=0,1,2,\cdots)$$

其中$\lambda > 0$,则称X服从参数为λ的**泊松分布**,记作$X \sim P(\lambda)$.

注: 在泊松分布中,k值是无界的,显然

$$\sum_{k=0}^{\infty} P\{X=k\} = \sum_{k=0}^{\infty} \frac{\lambda^k}{k!} e^{-\lambda} = e^{-\lambda} \sum_{k=0}^{\infty} \frac{\lambda^k}{k!} = e^{-\lambda} \cdot e^{\lambda} = 1.$$

泊松分布有着广泛的应用,以下是较为典型的服从泊松分布的随机变量:

(1) 一定面积的平面玻璃的气泡数;

(2) 一定体积的铸件含有疵点的个数;

(3) 一定长度的细纱的断头数;

(4) 一定时间内电话交换台被呼唤的次数;

(5) 某页书上的印刷错误个数;

(6) 一定时间内商店里顾客的流动数;

(7) 某段时间内放射性物质放射的粒子数;等等.

案例 6.31(棉布疵点数) 某种棉布平均每米有疵点4个,任买一米,求没有疵点的概率.

解 设X为疵点数,则$X \sim P(4)$,并有$P(X=0) = \dfrac{4^0 \times e^{-4}}{0!} \approx 0.0183$.

查表($\lambda = 4, k = 0$)得结果.

案例 6.32(给定页中错字个数) 一本书有500页,其中共有500个错字,每个错字等可能地出现在每一页上,试求在给定的一页上至少有三个错字的概率.

解 由于每个错字等可能地出现在每一页上,所以可以将500个错字看成随机地投入这本书中,每投一个错字看作一次试验,其结果只有两种:出现在指定的页上,概率为$\dfrac{1}{500}$;不出现在指定页上,概率为$\dfrac{499}{500}$,且每次试验之间显然是独立的.

设 X 为给定的一页上出现错字的个数，$X \sim B\left(500, \frac{1}{500}\right)$，即

$P(X=k)=C_{500}^{k}\left(\frac{1}{500}\right)^{k}\left(\frac{499}{500}\right)^{500-k}$，

此时 $n=500, p=\frac{1}{500}, \lambda=np=500\times\frac{1}{500}=1$.

事件 A 表示"给定的一页上至少有三个错字"，

$$\begin{aligned}P(A)&=P\{x\geqslant 3\}=1-P\{x<3\}\\&=1-\sum_{k=0}^{2}C_{500}^{k}\left(\frac{1}{500}\right)^{k}\left(\frac{499}{500}\right)^{500-k}\\&\approx 1-\sum_{k=0}^{2}\frac{e^{-1}}{k!}\approx 0.08.\end{aligned}$$

案例 6.33(商店库存商品) 某商店出售某种贵重商品，根据以往经验，每月销售量 X 服从参数为 $\lambda=3$ 的泊松分布，问在月初进货时要库存多少件此种商品，才能以 99% 的概率充分满足顾客的需要.

解 每月销售量 $X\sim P(3)$，即

$$P\{X=k\}=\frac{3^k e^{-3}}{k!}\quad (k=0,1,2,\cdots)$$

设月初库存 m 件，依题意得

$$P(0\leqslant X\leqslant m)=\sum_{k=0}^{m}\frac{3^k e^{-3}}{k!}>0.99,$$

即
$$P(X>m)=\sum_{k=m+1}^{\infty}\frac{3^k e^{-3}}{k!}\leqslant 0.01,$$

查泊松分布数值表知，$m+1=9$，所以 $m=8$，即月初需进货 8 件此种商品，才能以 99% 的概率充分满足顾客的需要.

6.6.3.4 几何分布

在独立重复试验中，某事件第一次发生时，所作试验的次数 X 是一个取值为正整数的离散型随机变量. "$X=k$" 表示在第 k 次独立重复试验时事件第一次发生. 如果把 k 次试验时事件 A 发生记为 A_k、事件 A 不发生记为 $\overline{A_k}$，$P(A_k)=p$，$P(\overline{A_k})=q$，$(q=1-p)$，那么

$$\begin{aligned}P(X=k)&=P(\overline{A}_1\,\overline{A}_2\,\overline{A}_3\cdots\overline{A_{k-1}}A_k)\\&=P(\overline{A}_1)P(\overline{A}_2)P(\overline{A}_3)\cdots P(\overline{A_{k-1}})P(A_k)\\&=q^{k-1}p\quad(k=0,1,2,\cdots;\ q=1-p)\end{aligned}$$

于是得到如下随机变量 X 的概率分布：

X	1	2	3	…	k	…
P	p	pq	q^2p	…	$q^{k-1}p$	…

称这样的随机变量 X 服从**几何分布**，记作 $g(k,p)=q^{k-1}p$，其中 $k=0,1,2,\cdots$，$q=1-p$.

案例 6.34(射击直到命中)　某人射击某一目标的命中率为 0.6，现不停地射击，直到命中为止. 求：

(1) 射击的次数 X 的分布；　(2) 第三次射击才命中目标的概率.

解　(1) 若 $X=k$，则说明前 $k-1$ 次都未命中，而第 k 次命中，于是

$$P(X=k)=0.6\times(0.4)^{k-1}\quad(k=1,2,\cdots)$$

(2) $P(X=3)=0.6\times(0.4)^2=0.096$.

实际生活中还有很多服从几何分布的案例，如：N 个产品中有正品 M 个，进行有放回地抽样检查，直到第一次检查出正品时，检查的总次数服从几何分布；一钥匙串共有 n 把钥匙，其中只有一把可以打开某个门，每次随机选取一把来开门，若没有打开则将钥匙放回，再次随机选取一把，直至门被打开，整个开门过程中开门的总次数服从几何分布；等等.

习　题　6.6

1. 指出以下各随机变量，哪些是离散型的?哪些是连续型的?

(1) 某人一次打靶命中的环数；

(2) 某厂生产的 40 瓦日光灯管的寿命；

(3) 某品种棉花的纤维长度；

(4) 某纱厂里纱锭的纱线被扯断的根数；

(5) 某单位一天的用水量；

(6) 下午 16:00—18:00 时间段，某地铁站的人流量.

2. 设随机变量的概率分布为 $P(X=k)=\dfrac{k}{6}$，$(k=1,2,3)$，求：

(1) $P(X=1)$；　　(2) $P(X>2)$；

(3) $P(X\leqslant 3)$；　　(4) $P(1.5\leqslant X<5)$.

3. 设随机变量 X 的分布列为

$$P(X=k)=A(2+k)^{-1}\quad(k=0,1,2,3)$$

(1) 试确定系数 A；

(2) 用表格形式写出分布列.

4. 已知一批产品共 10 个,其中 2 个次品.

(1) 不放回抽样,抽取 3 个产品,求样品中次品数的概率分布;

(2) 有放回抽样,抽取 3 个产品,求样品中次品数的概率分布.

5. 已知某设备由 2 个相同的电子元件进行串联构成,两个电子元件工作是独立的,只要任意一个电子元件工作异常就会导致设备工作异常,又已知每个电子元件在一段时间内出现工作异常的概率都是 0.1,试求该设备在这段时间内能否正常工作的概率分布.

6. 商店收到了 1000 瓶矿泉水,每个瓶子在运输中破碎的概率为 0.003,求商店收到的 1000 瓶矿泉水中:

(1) 恰有两瓶破碎的概率;

(2) 至少有一瓶破碎的概率.

7. 一电话交换台每分钟收到的呼唤次数服从参数为 4 的泊松分布,求:

(1) 每分钟恰有 8 次呼唤的概率;

(2) 每分钟的呼唤次数大于 10 的概率.

8. 一批零件共 12 个,其中 9 个正品、3 个废品,从中任取一个,若每次取出废品不放回,再取一个零件,直到取到正品为止. 求取得正品前已取出的废品数的分布.

6.7 连续型随机变量及其概率密度

连续型随机变量 X 可以取某一区间上所有的值,这时考察 X 取某个值的概率,往往意义不大,而是考察 X 在此区间上的某一子区间上取值的概率. 例如,在打靶时,我们并不想知道某个射手击中靶上某一点的概率,而是希望知道他击中某一环的概率. 若把弹着点和靶心的距离看成随机变量 X,则击中某一环即表示 X 在此环所对应的区间内取值,于是,我们所讨论的问题就成了讨论 $P(a<X\leqslant b)$的问题.

下面将要研究另一类十分重要而且常见的随机变量——连续型随机变量.

6.7.1 连续型随机变量和密度函数的概念

定义 6.18 若 X 是随机变量,如果存在非负可积函数 $f(x)(-\infty<x<+\infty)$,使对任意的实数 $a,b(a<b)$,下式成立

$$P(a<x\leqslant b)=\int_a^b f(x)\mathrm{d}x, \tag{6.4}$$

则称 X 为**连续型随机变量**,同时称 $f(x)$ 是 X 的**概率密度函数**或简称为**概率密度**.

可验证任一连续型随机变量的密度函数 $f(x)$ 必具有下述性质：

(1) $f(x) \geqslant 0$；

(2) $\int_{-\infty}^{+\infty} f(x)\mathrm{d}x = 1$.

反过来，任意一个函数 $f(x)$，如果具有以上两个性质，即可由定义知它必为一个连续型随机变量的密度函数.

式(6.4)的几何意义可以由图6.11看出，概率密度曲线位于 x 轴上方，X 取值任一区间 (a,b) 的概率等于直线 $x=a$、$x=b$、x 轴及曲线 $y=f(x)$ 围成的曲边梯形的面积. 而性质(2)表明，整个曲线与 x 轴之间的面积为1.

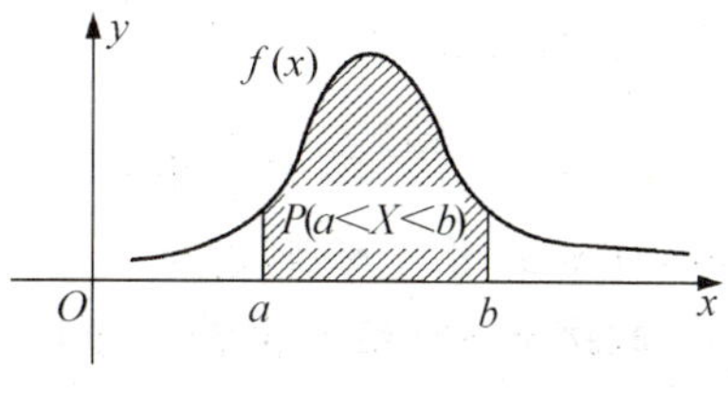

图 6.11

说明 设 X 为连续型随机变量，则对于任意实数 c，都有 $P(X=c)=0$.

由此对于任意实数 $a,b(a<b)$ 有：

$$P(a<X<b) = P(a<X\leqslant b) = P(a\leqslant X<b)$$
$$= P(a\leqslant X\leqslant b) = \int_a^b f(x)\mathrm{d}x.$$

而对于离散型随机变量，在考虑它在一个区间上取值时，不能忽略端点的有无.

【例 6.2】 已知随机变量 X 的概率密度为

$$f(x) = \begin{cases} ax^2, & \text{若 } 0<x<1 \\ 0, & \text{其他} \end{cases}$$

试求：

(1) 未知系数 a；

(2) 随机变量 X 在区间 $(0,1/2)$ 取值的概率.

解 (1) 求未知系数 a

$$1 = \int_{-\infty}^{\infty} f(x)\mathrm{d}x = a\int_0^1 x^2\,\mathrm{d}x = \frac{a}{3}x^3\Big|_0^1 = \frac{a}{3},$$

所以 $a=3$.

(2) 随机变量 X 在区间 $(0,1/2)$ 取值的概率为

$$P\left\{0<X<\frac{1}{2}\right\} = \int_0^{\frac{1}{2}} 3x^2\mathrm{d}x = x^3\Big|_0^{\frac{1}{2}} = \frac{1}{8}.$$

案例 6.35(食盐销售) 一食盐供应站的月销售量 X(百吨)是随机变量，其概率密度为

$$f(x)=\begin{cases}2(1-x), & 若\ 0<x<1\\ 0, & 其他\end{cases}$$

问每月至少储备多少食盐,才能以 96% 的概率不至于脱销?

解 假设每月至少储备 a 百吨食盐,那么满足条件 $P\{X\leqslant a\}\geqslant 0.96$.由于

$$P\{X\leqslant a\}=\int_{-\infty}^{a}f(x)\mathrm{d}x=2\int_{0}^{a}(1-x)\mathrm{d}x=1-(1-a)^2\geqslant 0.96,$$

可见

$$a\geqslant 1-\sqrt{0.04}=0.8(百吨),$$

即每月至少储备 80 吨食盐.

案例 6.36(电子管的寿命) 某型号电子管的寿命(单位:小时)为随机变量 X,其密度函数为

$$f(x)=\begin{cases}\dfrac{100}{x^2}, & x>100\\ 0, & x\leqslant 100\end{cases}$$

现有一电子仪器上装有三个这种电子管,问该仪器在使用中的前 200 小时内不需要更换这种电子管的概率是多少?(假定各电子管在这段时间内更换的事件是相互独立的)

解 设 A_i 表示"第 i 个电子管在使用中的前 200 小时内不需更换"($i=1,2,3$),设 A 表示"三个电子管在这段时间内都不需更换",则

$$P(A_i)=P(X\geqslant 200)=\int_{200}^{+\infty}p(x)\mathrm{d}x=\int_{200}^{+\infty}\frac{100}{x^2}\mathrm{d}x=0.5,i=1,2,3,$$

$$P(A)=P(A_1A_2A_3)=P(A_1)P(A_2)P(A_3)=(0.5)^3=0.125.$$

6.7.2 常见的连续型随机变量的分布密度

6.7.2.1 均匀分布

如果随机变量 X 的概率密度为

$$f(x)=\begin{cases}\dfrac{1}{b-a}, & a\leqslant x\leqslant b\\ 0, & 其他\end{cases}$$

则称 X 服从 $[a,b]$ 上的**均匀分布**,记作 $X\sim U[a,b]$.

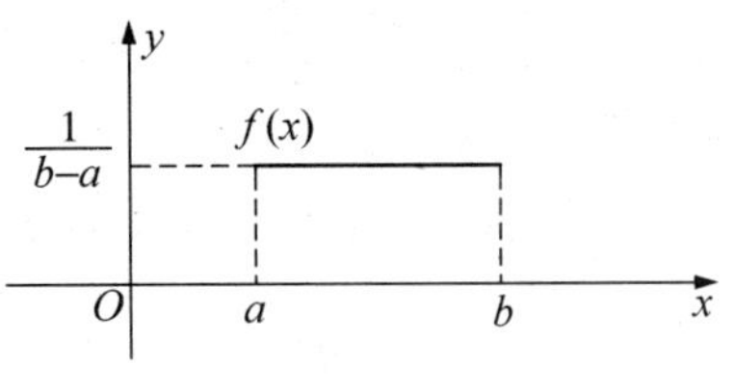

图 6.12

其概率密度函数的图形如图 6.12 所示.

显然，$f(x) \geqslant 0, x \in \mathbf{R}$，且

$$\int_{-\infty}^{+\infty} f(x)\mathrm{d}x = \int_a^b \frac{1}{b-a}\mathrm{d}x = 1.$$

比如：刻度计读数时“四舍五入”所产生的误差服从均匀分布；公交线路上两辆公共汽车前后通过某汽车停靠站的时间，即乘客的候车时间也服从均匀分布等.

案例 6.37(等车时间)　设乘客等待汽车的时间(单位：分)在$[0,8]$上服从均匀分布，试求：(1) X 的分布密度；(2) 乘客等车时间不超过 3 分钟的概率.

解　(1) 设随机变量 X 表示乘客的等车时间，根据题意，X 服从区间$[0,8]$上的均匀分布，其概率密度为

$$f(x) = \begin{cases} \frac{1}{8}, & 0 \leqslant x \leqslant 8 \\ 0, & \text{其他} \end{cases}$$

(2) $P(0 \leqslant X \leqslant 3) = \int_0^3 f(x)\mathrm{d}x = \int_0^3 \frac{1}{8}\mathrm{d}x = \frac{3}{8} = 0.375.$

注： 均匀分布中的“均匀”表现在区间$[a,b]$内密度函数处处相等，从而随机变量落在$[a,b]$的某子区间内的概率，与该子区间的长度成正比，而与子区间在$[a,b]$中的位置无关.

案例 6.38(乘客候车)　长途汽车起点站于每时的 10 分、25 分、55 分发车，设乘客不知发车时间，于每小时的任意时刻随机地到达车站，求乘客候车时间超过 10 分钟的概率.

解　设 A 表示“乘客候车时间超过 10 分钟”.

随机变量 X 为乘客于某时 X 分钟到达，则 $X \sim U[0,60]$.

$$\begin{aligned} P(A) &= P\{10 < X \leqslant 15\} + P\{25 < X \leqslant 45\} + P\{55 < X \leqslant 60\} \\ &= \frac{5+20+5}{60} = \frac{1}{2}. \end{aligned}$$

6.7.2.2　指数分布

如果随机变量 X 的密度函数是

$$f(x) = \begin{cases} \lambda \mathrm{e}^{-\lambda x}, & x > 0 \\ 0, & x \leqslant 0 \end{cases}$$

其中 $\lambda > 0$ 为常数，则称 X 服从参数为 λ 的**指数分布**，记作 $X \sim E(\lambda)$.

指数分布常用来作为各种“寿命”分布的近似，如电子元件的寿命、动物的寿命、电话的通话时间、随机服务中的服务时间等，所以指数分布在排队论和可靠性理论等领域中有着广泛的应用.

【例 6.3】 某电子元件的寿命 X 服从参数 $\lambda=\dfrac{1}{2000}$ 的指数分布，求 $P(X\leqslant 1200)$.

解 由题意得，电子元件寿命 X 的密度函数是 $f(x)=\begin{cases}\dfrac{1}{2000}e^{-\frac{x}{2000}}, & x>0\\ 0, & x\leqslant 0\end{cases}$

$$P(X\leqslant 1200)=\int_0^{1200}\frac{1}{2000}e^{-\frac{x}{2000}}dx=-e^{-\frac{x}{2000}}\Big|_0^{1200}=1-e^{-0.6}\approx 0.451.$$

习 题 6.7

1. 确定下列函数中的 k，使之成为密度函数：

(1) $f(x)=\begin{cases}\dfrac{k}{\sqrt{1-x^2}}, & |x|<1\\ 0, & \text{其他}\end{cases}$

(2) $f(x)=\dfrac{k}{1+x^2},\quad x\in\mathbf{R}$

(3) $f(x)=ke^{-|x|},\quad x\in\mathbf{R}$

(4) $f(x)=\begin{cases}kx^2, & 1\leqslant x\leqslant 2\\ kx, & 2<x<3\\ 0, & \text{其他}\end{cases}$

2. 设 X 的密度函数为

$$f(x)=\begin{cases}\dfrac{1}{2}\cos x, & |x|<\dfrac{\pi}{2}\\ 0, & \text{其他}\end{cases}$$

求 $P\left(0<X<\dfrac{\pi}{4}\right)$，$P\left(-\dfrac{\pi}{4}\leqslant X\leqslant\dfrac{\pi}{3}\right)$，$P\left(X>-\dfrac{\pi}{4}\right)$.

3. 某机器出故障前正常运行的时间 X(小时) 是一个连续型随机变量，其密度函数为

$$f(x)=\begin{cases}\dfrac{1}{200}e^{-\frac{x}{200}}, & 0<x\\ 0, & x\leqslant 0\end{cases}$$

(1) 该机器能连续正常工作 50 至 150 小时的概率；

(2) 能连续正常工作超过 200 小时的概率.

4. 设 ξ 在 $[-a,a]$ 上服从均匀分布，其中 $a>0$，如果 $P(1<\xi)=\dfrac{1}{3}$，则 a 等于多少？

5. 用电子表计时一般精确至 0.01 秒，即小数点后第二位由“四舍五入”得到，设随机变量 X 表示使用电子表计时产生的随机误差，试求：

(1) X 的概率密度；

(2) 误差绝对值不超过 0.002 秒的概率.

6.8 分布函数

6.8.1 分布函数的概念

前面我们研究了离散型随机变量与连续型随机变量概率分布，可以分别用分布列和概率密度来描述，实际上还存在一种描述各类随机变量概率分布的统一方式，这就是随机变量的分布函数. 考虑到随机变量 X(离散型的或是连续型的) 的取值落在一个区间$(x_1,x_2]$上的概率为 $P(x_1<X\leqslant x_2)$，且由于 $P(x_1<X\leqslant x_2)=P(X\leqslant x_2)-P(X\leqslant x_1)$，所以只需知道 $P(X\leqslant x_2)$、$P(X\leqslant x_1)$，就可以方便地计算出 $P(x_1<X\leqslant x_2)$.

定义 6.19 设 X 是一个随机变量，称函数

$$F(x)=P(X\leqslant x)\quad(-\infty<x<+\infty)$$

为随机变量 X 的**分布函数**.

由定义知，分布函数 $F(x)$ 是随机变量 X 落在区间$(-\infty,x]$上的概率(图 6.13).

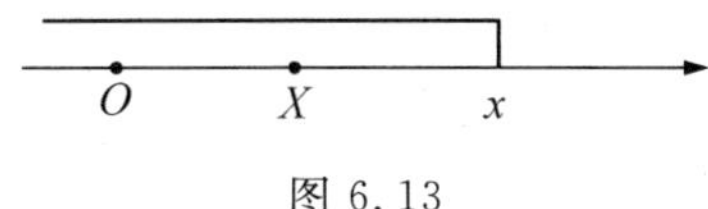

图 6.13

6.8.2 分布函数的性质

从概率的性质容易看出，任意一个随机变量的分布函数都具有下述性质：

(1) (**单调性**) 若 $x_1<x_2$，则 $F(x_1)\leqslant F(x_2)$；

(2) (**规范性**) $F(-\infty)=\lim\limits_{x\to-\infty}F(x)=0$，$F(+\infty)=\lim\limits_{x\to+\infty}F(x)=1$；

(3) (**右连续性**) $\lim\limits_{x\to x_0^+}F(x)=F(x_0)$.

如果已知随机变量 X 的分布函数，那么 X 取各种值的概率可以很方便地计算，由此有：

$$P(a<X\leqslant b)=P(X\leqslant b)-P(X\leqslant a)=F(b)-F(a),$$

$$P(X>a)=1-P(X\leqslant a)=1-F(a).$$

如果一个函数具有上述性质，则一定是某个随机变量 X 的分布函数. 也就是说，性质(1) ～ (3) 是鉴别一个函数是否是某随机变量的分布函数的充分必要条件.

【例 6.4】 设有函数 $F(x)$ 满足下式

$$F(x)=\begin{cases}\sin x, & 0\leqslant x\leqslant \pi\\ 0, & \text{其他}\end{cases}$$

试说明 $F(x)$ 能否是某个随机变量的分布函数.

解 注意到函数 $F(x)$ 在 $\left[\dfrac{\pi}{2},\pi\right]$ 上下降，不满足性质(1)，故 $F(x)$ 不能是分布函数.

或者 $F(+\infty)=\lim\limits_{x\to+\infty}F(x)=0$，不满足性质(2)，可见 $F(x)$ 也不能是随机变量的分布函数.

6.8.3 离散型随机变量的分布函数

对于离散型随机变量，若其概率分布为 $P(X=x_k)=p_k(k=1,2,\cdots)$，则

$$F(x)=P(X\leqslant x)=\sum_{x_k\leqslant x}P\{X=x_k\}=\sum_{x_k\leqslant x}p_k,$$

即分布函数在 x 处的函数值等于所有满足 $x_k\leqslant x$ 时 x_k 对应的概率之和.

【例 6.5】 设随机变量 X 的分布列为

X	1	2	3	4
P	0.4	0.3	0.2	0.1

求：(1) X 的分布函数；(2) $P(1<X\leqslant 3)$.

解 (1) 当 $x<1$ 时，$F(x)=P(X\leqslant x)=0$；

当 $1\leqslant x<2$ 时，$F(x)=P(X=1)=0.4$；

当 $2\leqslant x<3$ 时，$F(x)=P(X=1)+P(X=2)=0.7$；

当 $3\leqslant x<4$ 时，$F(x)=P(X=1)+P(X=2)+P(X=3)=0.9$；

当 $x\geqslant 4$ 时，$F(x)=P(X=1)+P(X=2)+P(X=3)+P(X=4)=1$.

因此得

$$F(x)=\begin{cases}0, & x<1\\ 0.4, & 1\leqslant x<2\\ 0.7, & 2\leqslant x<3\\ 0.9, & 3\leqslant x<4\\ 1, & x\geqslant 4\end{cases}$$

$F(x)$ 的图形如图 6.14 所示.

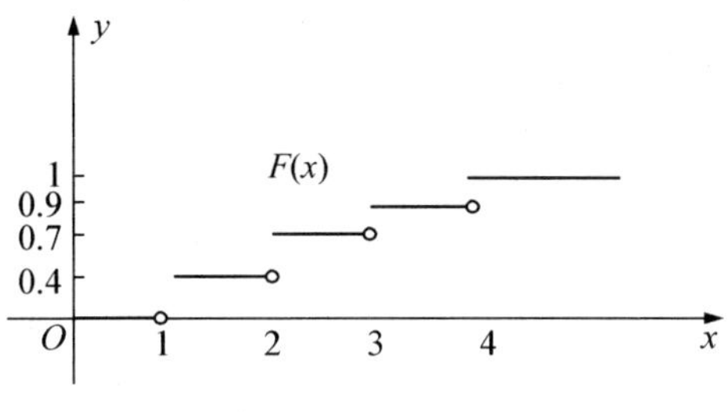

图 6.14

离散型随机变量的图形都是阶梯形曲线,在间断点处都是右连续的.

(2) $P(1 < X \leqslant 3) = F(3) - F(1) = 0.9 - 0.4 = 0.5$,

或 $P(1 < X \leqslant 3) = P(X = 2) + P(X = 3) = 0.5$.

【例 6.6】 设随机变量 X 的分布函数为

$$F(x) = \begin{cases} 0, & x < 0 \\ 1 - p, & 0 \leqslant x < 1 \ (0 < p < 1) \\ 1, & x \geqslant 1 \end{cases}$$

求其分布列.

解 分布函数为分段函数,可以看出其分界点为 $x = 0$ 和 $x = 1$,所以随机变量的取值为 0,1. 因此,

$$P(X = 0) = P(X \leqslant 0) = F(0) = 1 - p,$$

$$P(X = 1) = F(1) - F(0) = p,$$

于是得 X 的分布列为

X	0	1
P	$1-p$	p

【例 6.7】 设 X 是参数为 λ 的泊松分布的随机变量,即

$$P(X = k) = \frac{\lambda^k}{k!}e^{-\lambda},\ k = 0,1,2,\cdots$$

求 X 的分布函数.

解 由公式知道

$$F(x) = P(X < x) = \sum_{k<x} P(X = k) = \sum_{k<x} \frac{\lambda^k}{k!}e^{-\lambda}.$$

6.8.4 连续型随机变量的分布函数

若连续型随机变量 X 的密度函数为 $f(x)$,则它的分布函数为

$$F(x)=P(X\leqslant x)=\int_{-\infty}^{x}f(t)\mathrm{d}t.$$

连续型随机变量的分布函数必定满足：

(1) $F(x)$ 是 x 的连续函数；

(2) 在 $f(x)$ 的连续点处 $\dfrac{\mathrm{d}F(x)}{\mathrm{d}x}=F'(x)=f(x)$.

【例 6.8】 设随机变量 X 的密度函数为

$$f(x)=\begin{cases}\dfrac{1}{2}\mathrm{e}^{x}, & -\infty<x<0\\ \dfrac{1}{4}, & 0\leqslant x<2\\ 0, & 2\leqslant x<+\infty\end{cases}$$

求：(1) X 的分布函数； (2) $P(-1<X<3)$.

解 (1) 当 $x<0$ 时，$F(x)=\int_{-\infty}^{x}f(t)\mathrm{d}t=\int_{-\infty}^{x}\dfrac{1}{2}\mathrm{e}^{t}\mathrm{d}t=\dfrac{1}{2}\mathrm{e}^{t}\Big|_{-\infty}^{x}=\dfrac{1}{2}\mathrm{e}^{x}$；

当 $0\leqslant x<2$ 时，$F(x)=\int_{-\infty}^{x}f(t)\mathrm{d}t=\int_{-\infty}^{0}\dfrac{1}{2}\mathrm{e}^{t}\mathrm{d}t+\int_{0}^{x}\dfrac{1}{4}\mathrm{d}t=\dfrac{1}{2}+\dfrac{x}{4}$；

当 $x\geqslant 2$ 时，$F(x)=\int_{-\infty}^{x}f(t)\mathrm{d}t=\int_{-\infty}^{0}\dfrac{1}{2}\mathrm{e}^{t}\mathrm{d}t+\int_{0}^{2}\dfrac{1}{4}\mathrm{d}t=1$.

于是得到 X 的分布函数 $F(x)=\begin{cases}\dfrac{1}{2}\mathrm{e}^{x}, & -\infty<x<0\\ \dfrac{1}{2}+\dfrac{x}{4}, & 0\leqslant x<2\\ 1, & 2\leqslant x<+\infty\end{cases}$

(2) $P(-1<X<3)=F(3)-F(-1)=1-\dfrac{1}{2}\mathrm{e}^{-1}\approx 0.8161$.

【例 6.9】 设随机变量的分布函数为 $F(x)=A+B\arctan x(-\infty<x<+\infty)$，求：(1) A,B；(2) X 落在区间 $(-1,1)$ 内的概率；(3) X 的密度函数.

解 (1) 由 $F(-\infty)=0$ 与 $F(+\infty)=1$，得 $\begin{cases}A+B\left(-\dfrac{\pi}{2}\right)=0,\\ A+B\left(\dfrac{\pi}{2}\right)=1,\end{cases}$

解得 $A=\dfrac{1}{2}$，$B=\dfrac{1}{\pi}$，所以 $F(x)=\dfrac{1}{2}+\dfrac{1}{\pi}\arctan x\ (-\infty<x<+\infty)$.

(2) $P(-1\leqslant X<1)=F(1)-F(-1)=\dfrac{1}{\pi}[\arctan 1-\arctan(-1)]=\dfrac{1}{2}$.

(3) $f(x)=F'(x)=\dfrac{1}{\pi(1+x^{2})}\ (-\infty<x<+\infty)$.

6.8.5　常见连续型分布函数

【例 6.10】　已知随机变量 $X \sim U[a,b]$，求 X 的分布函数 $F(x)$.

解　X 的密度函数为

$$f(x)=\begin{cases}\dfrac{1}{b-a}, & a\leqslant x\leqslant b\\ 0, & \text{其他}\end{cases}$$

当 $x<a$ 时，$F(x)=\int_{-\infty}^{x} f(t)\mathrm{d}t=\int_{-\infty}^{x} 0\mathrm{d}t=0$；

当 $a\leqslant x<b$ 时，$F(x)=\int_{-\infty}^{x} f(t)\mathrm{d}t=\int_{-\infty}^{a} 0\mathrm{d}t+\int_{a}^{x}\dfrac{1}{b-a}\mathrm{d}t$

$$=0+\frac{t}{b-a}\bigg|_{a}^{x}=\frac{x-a}{b-a};$$

当 $x\geqslant b$ 时，$F(x)=\int_{-\infty}^{x} f(t)\mathrm{d}t=\int_{-\infty}^{a} 0\mathrm{d}t+\int_{a}^{b}\dfrac{1}{b-a}\mathrm{d}t+\int_{b}^{x} 0\mathrm{d}t$

$$=0+1+0=1,$$

所以 $F(x)=\begin{cases}0, & x<a\\ \dfrac{x-a}{b-a}, & a\leqslant x<b\\ 1, & x\geqslant b\end{cases}$

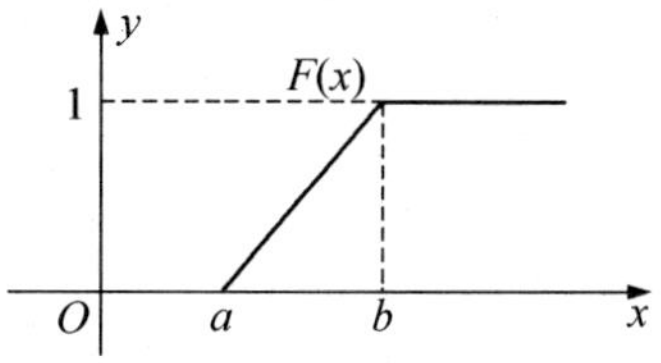

图 6.15

均匀分布函数 $F(x)$ 的图形见图 6.15 所示.

案例 6.39(电子管寿命的分布函数)　已知某种电子管的寿命 X(单位：小时）服从指数分布：

$$f(x)=\begin{cases}\dfrac{1}{1000}\mathrm{e}^{-\frac{x}{1000}}, & x>0\\ 0, & x\leqslant 0\end{cases}$$

求：(1) X 的分布函数；(2) 电子管能使用 1000 小时以上的概率.

解　(1) 当 $x\leqslant 0$ 时，$F(x)=\int_{-\infty}^{x} f(t)\mathrm{d}t=0$；

当 $x>0$ 时，$F(x)=\int_{-\infty}^{x} f(t)\mathrm{d}t=\int_{0}^{x}\dfrac{1}{1000}\mathrm{e}^{-\frac{t}{1000}}\mathrm{d}t=1-\mathrm{e}^{-\frac{x}{1000}}$，

于是，$F(x)=\begin{cases}1-\mathrm{e}^{-\frac{x}{1000}}, & x>0\\ 0, & x\leqslant 0\end{cases}$

(2) $P(X\geqslant 1000)=1-P(X<1000)=1-F(1000)$

$$=1-(1-\mathrm{e}^{-1})=\mathrm{e}^{-1}\approx 0.3679.$$

故如果随机变量 X 服从参数为 λ 的指数分布，即 $X \sim E(\lambda)$，有分布函数

$$F(x)=\begin{cases}1-e^{-\lambda x}, & x>0\\ 0, & x\leqslant 0\end{cases}$$

其中 $\lambda>0$ 为常数.

指数分布函数图形见图 6.16 所示.

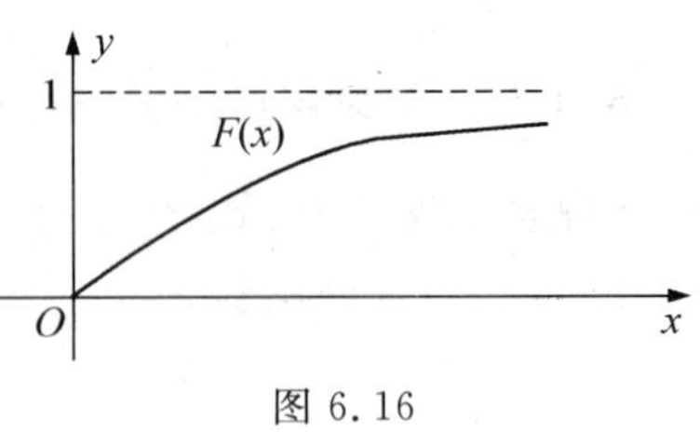

图 6.16

习 题 6.8

1. 已知随机变量 X 的分布列为

X	-1	0	1
P	$\frac{1}{6}$	$\frac{1}{2}$	$\frac{1}{3}$

求分布函数及 $P(X>-0.5)$.

2. 设随机变量 X 的分布函数为

$$F(x)=\begin{cases}0, & x<0\\ 0.3, & 0\leqslant x<1\\ 0.7, & 1\leqslant x<2\\ 1, & 2\leqslant x\end{cases}$$

求其分布列.

3. 设随机变量 X 的密度函数为

$$f(x)=\begin{cases}\dfrac{1}{\pi\sqrt{1-x^2}}, & |x|<1\\ 0, & |x|\geqslant 1\end{cases}$$

求：(1) 分布函数；(2) $P(-0.5<X<0.5)$.

4. 设随机变量 X 的分布函数为

$$F(x)=\begin{cases}A+Be^{-\frac{x^2}{2}}, & x>0\\ 0, & 0\geqslant x\end{cases}$$

求：(1) A,B 的值；(2) X 的密度函数.

5. 已知随机变量 X 服从指数分布，概率密度如下：

$$f(x)=\begin{cases}\lambda e^{-\lambda x}, & x>0\\ 0, & x\leqslant 0\end{cases}$$

且 $P(X\leqslant 1)=1-e^{-1}$，试求：(1) λ；(2) 分布函数 $F(x)$.

6.9 正态分布

6.9.1 正态分布的定义与性质

在处理实际问题时，常常会遇到这样的数据类型：这类数据虽有波动，但总是以某个常数为中心，偏离中心越近的数据个数越多，偏离中心越远的数据个数越少，呈“中间大，两头小”的格局，且取值具有对称性. 这种随机变量往往服从我们通常所说的正态分布. 在自然现象、社会现象和生产实践中，大量的随机变量都服从或近似服从正态分布，如测量误差、炮弹落点距目标的偏差、海洋波浪的高度、一个地区的男性成年人的身高及体重、考试的成绩等. 正是由于生活中大量的随机变量服从或近似服从正态分布，所以正态分布在理论与实践中都占据着特别重要的地位.

定义 6.20 如果随机变量 X 的概率密度为

$$f(x)=\frac{1}{\sqrt{2\pi}\sigma}\mathrm{e}^{-\frac{(x-\mu)^2}{2\sigma^2}},\quad -\infty<x<\infty$$

其中 μ,σ 为常数，且 $\sigma>0$，则称 X 服从**正态分布**，记作 $X\sim N(\mu,\sigma^2)$.

正态分布的概率密度函数曲线简称正态曲线，如图 6.17 所示.

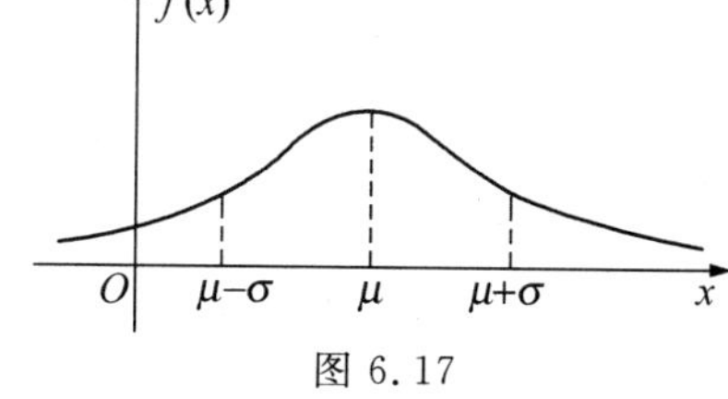

图 6.17

性质 6.1 正态曲线具有下述性质：

(1) 曲线位于 x 轴上方，关于直线 $x=\mu$ 对称；

(2) 函数 $f(x)$ 在 $(-\infty,\mu]$ 上单调增加，在 $[\mu,+\infty)$ 上单调减少，并在 $x=\mu$ 处取得最大值，最大值为 $\frac{1}{\sqrt{2\pi}\sigma}$，且 $x=\mu\pm\sigma$ 为 $f(x)$ 的两个拐点的横坐标；

(3) 当 $x\to\pm\infty$ 时，$f(x)\to 0$，即曲线 $f(x)$ 以 x 轴为渐近线，整条曲线呈中间高、两边低的对称“钟”形；

(4) 若固定 σ，曲线随 μ 值的改变而沿 x 轴平行移动，几何形状不变，如图 6.18 所示；

(5) 若固定 μ 不变，改变 σ 的值，则会影响曲线的陡峭程度，σ 越小，曲线越陡峭；σ 越大，曲线越平缓. 图 6.19 分别绘出了在同一个 μ 值的条件下，σ 值分别为 0.7、1 和 2 时的正态分布密度函数曲线.

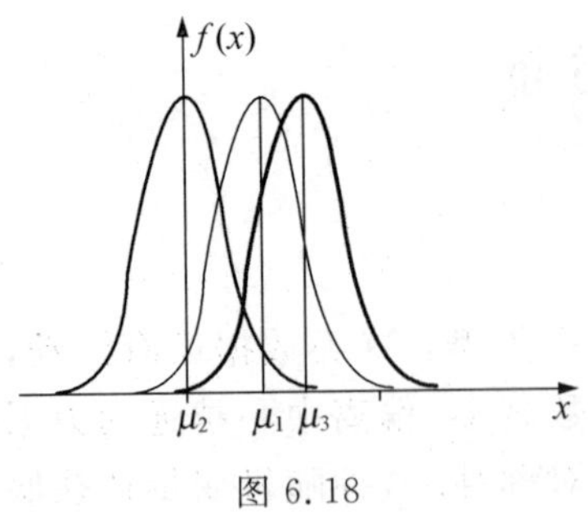

图 6.18

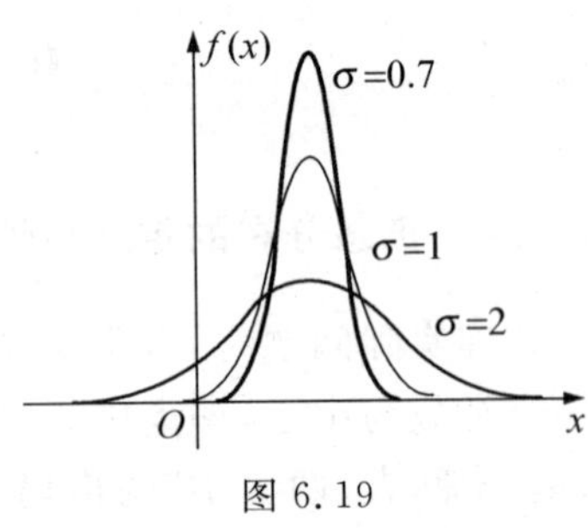

图 6.19

由性质可知，正态分布的参数μ确定曲线的中心位置，表示随机变量在μ附近取值最多；σ确定曲线的形状，σ越大，表示随机变量取值越分散，σ越小，表示随机变量取值越集中于μ附近.

根据定义 6.21，若$X \sim N(\mu,\sigma^2)$，则X的正态分布函数为

$$F(x) = \frac{1}{\sqrt{2\pi}\sigma}\int_{-\infty}^{x} e^{-\frac{(t-\mu)^2}{2\sigma^2}} dt,$$

正态分布函数$F(x)$的图形如图 6.20 所示.

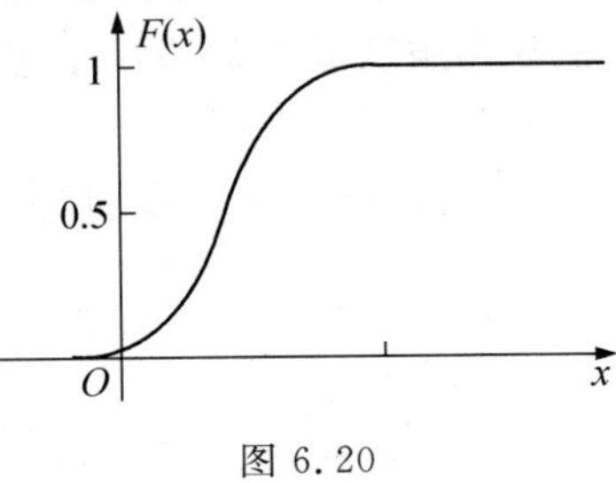

图 6.20

6.9.2 标准正态分布

定义 6.21 在正态分布$X \sim N(\mu,\sigma^2)$中，当$\mu = 0,\sigma = 1$时，称随机变量X服从**标准正态分布**，记为$X \sim N(0,1)$，其概率密度函数为

$$\phi(x) = \frac{1}{\sqrt{2\pi}}e^{-\frac{x^2}{2}}, -\infty < x < \infty$$

相应的分布函数为

$$\Phi(x) = \frac{1}{\sqrt{2\pi}}\int_{-\infty}^{x} e^{-\frac{t^2}{2}} dt.$$

图 6.21 为标准正态分布概率密度函数图形. 分布函数在几何上表现为图 6.21 中阴影部分的面积.

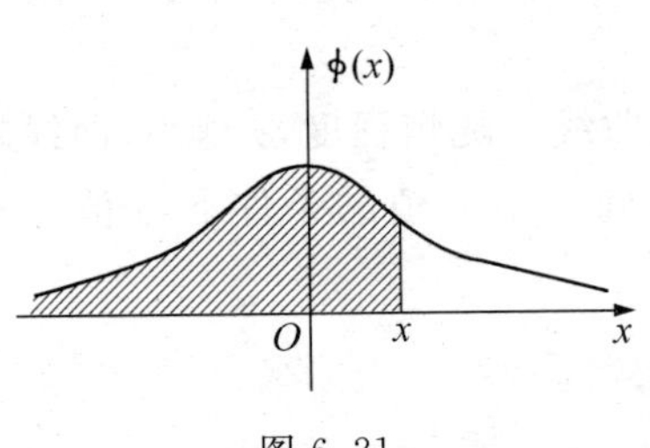

图 6.21

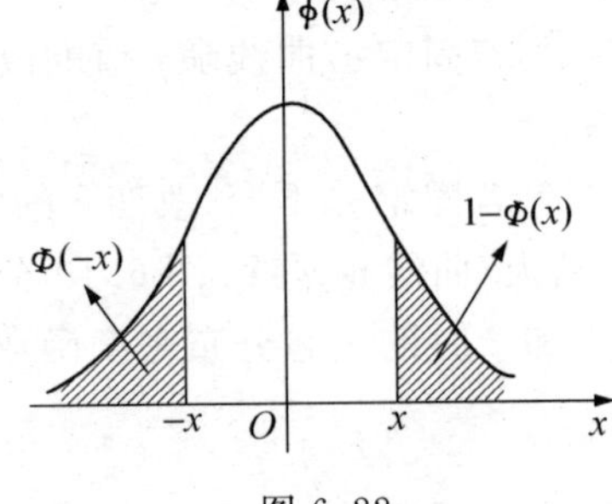

图 6.22

性质 6.2 标准正态分布的分布函数 $\Phi(x)$ 的性质：

(1) $\Phi(0)=0.5$；

(2) $\Phi(+\infty)=1$；

(3) $\Phi(-x)=1-\Phi(x)$.

性质(3) 可由图 6.22 直观地看出来，图中左边阴影部分面积为 $\Phi(-x)$，右边阴影部分面积为 $1-\Phi(x)$，由于 $\Phi(x)$ 关于 y 轴对称，于是有

$$\Phi(-x)=1-\Phi(x).$$

6.9.3 标准正态分布表

为了解决正态分布的概率计算问题，先研究标准正态分布的概率计算，对任意 $a<b$，若 $X\sim N(0,1)$ 有

$$\begin{aligned}P(a<X\leqslant b)&=P(a\leqslant X\leqslant b)=P(a<X<b)=P(a\leqslant X<b)\\&=P(X\leqslant b)-P(X\leqslant a)=\Phi(b)-\Phi(a).\end{aligned}$$

$$P(X\geqslant a)=1-P(X<a)=1-\Phi(a).$$

当 $x\geqslant 0$ 时，$\Phi(x)$ 的值可由标准正态分布函数数值表直接查出.

【例 6.11】 设 $X\sim N(0,1)$，查表求：(1) $P(X=1.96)$；(2) $P(2.15\leqslant X<5.12)$；(3) $P(|X|<1.96)$；(4) $P(|X|>1.96)$.

解 (1) $P(X=1.96)=0$；

(2) $P(2.15\leqslant X<5.12)=\Phi(5.12)-\Phi(2.15)=1-0.9842=0.0158$；

(3) $$\begin{aligned}P(|X|<1.96)&=P(-1.96<X<1.96)=\Phi(1.96)-\Phi(-1.96)\\&=\Phi(1.96)-(1-\Phi(1.96))=2\Phi(1.96)-1\\&=0.9500,\end{aligned}$$

由此可得公式

$$P(|X|<a)=2\Phi(a)-1;$$

(4) $P(|X|>1.96)=1-P(|X|\leqslant 1.96)=1-0.95=0.05$.

6.9.4 一般正态分布与标准正态分布的关系

设随机变量 $X\sim N(\mu,\sigma^2)$，则

$$F(x)=P(X\leqslant x)=\frac{1}{\sqrt{2\pi}\sigma}\int_{-\infty}^{x}\mathrm{e}^{-\frac{(t-\mu)^2}{2\sigma^2}}\,\mathrm{d}t.$$

这时令

$$Z=\frac{X-\mu}{\sigma},$$

则 Z 也是一个随机变量，并且有

$$P(Z \leqslant x) = P\left(\frac{X-\mu}{\sigma} \leqslant x\right) = P(X \leqslant \sigma x + \mu) = \frac{1}{\sqrt{2\pi}\sigma}\int_{-\infty}^{\sigma x+\mu} e^{-\frac{(t-\mu)^2}{2\sigma^2}} dt.$$

对上述积分作变量代换，令 $u = \dfrac{t-\mu}{\sigma}$，即得

$$P(Z \leqslant x) = \frac{1}{\sqrt{2\pi}}\int_{-\infty}^{x} e^{-\frac{u^2}{2}} du = \Phi(x).$$

由此可知 Z 是一个服从 $N(0,1)$ 分布的标准正态随机变量，把一般的 $N(\mu,\sigma^2)$ 分布的随机变量 X 变换成标准正态变量 Z，所以常常称它为“标准化”变换.

定理6.5 X 是一个随机变量，且服从 $N(\mu,\sigma^2)$ 分布，则 $Z = \dfrac{X-\mu}{\sigma} \sim N(0,1)$.

正态分布的概率计算公式如下：

若 $X \sim N(\mu,\sigma^2)$，则

(1) $P(X < b) = P(X \leqslant b) = \Phi\left(\dfrac{b-\mu}{\sigma}\right)$；

(2) $$P(a < X < b) = P(a \leqslant X \leqslant b) = P(a \leqslant X < b) = P(a < X \leqslant b) = \Phi\left(\frac{b-\mu}{\sigma}\right) - \Phi\left(\frac{a-\mu}{\sigma}\right);$$

(3) $P(X \geqslant a) = P(X > a) = 1 - \Phi\left(\dfrac{a-\mu}{\sigma}\right)$；

(4) $P(|X| \leqslant a) = P(|X| < a) = \Phi\left(\dfrac{a-\mu}{\sigma}\right) - \Phi\left(\dfrac{-a-\mu}{\sigma}\right)$.

【例 6.12】 设 $X \sim N(10, 2^2)$，求以下概率：

(1) $P(10 < X \leqslant 13)$； (2) $P(X \geqslant 13)$； (3) $P(|X-10| < 2)$.

解 (1) $$P(10 < X \leqslant 13) = F(13) - F(10) = \Phi\left(\frac{13-10}{2}\right) - \Phi\left(\frac{10-10}{2}\right) = \Phi(1.5) - \Phi(0) = 0.9332 - 0.5 = 0.4332;$$

(2) $$P(X \geqslant 13) = 1 - P(X < 13) = 1 - F(13) = 1 - \Phi\left(\frac{13-10}{2}\right) = 1 - \Phi(1.5) = 1 - 0.9332 = 0.0668;$$

(3) $$P(|X-10| < 2) = P\left(\left|\frac{X-10}{2}\right| < 1\right) = \Phi(1) - \Phi(-1) = 2\Phi(1) - 1 = 2 \times 0.8413 - 1 = 0.6826.$$

案例 6.40(交通工具的选择) 设从某地前往火车站，可以乘公共汽车，也可

以乘地铁.若乘汽车所需时间(单位为分)$X \sim N(50,10^2)$,乘地铁所需时间 $Y \sim N(60,4^2)$,那么若有 70 分钟可以用,问乘公共汽车好还是乘地铁好?

解 显然概率大的好.

若有 70 分钟可用,那么比较概率 $P(X \leqslant 70)$ 和 $P(Y \leqslant 70)$ 的大小.

$$P(X \leqslant 70) = \Phi\left(\frac{70-50}{10}\right) = \Phi(2) = 0.9772,$$

$$P(Y \leqslant 70) = \Phi\left(\frac{70-60}{4}\right) = \Phi(2.5) = 0.9938,$$

由于后者较大,故乘地铁较好.

6.9.5 3σ 准则

【例 6.13】 若 $X \sim N(\mu,\sigma^2)$,求 $P(|X-\mu| \leqslant k\sigma)$,其中 $k=1,2,3$.

解 $P(|X-\mu| \leqslant \sigma) = P\left(\left|\frac{X-\mu}{\sigma}\right| \leqslant 1\right) = \Phi(1) - \Phi(-1)$

$$= 2\Phi(1) - 1 = 0.6826;$$

$$P(|X-\mu| \leqslant 2\sigma) = P\left(\left|\frac{X-\mu}{\sigma}\right| \leqslant 2\right) = \Phi(2) - \Phi(-2)$$

$$= 2\Phi(2) - 1 = 0.9544;$$

$$P(|X-\mu| \leqslant 3\sigma) = P\left(\left|\frac{X-\mu}{\sigma}\right| \leqslant 3\right) = \Phi(3) - \Phi(-3)$$

$$= 2\Phi(3) - 1 = 0.9973.$$

上述例题说明了统计工作者经常使用的 3σ 准则,即服从正态分布的随机变量 X 的取值有 99.73% 左右落入区间 $(\mu-3\sigma,\mu+3\sigma)$,仅有 0.27% 左右落在区间 $(\mu-3\sigma,\mu+3\sigma)$ 之外.在企业管理中,经常应用这个准则进行质量检查和工艺过程的控制.

案例 6.41(螺栓的质量) 由某机器生产的螺栓长度(单位:cm)服从 $N(10.05,0.06^2)$,规定长度在 10.05 ± 0.12 内为合格品,求一螺栓不合格的概率.

解 设 X 为螺栓的长度.

$$P(|X-10.05| > 0.12)$$

$$= 1 - P(|X-10.05| \leqslant 0.12) = 1 - P\left(\left|\frac{X-10.05}{0.06}\right| \leqslant 2\right)$$

$$= 1 - \Phi(2) + \Phi(-2) = 2 - 2\Phi(2) = 1 - 0.9544 = 0.0456,$$

故一螺栓不合格的概率为 0.0456.

案例 6.42(灯泡的最低使用寿命) 灯泡厂生产的白炽灯寿命 X(单位:h),已知 $X \sim N(1000,30^2)$,要使灯泡的平均寿命为 1000h 的概率为 99.7%,问灯泡的最低使用寿命应控制在多少小时以上?

解 因为灯泡寿命 $X \sim N(1000,30^2)$,故 X 在 $(1000-3\times30,1000+3\times30)$ 内取值的概率为 99.7%,即在(910,1090)内取值的概率为 99.7%,故灯泡的最低使用寿命应控制在 910h 以上.

案例 6.43(公共汽车门的高度) 设成年男子身高 $X(\mathrm{cm}) \sim N(170,6^2)$,某种公共汽车门的高度是按成年男子碰头的概率在 1% 以下来设计的,问车门的高度最少应为多少?

解 设车门高度为 $h$cm,按设计要求

$$P(X\geqslant h)<0.01 \quad \text{或} \quad P(X<h)\geqslant 0.99.$$

求满足 $P(X<h)\geqslant 0.99$ 的最小的 h.

因 $X\sim N(170,6^2)$,故$\dfrac{X-170}{6}\sim N(0,1)$,

故 $P(X<h)=\Phi\left(\dfrac{h-170}{6}\right)\geqslant 0.99$,

查表得 $\Phi(2.33)=0.9901>0.99$,

因而$\dfrac{h-170}{6}=2.33$,

即 $h=170+13.98\approx 184$,

故设计的车门高度为 184cm.

习　题　6.9

1. 设 $X\sim N(0,1)$,求:

(1) $P(X<0.75)$;　(2) $P(X<-0.75)$;

(3) $P(X>1.5)$;　(4) $P(-0.2<X<1.5)$;

(5) $P(|X|<0.82)$.

2. 设 $X\sim N(-2,4^2)$,求:

(1) $P(X<4.6)$;　(2) $P(X>-4.6)$;

(3) $P(|X|<3)$;　(4) $P(-2<X<1)$;

(5) $P(|X-1|>1)$.

3. 某工程队完成某项工程所需的时间 X(单位:天)服从参数为 $\mu=100,\sigma=5$ 的正态分布.按合同规定,若在 100 天内完成,则得超产奖 10000 元,若在 100 至 115 天内完成,则得一般奖 1000 元,若超过 115 天,则罚款 5000 元,求该工程队在完成这项工程时,罚款 5000 元的概率.

4. 据统计,某大学男生体重的分布为 $N(58,1)$,求某男生体重在 56 至 60(kg) 之间的概率.

6.10　离散型随机变量的数字特征

分布函数能完整地描述随机变量的统计规律性，但在许多实际问题中，分布函数很难求，事实上，也并不一定需要全面考察随机变量的变化情况，而只需知道它的某些特征就够了．如检查一批棉花的质量，并不需要知道每朵棉花的纤维长度，而只要知道纤维的平均长度就能反映出棉花质量的一个方面，若这批棉花的纤维长度都和平均长度相差不大，即其偏离程度较小，而纤维的平均长度又较长，则这批棉花的质量就较好．设棉花的纤维长度为随机变量 X，则它的平均长度及偏离程度就能描述出 X 在某些方面的重要特征．不论是平均长度还是偏离程度，都是用数字表示出来的，所以称它们为随机变量的数字特征，本节讨论两种数字特征：一是数学期望，另一个是方差．

6.10.1　离散型随机变量的数学期望

我们已经知道，离散型随机变量的分布列全面地描述了这个随机变量的统计规律，但在许多实际问题中，这样的"全面描述"有时并不使人感到方便．举例来说，已知在一个同一品种的母鸡群中，一只母鸡的年产蛋量是一个随机变量，如果要比较两个品种母鸡的年产蛋量，通常只要比较这两个品种的母鸡的年产蛋量的平均值就可以了，平均值大就意味着这个品种的母鸡产蛋量高，当然是"较好"的品种，这时如果不去比较它们的平均值，而只看它们的分布列，虽然"全面"，却使人不得要领，既难以掌握，又难以迅速地作出判断．这样的例子可以举出很多：例如要比较不同班级的学习成绩，通常就是比较考试中的平均成绩；要比较不同地区的粮食收成，一般也只要比较平均亩产量等．先看一个例子．

引例 6.24(平均发芽天数)　为测定一批种子发芽的平均天数，用 100 粒种子进行发芽试验，按发芽天数列成表 6.5．

表 6.5　发芽天数与发芽种子数

发芽天数	1	2	3	4	5	6	7	总计
发芽种子数	20	34	22	11	9	3	1	100
频　率	$\frac{20}{100}$	$\frac{34}{100}$	$\frac{22}{100}$	$\frac{11}{100}$	$\frac{9}{100}$	$\frac{3}{100}$	$\frac{1}{100}$	1

求这 100 粒种子的平均发芽天数．

解　这 100 粒种子的平均发芽天数为

$$\bar{x}=\frac{1\times 20+2\times 34+3\times 22+4\times 11+5\times 9+6\times 3+7\times 1}{100}$$

$$= 1 \times \frac{20}{100} + 2 \times \frac{34}{100} + 3 \times \frac{22}{100} + 4 \times \frac{11}{100} + 5 \times \frac{9}{100} + 6 \times \frac{3}{100} + 7 \times \frac{1}{100}$$

$$= 2.68(\text{天}).$$

可以看出,我们是把每一种可能发芽的天数,乘以这个天数种子发芽的频率,相加后得到这批种子发芽所需的平均天数.

由关于频率和概率关系的讨论可知,在求平均值时,理论上应该用概率 P_k 去代替上述求和式中的频率 f_k,这时得到的平均值才是理论上的(也是真的)平均值,这个平均值称为数学期望,或简称为期望(或均值).如果随机变量为 X,那么它的数学期望记作 EX.

定义 6.22　若离散型随机变量 X 可能取值为 $x_k(k=1,2,\cdots)$,其分布列为 $p_k(k=1,2,\cdots)$,则当 $\sum_{k=1}^{\infty}|x_k|p_k<\infty$ 时,称 X **存在数学期望**,并且数学期望为 $EX=\sum_{k=1}^{\infty}x_kp_k$;若 $\sum_{k=1}^{\infty}|x_k|p_k=\infty$,则称 X 的**数学期望不存在**.

案例 6.44(评价车床加工的产品质量)　A,B 两台自动机床生产同一种标准件,生产 1000 只产品所出的次品数各用 X,Y 表示.经过一段时间的考察,X,Y 的分布列分别如下:

X	0	1	2	3
P	0.7	0.1	0.1	0.1

Y	0	1	2	3
P	0.5	0.3	0.2	0.0

问:哪一台机床加工的产品质量好些?

解　$EX=0\times 0.7+1\times 0.1+2\times 0.1+3\times 0.1=0.6$,

$EY=0\times 0.5+1\times 0.3+2\times 0.2+3\times 0=0.7$.

因为 $EX<EY$,所以自动机床 A 在 1000 只产品中所出现的次品数可以期望比机床 B 少.从这个意义上来说,自动机床 A 所加工的产品质量较高.

【例 6.14】　设 X 服从二点分布,求 EX.

解　由于 X 的分布列为

X	1	0
P	p	$1-p$

则 X 的数学期望 $EX=1\times p+0\times(1-p)=p$.

【例 6.15】　设随机变量 X 服从参数为 λ 的泊松分布,试求 X 的数学期望 EX.

解　因为 $P_k=P(X=k)=\frac{\lambda^k}{k!}e^{-\lambda}$,$k=0,1,2,\cdots$

于是 $EX=\sum_{k=0}^{\infty}k\cdot p_k=\sum_{k=1}^{\infty}k\cdot\frac{\lambda^k}{k!}\mathrm{e}^{-\lambda}=\lambda\cdot\mathrm{e}^{-\lambda}\sum_{k=1}^{\infty}\frac{\lambda^{k-1}}{(k-1)!}=\lambda.$

由此可知泊松分布的随机变量的数学期望就是这个分布的参数 λ.

6.10.2 连续型随机变量的数学期望

引例 6.25(平均等待时间) 设某个公交车站台每隔 10 分钟有一辆公交车通过,那么该公交车站台的乘客的平均等待时间.

定义 6.23 设 X 是一个连续型随机变量,密度函数为 $f(x)$,当 $\int_{-\infty}^{+\infty}|x|f(x)\mathrm{d}x<\infty$ 时,称 X 的数学期望存在,且 $EX=\int_{-\infty}^{+\infty}xf(x)\mathrm{d}x$.

在引例 6.25 中,设随机变量 X 表示乘客的等待时间,$X\sim U[0,10]$,其概率密度如下:

$$f(x)=\begin{cases}\dfrac{1}{10}, & 0\leqslant x\leqslant 10\\ 0, & \text{其他}\end{cases}$$

于是,X 的数学期望为

$$EX=\int_{-\infty}^{+\infty}xf(x)\mathrm{d}x=\int_0^{10}\frac{1}{10}x\mathrm{d}x=5.$$

因此,乘客的平均等待时间为 5 分钟.

引例推广 设 X 在 $[a,b]$ 上服从均匀分布,即其密度函数为

$$f(x)=\begin{cases}\dfrac{1}{b-a}, & a\leqslant x\leqslant b\\ 0, & \text{其他}\end{cases}$$

故 $$EX=\int_a^b x\cdot\frac{1}{b-a}\mathrm{d}x=\frac{1}{b-a}\cdot\frac{x^2}{2}\Big|_a^b=\frac{a+b}{2}.$$

即随机变量 X 取值的平均值当然应该在 $[a,b]$ 的中间,也就是 $\frac{a+b}{2}$.

案例 6.45(电子元件的平均寿命) 已知某电子元件的寿命 X 服从参数为 $\lambda=0.001$ 的指数分布(单位:小时),即

$$f(x)=\begin{cases}\lambda\mathrm{e}^{-\lambda x}, & x\geqslant 0\\ 0, & x<0\end{cases}$$

求这类电子元件的平均寿命 EX.

解 $EX=\int_0^{+\infty}x\lambda\mathrm{e}^{-\lambda x}\mathrm{d}x=-\int_0^{+\infty}x\mathrm{d}\mathrm{e}^{-\lambda x}=-\left[x\mathrm{e}^{-\lambda x}+\frac{\mathrm{e}^{-\lambda x}}{\lambda}\right]\Big|_0^{+\infty}=\frac{1}{\lambda}.$

又因为 $\lambda = 0.001$，故 $EX = \frac{1}{0.001} = 1000$（小时）.

指数分布是最有用的“寿命分布”之一，由上述计算可知，一个元器件的寿命分布如果是参数为 λ 的指数分布，则它的平均寿命为 $\frac{1}{\lambda}$. 如果某种元器件的平均寿命为 $10^k (k = 1,2,\cdots)$ 小时，则相应的 $\lambda = 10^{-k}$. 在电子工业中人们就称该产品是“k 级”产品. 由此可知，k 越大，则产品的平均寿命越长，使用也就越可靠.

6.10.3　随机变量函数的数学期望

设已知随机变量 X 的分布，我们需要计算的不是 X 的数学期望，而是 X 的某个函数的期望，比如说 $g(X)$ 的数学期望，那么应该如何计算呢？

一种方法是，因为 $g(X)$ 也是随机变量，故应有概率分布，它的分布可以由已知的 X 的分布求出来，一旦我们知道了 $g(X)$ 的分布，就可以按照期望的定义把 $E[g(X)]$ 计算出来. 使用这种方法必须先求出随机变量函数 $g(X)$ 的分布，一般情况下是比较复杂的. 那么是否可以不先求 $g(X)$ 的分布而只根据 X 的分布求得 $E[g(X)]$ 呢？

定理 6.6　设随机变量 Y 是随机变量 X 的函数：$Y = g(X)$（g 是连续函数）.

(1) 当 X 为离散型随机变量时，它的分布列为

$$P\{X = x_k\} = p_k, k = 1,2,\cdots$$

时，若级数 $\sum_{k=1}^{\infty} g(x_k) p_k$ 绝对收敛，则有

$$E(Y) = E[g(X)] = \sum_{k=1}^{\infty} g(x_k) p_k.$$

(2) 当 X 为连续型随机变量时，其概率密度函数为 $f(x)$，若积分 $\int_{-\infty}^{+\infty} g(x) f(x) \mathrm{d}x$ 绝对收敛，则有

$$E(Y) = E[g(X)] = \int_{-\infty}^{+\infty} g(x) f(x) \mathrm{d}x.$$

【例 6.16】　设随机变量 X 的分布列为

X	-2	0	2
P	0.4	0.3	0.3

且 $Y_1 = X^2, Y_2 = 3X^2 + 5$，求：(1) EX；(2) EY_1；(3) EY_2.

解　(1) $EX = -2 \times 0.4 + 0 \times 0.3 + 2 \times 0.3 = -0.2$；

(2) $EY_1 = E(X^2) = (-2)^2 \times 0.4 + 0^2 \times 0.3 + 2^2 \times 0.3 = 2.8$；

(3) $EY_2 = E(3X^2+5)$

$$= [3(-2)^2+5]\times 0.4+(3\times 0^2+5)\times 0.3+(3\times 2^2+5)\times 0.3 = 13.4.$$

案例 6.46(正压力的平均值) 设风速 v 在 $(0,a)$ 上服从均匀分布,即具有概率密度

$$f(v)=\begin{cases}\dfrac{1}{a}, & 0<v<a\\ 0, & 其他\end{cases}$$

又设飞机机翼受到的正压力 W 是 v 的函数:$W=kv^2(k>0$,常数),求 W 的数学期望.

解 由上面的公式得

$$E(W)=\int_{-\infty}^{+\infty}kv^2f(v)\mathrm{d}v=\int_0^a kv^2\,\frac{1}{a}\mathrm{d}v=\frac{1}{3}ka^2.$$

6.10.4 数学期望的性质

下面进一步讨论数学期望的性质:

(1) 若 $a\leqslant X\leqslant b(a,b$ 为常数),则 EX 存在,且有 $a\leqslant EX\leqslant b$. 特别地,若 c 是一个常数,则 $E(c)=c$.

(2) 若 a 为常数,则 $E(aX)=aEX$.

(3) 可加性:$E(X+Y)=EX+EY$.

此式可推广到有限个随机变量和的情况,即 $E(\sum_{k=1}^{n}X_k)=\sum_{k=1}^{n}E(X_k)$.

(4) 又若 X、Y 是相互独立的,则 EX、EY 存在,且 $E(XY)=E(X)E(Y)$.

【例 6.17】 若随机变量 X 服从二项分布 $B(n,p)$,试求 X 的数学期望.

解 已经知道,X 可以看作是 n 重贝努里试验中事件 A 出现的次数,其中 A 在每次试验中出现的概率为 p,现在令

$$X_i=\begin{cases}1, & 在第\ i\ 次试验中\ A\ 出现\\ 0, & 在第\ i\ 次试验中\ A\ 不出现\end{cases}$$

显然 $X_i(1\leqslant i\leqslant n)$ 是服从 0—1 分布的随机变量,所以

$$EX_i=p,\ 1\leqslant i\leqslant n.$$

另一方面,随机变量 X 可以表示为:$X=\sum_{i=1}^{n}X_i$,于是由数学期望的性质(3)即得

$$EX=\sum_{i=1}^{n}EX_i=np.$$

案例 6.47(保险公司收益) 据统计,一位 40 岁的健康(一般体检未发现病症)者,在 5 年之内活着或自杀死亡的概率为 $p(0<p<1,p$ 为已知),在 5 年内非自杀死亡的概率为 $1-p$,保险公司开办 5 年人寿保险,参加者需交保险费 a 元(a 已知),若 5 年之内非自杀死亡,公司赔偿 b 元($b>a$). b 应如何定才能使公司可期望获益;若有 m 人参加保险,公司可期望从中收益多少?

解 设 X_i 表示公司从第 i 个参加者身上所得的收益,则 X_i 是一个随机变量,其分布如下:

X_i	a	$a-b$
P	p	$1-p$

公司期望获益为 $EX_i>0$,而 $EX_i=ap+(a-b)(1-p)=a-b(1-p)$,因此,$a<b<a(1-p)^{-1}$. 对于 m 个人,获益 X 元,$X=\sum_{i=1}^{m}X_i$,则

$$EX=\sum_{i=1}^{m}EX_i=ma-mb(1-p).$$

习 题 6.10

1. 设某射手每次射击命中目标的概率为 0.8,求连续射击 60 次,命中目标次数的数学期望.

2. 随机变量 X 的分布列为

X	-1	1	2
P	0.5	0.25	0.25

求:(1) EX;(2) EX^2;(3) $E(-2X+3)$.

3. 设电流 I 服从区间(0,1) 上的均匀分布,电阻 R 的概率密度函数为

$$f(x)=\begin{cases}2r, & 0<r<1\\ 0, & \text{其他}\end{cases}$$

已知 I 和 R 相互独立,求:

(1) 电流 I 的数学期望;

(2) 电阻 R 的数学期望;

(3) 电阻上电压的数学期望.

4. 设 X 的密度函数为

$$f(x)=\begin{cases}\sin x, & 0\leqslant x\leqslant \frac{\pi}{2}\\ 0, & \text{其他}\end{cases}$$

求：(1) EX；(2) $E(3X+2)$.

5. 设分布密度为 $f(x)=Ax^3, 0\leqslant x\leqslant 2$，求：

(1) 常数 A；(2) $F(x)$；(3) $P\left(\frac{1}{2}<X<\frac{3}{2}\right)$；(4) EX.

6.11　离散型随机变量的方差

6.11.1　方差的定义

数学期望 EX 反映了随机变量取值的平均状况，是随机变量的一个重要的数字特征. 但在实际问题中，仅知道均值还不够，有时候还必须分析随机变量取值的波动程度，即随机变量取值与均值的离散程度.

引例 6.26(手表日走时误差)　有甲、乙两种牌号的手表，它们的日走时误差分别为 X_1 和 X_2，各具有如下的分布列：

X_1	-1	0	1
P	0.1	0.8	0.1

X_2	-2	-1	0	1	2
P	0.1	0.2	0.4	0.2	0.1

容易验证，这时有 $EX_1=EX_2=0$.

从数学期望(即日走时误差的平均值) 去看这两种牌号的手表，是分不出它们的优劣的. 如果仔细观察一下这两个分布列，就会得出结论：甲牌号的手表要优于乙牌号. 何以见得呢？

先讨论牌号甲，已知 $EX_1=0$，从分布列可知，大部分手表(有 80%) 的日走时误差为 0，有少部分手表(占 20%) 的日走时误差分散在 EX_1 的两侧(± 1 秒). 再看牌号乙，虽然也有 $EX_2=0$，但是只有少部分(40%) 的日走时误差为 0，却有大部分(占 60%) 分散在 EX_2 的两侧，而且分散的范围也比甲牌号的来得大(± 2 秒). 由此看来，两种牌号的手表中牌号甲的手表日走时误差比较稳定，所以牌号甲比牌号乙好！

引例 6.27(高三学生模拟考成绩)　两个高三学生五次模拟考试的成绩总分分别如表 6.6 所示.

表 6.6　两个学生五次模拟考试的成绩总分

A	567	573	560	555	585
B	595	505	617	572	551

A，B 两人的平均成绩都是 568 分，但 A 的成绩波动小，比较稳定，基本集中在

568 分附近,估计他的高考成绩在 568 分附近的可能性较大;而 B 的成绩波动较大,说明成绩不稳定,他的高考成绩不容易预测.

那么是否可以用一个数字指标来衡量一个随机变量离开它的期望值的偏离程度呢?

为了研究随机变量 X 取值的离散程度,我们自然想到用 $X-EX$ 来加以刻画,由于 $X-EX$ 可能会引起正负偏差相消,若取 $|X-EX|$ 又不便于计算,故对于随机变量 X,我们通常用 $(X-EX)^2$ 的期望来度量 X 的离散程度.

定义 6.24 设 X 是一个离散型随机变量,数学期望 EX 存在,若 $E(X-EX)^2$ 存在,则称 $E(X-EX)^2$ 为随机变量 X 的**方差**,并记作 DX. 方差的平方根 $\sqrt{DX}$ 又称为**标准差**或**根方差**.

方差刻画了随机变量的取值对于其数学期望的离散程度,若 X 的取值比较集中,则方差 DX 较小;若 X 的取值比较分散,则方差 DX 较大.

6.11.2 方差的计算

对离散型随机变量 X,设分布列为 $P(X=x_k)=p_k(k=1,2,3,\cdots)$,有

$$DX=\sum_{k=1}^{\infty}[x_k-EX]^2p_k;$$

对连续型随机变量 X,设概率密度为 $f(x)$,有

$$DX=\int_{-\infty}^{+\infty}[x-EX]^2f(x)\mathrm{d}x.$$

由方差的定义和期望的性质可得到下列简化计算公式:

$$\begin{aligned}DX&=E(X-EX)^2\\&=E[X^2-2X\cdot EX+(EX)^2]\\&=EX^2-2EX\cdot EX+(EX)^2\\&=EX^2-(EX)^2,\end{aligned}$$

即
$$DX=EX^2-(EX)^2.$$

案例 6.48(评判测量方法) 两种测量方法得到零件长度的分布列如表 6.7,试判断哪一种测量方法较好.

表 6.7 零件长度的分布列

长度	48	49	50	51	52
方法 1 的概率	0.1	0.1	0.6	0.1	0.1
方法 2 的概率	0.2	0.2	0.2	0.2	0.2

解　设用方法1与方法2所测得的结果分别记作 X,Y，得 $EX=EY=50$. 由离散型随机变量方差的计算方法可知

$$DX=(48-50)^2\times 0.1+(49-50)^2\times 0.1+(50-50)^2\times 0.6+(51-50)^2\times 0.1+(52-50)^2\times 0.1=1,$$

$$DY=(48-50)^2\times 0.2+(49-50)^2\times 0.2+(50-50)^2\times 0.2+(51-50)^2\times 0.2+(52-50)^2\times 0.2=2,$$

即 $DX<DY$. 由于方差表示的是随机变量与其均值的离散程度，方差越小，表明随机变量的取值越集中，故方法1优于方法2.

【例6.18】　设随机变量 X 的分布列为

X	-1	0	2
P	0.2	0.3	0.5

求 DX.

解　我们用简化的计算公式来求公差：

$$EX=(-1)\times 0.2+0\times 0.3+2\times 0.5=0.8,$$
$$EX^2=(-1)^2\times 0.2+0^2\times 0.3+2^2\times 0.5=2.2,$$
$$DX=EX^2-(EX)^2=2.2-0.8^2=1.56.$$

【例6.19】　设随机变量 $X\sim(0,1)$，即

X	0	1
P	q	p

其中 $q=1-p$. 求 EX、DX.

解　$EX=0\times(1-p)+1\times p=p$,

$$EX^2=0^2\times(1-p)+1^2\times p=p,$$
$$DX=EX^2-(EX)^2=p-p^2=p(1-p)=pq.$$

【例6.20】　若 X 服从参数为 λ 的泊松分布，试求 DX.

解　已知 $EX=\lambda$，而

$$\begin{aligned}EX^2&=\sum_{i=1}^{\infty}i^2\frac{\lambda^i}{i!}e^{-\lambda}=\lambda e^{-\lambda}\sum_{i=1}^{\infty}i\frac{\lambda^{i-1}}{(i-1)!}\\&=\lambda e^{-\lambda}\left[\sum_{i=1}^{\infty}(i-1)\frac{\lambda^{i-1}}{(i-1)!}+\sum_{i=1}^{\infty}\frac{\lambda^{i-1}}{(i-1)!}\right]\\&=\lambda e^{-\lambda}\left[\lambda\sum_{i=2}^{\infty}\frac{\lambda^{i-2}}{(i-2)!}+e^{\lambda}\right]\\&=\lambda(\lambda+1)=\lambda^2+\lambda,\end{aligned}$$

由公式即得 $DX = EX^2 - (EX)^2 = \lambda^2 + \lambda - \lambda^2 = \lambda.$

数学期望和方差相同且都等于参数这是服从泊松分布的随机变量的特点.在实际中,如 X 表示某电话交换台在单位时间内接到的呼唤次数,那么 $E(X) = D(X)$,表明当电话交换台接到的平均呼唤次数很多时,其呼唤次数的离散程度也大,反之则离散程度也小,即电话交换台愈忙,则时忙时闲,忙闲不均愈突出.

由此可知泊松分布的随机变量的方差恰为该分布的参数 λ.

【例 6.21】 设 X 在 $[a,b]$ 上服从均匀分布,求 DX.

解 X 的密度函数为 $f(x) = \begin{cases} \dfrac{1}{b-a}, & a \leqslant x \leqslant b \\ 0, & \text{其他} \end{cases}$

$$EX = \frac{1}{2}(a+b).$$

由于 $EX^2 = \int_{-\infty}^{+\infty} x^2 f(x)\mathrm{d}x = \int_a^b x^2 \dfrac{1}{b-a}\mathrm{d}x = \dfrac{1}{3}(b^2 + ab + a^2)$,

于是得 $DX = EX^2 - (EX)^2 = \dfrac{1}{3}(b^2 + ab + a^2) - \dfrac{1}{4}(a+b)^2 = \dfrac{1}{12}(b-a)^2.$

【例 6.22】 设 X 服从参数为 λ 的指数分布,求 DX.

解 X 的密度函数为 $f(x) = \begin{cases} \lambda \mathrm{e}^{-\lambda x}, & x \geqslant 0 \\ 0, & x < 0 \end{cases}$,前已得到 $EX = \dfrac{1}{\lambda}$.

由于 $EX^2 = \int_{-\infty}^{+\infty} x^2 f(x)\mathrm{d}x = \int_0^{+\infty} x^2 \lambda \mathrm{e}^{-\lambda x}\mathrm{d}x = \dfrac{2}{\lambda^2}$,

于是 $DX = EX^2 - (EX)^2 = \dfrac{2}{\lambda^2} - \dfrac{1}{\lambda^2} = \dfrac{1}{\lambda^2}.$

6.11.3 方差的性质

由方差的定义可知方差本身也是一个数学期望,所以由数学期望的性质可以推出方差有下述常用的基本性质:

(1) 若 C 是常数,则 $DC=0$;

(2) 若 C 是常数,则 $D(CX)=C^2 \cdot DX$;

(3) 若 X、Y 是两个相互独立的随机变量,且 DX、DY 存在,则 $D(X+Y)=DX+DY$.

推广 对于 n 个相互独立的随机变量 $X_1, X_2, \cdots, X_n$,有

$$D\left(\sum_{k=1}^{n} X_k\right) = \sum_{k=1}^{n} D(X_k).$$

【例 6.23】 若 X 服从二项分布 $B(n,p)$,试求 X 的方差 DX.

解 已知 $X = \sum\limits_{i=1}^{n} X_i$,其中 $X_i(1 \leqslant i \leqslant n)$ 为 n 个服从相同的 0—1 分布的随

机变量，且它们是相互独立的，而 $DX_i = pq$，于是

$$DX = \sum_{i=1}^{n} DX_i = npq.$$

由表 6.8 的结论可简化数学期望和方差的运算.

表 6.8　常见分布的数学期望与方差

分布名称	分布列或概率密度	数学期望	方差
二点分布	$P\{X=1\}=p, P\{X=0\}=1-p=q$, $0<p<1, p+q=1$	p	pq
二项分布 $X \sim B(n,p)$	$P\{X=k\}=C_n^k p^k q^{n-k}, k=0,1,2,\cdots,n$ $0<p<1, p+q=1$	np	npq
泊松分布 $X \sim P(\lambda)$	$P\{X=k\}=\dfrac{\lambda^k e^{-\lambda}}{k!}, k=0,1,2,\cdots,\lambda>0$	λ	λ
均匀分布 $X \sim U[a,b]$	$f(x)=\begin{cases}\dfrac{1}{b-a}, a \leqslant x \leqslant b \\ 0,其他\end{cases}$	$\dfrac{a+b}{2}$	$\dfrac{(b-a)^2}{12}$
指数分布	$f(x)=\begin{cases}\lambda e^{-\lambda x}, x>0 \\ 0, x \leqslant 0\end{cases}, \lambda>0$	$\dfrac{1}{\lambda}$	$\dfrac{1}{\lambda^2}$
正态分布 $X \sim N(\mu,\sigma^2)$	$f(x)=\dfrac{1}{\sqrt{2\pi}\sigma}e^{-\frac{(x-\mu)^2}{2\sigma^2}}, -\infty<x<\infty, \sigma>0$	μ	σ^2

案例 6.49(次品数的均值和方差)　一大批同种产品，已知次品率为 20%，从中任取 5 件，求取出的次品数 X 的数学期望与方差.

解　由题意可知随机变量服从二项分布，即 $X \sim B(5,0.2)$，故

$$EX = np = 5 \times 0.2 = 1,$$

$$DX = npq = 5 \times 0.2 \times 0.8 = 0.8.$$

【例 6.24】　已知 $X \sim N(2,2)$，$Y \sim P(5)$，且 X,Y 相互独立，试求：

(1) $E(2X-3Y+10)$；

(2) $D(X-2Y-1)$；

(3) $E(X^2)$.

解　由表 6.2 可知 $EX=2, DX=2, EY=5, DY=5$，再根据数学期望和方差的性质可知：

(1) $E(2X-3Y+10) = 2EX - 3EY + 10 = 2\times 2 - 3\times 5 + 10 = -1$；

(2) $D(X-2Y-1) = DX + 4DY = 2 + 4\times 5 = 22$；

(3) $E(X^2) = DX + (EX)^2 = 2 + 4 = 6$.

习 题 6.11

1. $EX=-2, EX^2=5$，求 $D(1-3X)$.

2. 随机变量 X 的分布列为

X	1	2	3
P	0.3	0.4	0.3

求其方差与标准差.

3. 设 X 的密度函数为

$$f(x)=\begin{cases}2x, & 0\leqslant x\leqslant 1\\ 0, & \text{其他}\end{cases}$$

求 $DX, D(1-4X)$.

4. 已知 $X\sim N(2,1.5^2)$，$Y\sim B(5,0.2)$，且 X,Y 相互独立，求：

(1) $E(2X-Y+1)$；

(2) $D(2X-Y+1)$；

(3) EX^2.

5. 某厂生产一种设备，其平均寿命为 10 年，标准差为 2 年，如该设备的寿命服从正态分布，求整批设备中寿命不低于 9 年的所占比例.

6.12 MATLAB 软件在概率中的应用

在 MATLAB 中有专门的工具箱来处理概率和统计问题，本节我们将介绍如何利用统计工具箱中的命令函数来进行概率统计问题的计算.

6.12.1 常见分布的概率密度函数计算

MATLAB 中主要的命令为 pdf，其调用格式为：

```
Y=pdf(name,X,A)
Y=pdf(name,X,A,B)
```

其中参数 name 为常见分布，A，B 为分布的参数，返回值 Y 为该分布在 X 处的密度函数值. 对于离散型随机变量，则返回随机变量取值 X 时对应的概率.

参数 name 的取值依分布类型不同而不同，如表 6.9 所示.

表 6.9　参数 name 的取值

分布	name 函数	分布	name 函数
二项分布	bino	均匀分布	unif
泊松分布	poiss	指数分布	exp
超几何分布	hyge	正态分布	norm

【例 6.25】　计算正态分布 N(0,1)下在点 0.5 的值.

可在命令窗口运行如下命令：

```
>> pdf('norm',0.5,0,1)
ans =
    0.3521
```

正态分布的概率密度计算还可以用专用函数 normpdf 来进行.

Y = normpdf(X,MU,SIGMA)　　调用格式中参数 MU 为正态分布均值，SIGMA 为标准差.

```
>> normpdf(0.5,0,1)
ans =
    0.3521
```

各种分布的概率密度计算专用函数如表 6.10 所示.

表 6.10　概率密度计算专用函数表

分布	专用函数	分布	专用函数
二项分布	binopdf(X,N,P)	均匀分布	unifpdf(X,N)
泊松分布	poisspdf(X,LAMBDA)	指数分布	exppdf(X,MU)
超几何分布	hygepdf(X,M,K,N)	正态分布	normpdf(X,MU,SIGMA)

6.12.2　常见分布的概率值计算

常用分布的概率值计算可以用如下通用函数来计算，调用格式如下：

Y=cdf(name,X,A)

Y=cdf(name,X,A,B)

其中参数 name 为常见分布，A,B 为分布的参数，返回值 Y 为该分布在 X 处的分布函数值. 参数 name 的取值可参见表 6.9 所示.

概率值的计算也可以通过专用函数的方法进行. 专用函数见表6.11 所示.

表 6.11 专用函数表

分布	专用函数	分布	专用函数
二项分布	binocdf(X,N,P)	均匀分布	unifcdf(X,N)
泊松分布	poisscdf(X,LAMBDA)	指数分布	expcdf(X,mu)
超几何分布	hygecdf(X,M,K,N)	正态分布	normcdf(X,MU,SIGMA)

【例 6.26】 抛硬币 100 次，每次正面向上的概率均为 0.5，求在 100 次抛硬币中正面向上的次数不超过 45 的概率.

解 正面向上的次数服从参数为 100，0.5 的泊松分布，

```
>> p1=cdf('bino',45,100,0.5)
p1 =
  0.1841
```

也可以用如下命令求解：

```
>> p1=binocdf(45,100,0.5)
p1 =
  0.1841
```

6.12.3 随机变量的数字特征的计算

计算随机变量的期望和方差的 MATLAB 语句为

mean(X) 参数 X 为一个向量，该语句用来计算这组数的均值.

var(X) 参数 X 为一个向量，该语句用来计算这组数的方差.

std(X) 参数 X 为一个向量，该语句用来计算这组数的标准差.

【例 6.27】 计算向量 X=[70,53,48,67,90,59]的均值与方差.

解 直接在 MATLAB 命令窗口输入如下命令可得计算结果：

```
>> X=[70,53,48,67,90,59];
>> mean(X)
ans =
    64.5000
>> var(X)
ans =
    224.3000
```

【例 6.28】 某离散型随即变量的 X 的分布列为

X	-2	0	2
P	0.4	0.3	0.3

解　直接在MATLAB命令窗口输入如下命令可得计算结果：

```
>> X = [-2,0,2];        % 输入随机变量的取值
>> P = [0.4,0.3,0.3];   % 输入对应于随机变量的每个取值的概率
>> sum(X.*P)   % 用求和命令求解期望，X.*P表示把两个向量的对应分量相乘
ans =
   -0.2000
```

第 7 章　数 理 统 计

7.1　总体、样本、统计量

前面我们学习了概率论的一些基本概念和方法.我们知道,随机现象的统计规律性可以用随机变量及其概率分布来全面描述,要研究一个随机现象,首先就应该知道它的概率分布.然而,在实际情况中,一个随机现象服从什么样的分布往往并不能完全知道,或者虽然知道它属于什么概型,但不知道分布函数中所包含的参数.例如,一段时间内某一公路上汽车的行驶速度、某种品牌的微波炉的使用寿命,等等,它们服从什么样的分布是不知道的.又如一个士兵对某一目标连续射击 n 次,我们知道他每一次射击要么击中、要么击不中,因此,一次射击是击中还是击不中是服从 0—1 分布的,但是分布中的参数——命中率 p,却是不知道的.如果我们要对这些问题或与之相关的一些问题进行研究,就必须知道它们的分布和分布中的参数.那么,怎样才能知道一个随机现象的分布或其参数呢?这就是数理统计中所要解决的一个基本问题.

7.1.1　数理统计的研究方法

数理统计是从局部观测资料的统计特性来推断随机现象整体统计特性的一门科学.要了解整体的情况,最可靠的是采用普查的方法,但实际上,这往往是不必要、不可能或者不允许的.比如我们要推断一批电视机显像管的使用寿命,如果将每一个显像管都拿来做寿命试验,当然可以准确地得出这批显像管使用寿命的概率分布情况,但是寿命试验是破坏性的,所有显像管的寿命都测量出来了,所有的显像管也就无法使用了.这种方法显然是不现实的.那么,怎样做才合理呢?实际上,我们只要从中随机地抽取一部分进行试验,根据试验的结果对整批产品的使用寿命作出合理的推断就可以了.数理统计的方法是:从所要研究的全体对象中,抽取一小部分来进行试验,然后进行分析和研究,根据这一小部分所显示的统计特性,来推断整体的统计特性.

当然,由于研究的对象是随机现象,依据部分的观测或试验对整体所作出的推论不可能绝对准确,多少总含有一定程度的不确定性,而不确定性利用概率的大小来表示是再恰当不过的了，概率大，推断就比较可靠，概率小，推断就比较不可靠，这种伴随有一定概率的推断称为统计推断. 数理统计的任务就是研究有效地收集、整理、分析所获得的有限的资料，对所研究的问题尽可能地作出精确而可靠的结论.

7.1.2　总体和样本

定义 7.1　通常将研究对象的全体称为**总体**，组成总体的每个基本单元称为**个体**.

比如：某企业在稳定生产条件下生产的一批国产轿车，可以作为一个总体；而其中的每辆轿车，就是一个个体.

总体还可分成**有限总体**和**无限总体**两种. 如上例中某企业在稳定生产条件下生产的一批国产轿车，我们就认为是有限总体，而某企业在稳定生产条件下生产的所有国产轿车就可认为是无限总体了.

在实际中，我们往往关心的是总体中的个体的某项指标，比如，对于某企业在稳定生产条件下生产的一批同型号的国产轿车，我们关心的是它的耗油量. 当我们只考察同型号国产轿车的耗油量这项指标时，一批同型号轿车中的每辆车子都有一个确定的值. 因此，应该把这些耗油量值的全体当作总体. 这时，每辆轿车的耗油量就是个体.

实际上，即便是同一企业在稳定生产条件下生产出的一批同型号的轿车，由于偶然因素的影响，其耗油量也不完全相同，但有确定的概率分布. 这表明同型号国产轿车的耗油量 X 是一个随机变量. 实际上总体就是某个随机变量 X 取值的全体. 故由于每个个体的出现是随机的，所以相应的数量指标的出现也带有随机性，从而可以把这种数量指标看作一个随机变量 X，因此随机变量 X 的分布就是该数量指标在总体中的分布.

总体分布一般是未知，或只知道是包含未知参数的分布，为推断总体分布及各种特征，按一定规则从总体中抽取若干个体进行观察试验，以获得有关总体的信息，这一抽取过程称为**抽样**.

定义 7.2　在一个总体 X 中，抽取 n 个个体 $X_1, X_2, \cdots, X_n$，这 n 个个体称为总体 X 的一个**样本**，样本所含个体数目称为**样本容量**. 由于 $X_1, X_2, \cdots, X_n$ 是从总体 X 中随机抽取出来的可能结果，可以看成是 n 个随机变量，但是，在一次抽取之后，它们都是具体的数值，记作 $x_1, x_2, \cdots, x_n$，称为**样本的观测值**，简称**样本值**.

从同型号的一批国产轿车中抽 5 辆进行耗油量试验，这 5 辆轿车就是一个样本，样本容量为 5，进行耗油量试验能得到这 5 辆汽车的耗油量值，这就是样本值. 抽哪 5 辆汽车是随机的，不能挑挑拣拣，要排除人为的偏差.

从总体中抽取样本时，必须满足如下三个条件：

(1) 随机性　为了使样本具有充分的代表性,抽样必须是随机的,即应使总体中的每个个体都有同等的机会被抽到.

(2) 独立性　各次抽样必须是相互独立的,即每次抽样的结果既不影响其他各次抽样的结果,也不受其他各次抽样结果的影响.

(3) 代表性　即 $X_1, X_2, \cdots, X_n$ 中的每一个都与总体 X 有相同的概率分布.

这种随机的、独立的、具有代表性的抽样方法称作**简单随机抽样**,由简单随机抽样得到的样本,称为**简单随机样本**.

有放回地随机抽取,得到的是简单随机样本.在实际工作中,如果样本容量相对于总体容量来说很小,即使是无放回地抽取,也可以近似地认为得到的是一个简单随机样本.

7.1.3　样本的数字特征

当抽取一个样本后,首先面临的问题是如何对这些数据进行归纳、整理、分析,以推断总体的性质?计算样本数据的数字特征,以估计总体的数字特征是其中的一类方法.

常用的样本的数字特征有两类:一类是表示数据总体水平的指标,如均值、加权平均数等;另一类是表示数据离散程度的指标,包括方差、标准差等.此处介绍常用的几种数字特征,先看简单的引例.

引例 7.1(距离观测)　对一段距离进行 5 次观测,其观测结果如表 7.1 所示.

表 7.1　距离观测结果

次序	1	2	3	4	5
观测值 l(m)	123.457	123.450	123.453	123.449	123.451

求该组距离观测值的平均值和方差.

解　平均值的求法非常简单,中学时就已经会求,即

$$\bar{l} = \frac{l_1 + l_2 + \cdots + l_5}{5} = 123.452\text{m},$$

故该组距离观测值的平均值为 123.452m.

但方差的计算公式与中学时学的有些区别,此处我们定义后再求.

定义 7.3　设 $X_1, X_2, \cdots, X_n$ 是总体 X 的容量为 n 的样本,我们称

$$\overline{X} = \frac{1}{n}\sum_{i=1}^{n} X_i$$

为**样本均值**;

$$S^2 = \frac{1}{n-1}\sum_{i=1}^{n}(X_i - \overline{X})^2$$

为**样本方差**. 称 S^2 的算术平方根 S 为**样本标准差**.

样本均值反映出数据的集中位置,样本方差反映了数据的离散程度,样本方差越大,数据越分散,样本方差越小,数据越集中. 当我们泛指任一次抽样时,样本 $X_1, X_2, \cdots, X_n$ 为 n 个随机变量,所以样本均值与样本方差都是随机变量,当特指某一次具体的抽样时,样本 $X_1, X_2, \cdots, X_n$ 的具体取值已经确定了,我们用 $x_1, x_2, \cdots, x_n$ 表示,从而样本均值与样本方差的观测值也是具体的数,分别为

$$\overline{x} = \frac{1}{n}\sum_{i=1}^{n}x_i, \qquad s^2 = \frac{1}{n-1}\sum_{i=1}^{n}(x_i - \overline{x})^2,$$

以后我们不加区别,也可用 $\overline{x}, s^2$ 表示样本均值与样本方差.

故引例 7.1 中该组距离观测值的方差为

$$\begin{aligned} s^2 &= \frac{1}{5-1}\sum_{i=1}^{5}(l_i - \overline{l})^2 = \frac{1}{4}[(123.457 - 123.452)^2 \\ &\quad + (123.450 - 123.452)^2 + (123.453 - 123.452)^2 \\ &\quad + (123.449 - 123.452)^2 + (123.451 - 123.452)^2] \\ &= 0.0001. \end{aligned}$$

但在实际的数据统计中,我们往往并不把每个样本值罗列出来,而是将这些数据进行整理,得分组数据,但计算方法还是一样,沿用上面的公式. 请看下例:

案例 7.1(冰箱的日销售量) 某商店 100 天电冰箱的日销售情况有如表 7.2 所示.

表 7.2 某商店 100 天电冰箱的销售情况

日销售台数 x_i	2	3	4	5	6	合计
天数 t_i	20	30	10	25	15	100

求商店电冰箱的日平均销售量 $\overline{x}$ 和方差 s^2.

解 由题意得

$$\overline{x} = \frac{1}{100}(2\times 20 + 3\times 30 + 4\times 10 + 5\times 25 + 6\times 15) = 3.85(\text{台}),$$

$$\begin{aligned} s^2 &= \frac{1}{100-1}\sum_{i=1}^{5}[t_i(x_i - \overline{x})^2] = \frac{1}{100-1}[20\times(2-3.85)^2 + 30\times(3-3.85)^2 \\ &\quad + 10\times(4-3.85)^2 + 25\times(5-3.85)^2 + 15\times(6-3.85)^2] = 1.9470. \end{aligned}$$

即商店电冰箱的日平均销售量为 3.85 台,方差为 1.9470.

7.1.4　统计量及其分布

样本均值 $\overline{X}=\frac{1}{n}\sum_{i=1}^{n}X_i$ 与样本方差 $S^2=\frac{1}{n-1}\sum_{i=1}^{n}(X_i-\overline{X})^2$ 的共同点是它们都是只与样本 $X_1,X_2,\cdots,X_n$ 有关的函数,不含任何未知的参数.

定义 7.4　设 $(X_1,X_2,\cdots,X_n)$ 为总体 X 的一个容量为 n 的样本,$T(X_1,X_2,\cdots,X_n)$ 是样本的一实值函数,它不包含总体 X 的任何未知参数,则称样本 $(X_1,X_2,\cdots,X_n)$ 的函数 $T(X_1,X_2,\cdots,X_n)$ 为一个**统计量**.

样本均值与方差即为统计量.显然,统计量也是随机变量.如果 $x_1,x_2,\cdots,x_n$ 是一组观察值,则 $T(x_1,x_2,\cdots,x_n)$ 是统计量 $T(X_1,X_2,\cdots,X_n)$ 的一组观察值.

【例 7.1】　设 (X_1,X_2) 是从总体 $N(\mu,\sigma^2)$ 中抽取的一个二维样本,其中 σ 为未知参数,则 $X_1+\mu X_2,X_1^2+X_2^2-3$ 都是统计量,而 $\frac{X_2}{\sigma},X_1+\mu X_2-\sigma$ 就不是统计量.

现将正态总体下,几个常用的统计量及其分布介绍如下:

1. U 统计量及其分布

设 $X_1,X_2,\cdots,X_n$ 是来自正态总体 $X\sim N(\mu,\sigma^2)$ 的一个样本,由于总体服从正态分布,所以样本均值也服从正态分布,又知

$$E(\overline{X})=E\left(\frac{1}{n}\sum_{i=1}^{n}X_i\right)=\frac{1}{n}\left(\sum_{i=1}^{n}EX_i\right)=\mu,$$

$$D(\overline{X})=D\left(\frac{1}{n}\sum_{i=1}^{n}X_i\right)=\frac{1}{n^2}\left(\sum_{i=1}^{n}DX_i\right)=\frac{\sigma^2}{n},$$

则 $\overline{X}\sim N\left(\mu,\frac{\sigma^2}{n}\right)$.

将$\overline{X}$标准化并记作 U,则

$$U=\frac{\overline{X}-\mu}{\frac{\sigma}{\sqrt{n}}}\sim N(0,1),$$

称作 **U 统计量**,记作 $U\sim N(0,1)$.

U 统计量服从标准正态分布 $N(0,1)$,标准正态分布的概率密度如图 7.1 所示.

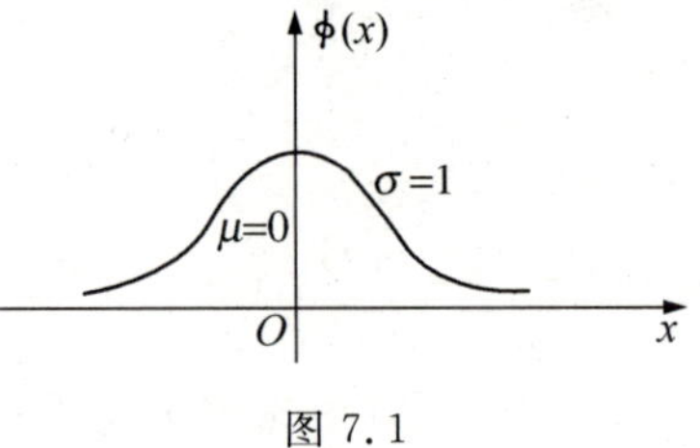

图 7.1

设 $U\sim N(0,1)$,对给定的 $\alpha(0<\alpha<1)$,满足条件

$$P\{U > U_\alpha\} = \int_{U_\alpha}^{+\infty} \frac{1}{\sqrt{2\pi}} e^{-\frac{t^2}{2}} dt = \alpha,$$

或
$$P(U \leqslant U_\alpha) = 1 - \alpha$$

的点 U_α，称为标准正态分布的**上 α 分位点**或**上侧临界点**，如图 7.2 所示.

例如 $\alpha = 0.01$，而 $P\{U > 2.326\} = 0.01$，则 $U_\alpha = 2.326$.

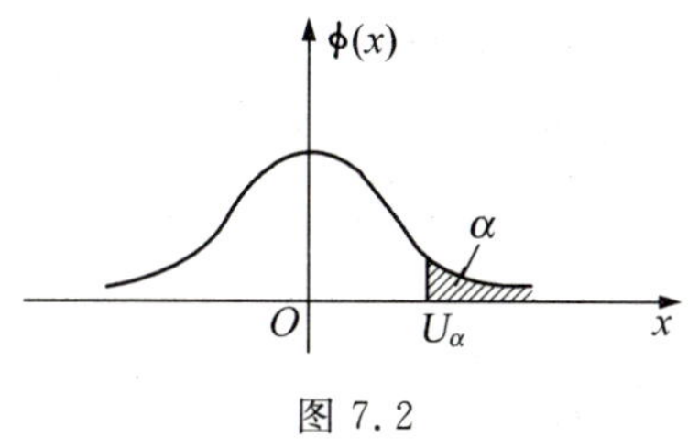

图 7.2

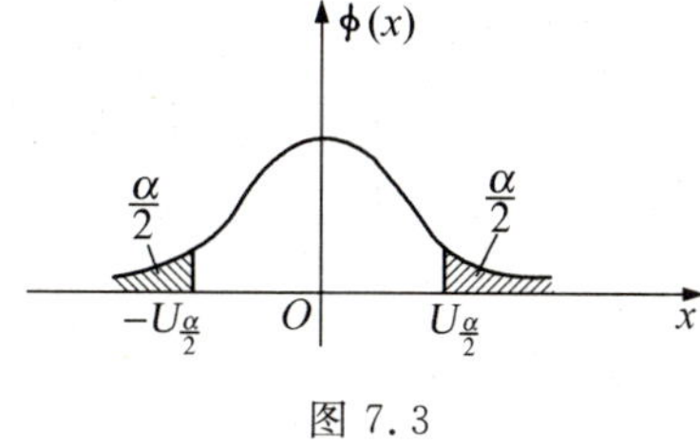

图 7.3

称满足条件

$$P\{|U| > U_{\frac{\alpha}{2}}\} = \alpha$$

的点 $U_{\frac{\alpha}{2}}$ 为标准正态分布的**双侧 α 分位点**或**双侧临界值**，如图 7.3 所示.

$U_{\frac{\alpha}{2}}$ 可由 $P\{U > U_{\frac{\alpha}{2}}\} = \frac{\alpha}{2}$ 查标准正态分布表得到. 如求 $U_{\frac{0.01}{2}}$，由 $P\{U > 2.575\} = \frac{0.01}{2} = 0.005$，则 $U_{\frac{0.01}{2}} = 2.575$.

【例 7.2】 在总体 $N(80, 20^2)$ 中随机抽取一容量为 100 的样本，求样本均值与总体均值的差的绝对值大于 3 的概率.

解 由题意即要求 $P\{|\overline{X} - \mu| > 3\}$.

已知 $X \sim N(80, 20^2)$，故 $\overline{X} \sim N(80, \frac{20^2}{100})$，将 $\overline{X}$ 标准化，得

$$\frac{\overline{X} - 80}{\frac{20}{10}} \sim N(0,1),$$

$$P\{|\overline{X} - \mu| > 3\} = P\{|\overline{X} - 80| > 3\} = P\left\{\left|\frac{\overline{X} - 80}{2}\right| > \frac{3}{2}\right\}$$

$$= 1 - P\left\{\left|\frac{\overline{X} - 80}{2}\right| \leqslant \frac{3}{2}\right\} = 1 - [2\Phi(1.5) - 1]$$

$$= 2 - 2\Phi(1.5) = 0.1336.$$

故样本均值与总体均值的差的绝对值大于 3 的概率为 0.1336.

2. χ^2 统计量及其分布

定义 7.5 设 $(X_1, X_2, \cdots, X_n)$ 是来自标准正态总体 $X \sim N(0,1)$ 的一个样

本,则称

$$\chi^2 = X_1^2 + X_2^2 + \cdots + X_n^2$$

服从自由度为 **n 的 χ^2 分布**,记作:

$$\chi^2 \sim \chi^2(n).$$

所谓自由度是指统计量中独立变量的个数.

其图形如图 7.4 所示. 当 $n \to \infty$ 时,χ^2 分布趋于正态分布.

χ^2 分布的概率密度表达式较繁,为了计算方便,提供了不同自由度 n 及不同的 $\alpha(0 < \alpha < 1)$ 按 $P\{\chi^2(n) > \chi^2_\alpha(n)\} = \alpha$ 编制了 χ^2 分布表(见附录三).

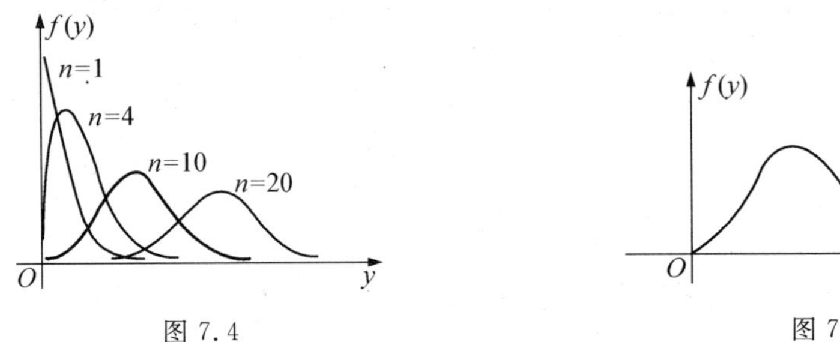

图 7.4　　图 7.5

我们称满足下式

$$P\{\chi^2(n) > \chi^2_\alpha(n)\} = \int_{\chi^2_\alpha(n)}^{+\infty} f(y)\mathrm{d}y = \alpha$$

的点 $\chi^2_\alpha(n)$ 为 χ^2 分布的**上 α 分位点**或**上侧临界值**,其几何意义如图 7.5 所示. 这里 $f(y)$ 是 χ^2 分布的概率密度.

例如,当 $n = 21, \alpha = 0.05$ 时,由附录表查得 $\chi^2_{0.05}(21) = 32.671$,即 $P\{\chi^2(21) > 32.671\} = 0.05$.

定理 7.1　如果$(X_1, X_2, \cdots, X_n)$是来自正态总体 $X \sim N(\mu, \sigma^2)$ 的一个样本,则

(1) 样本均值$\overline{X}$ 与样本方差 S^2 相互独立;

(2) $\chi^2 = \dfrac{(n-1)S^2}{\sigma^2} = \dfrac{\sum\limits_{i=1}^{n}(X_i - \overline{X})^2}{\sigma^2} \sim \chi^2(n-1).$

【例 7.3】　设 $(x_1, x_2, \cdots, x_{10})$ 是来自总体 $X \sim N(0,1)$ 的一个样本,求 $P\left(\sum\limits_{i=1}^{10} x_i^2 > 12.549\right)$.

解　因$(x_1, x_2, \cdots, x_{10})$是来自总体 $X \sim N(0,1)$ 的一个样本,由定义 7.4 可知

$$\sum_{i=1}^{10} x_i^2 \sim \chi^2(10),$$

即求 $P(\chi^2(10) > 12.549)$，查 χ^2 分布表可知，$n = 10$，$\chi^2_\alpha(10) = 12.549$，$\alpha = 0.25$，故 $P\left(\sum_{i=1}^{10} x_i^2 > 12.549\right) = 0.25$.

3. t 统计量及其分布

定义 7.6　设 X 与 Y 是两个相互独立的随机变量，且 $X \sim N(0,1)$，$Y \sim \chi^2(n)$，则统计量

$$t = \frac{X}{\sqrt{\frac{Y}{n}}}$$

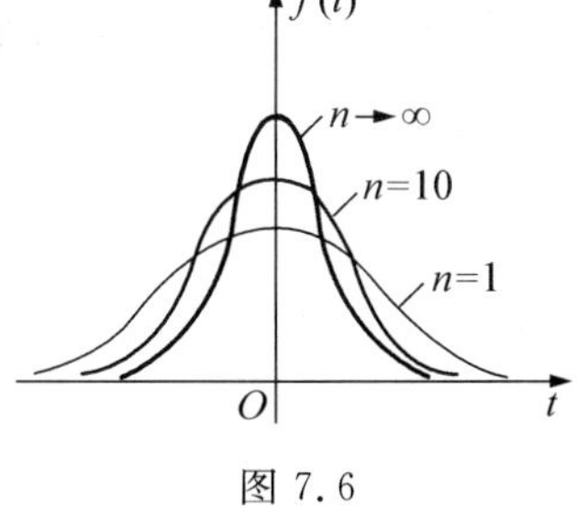

图 7.6

服从自由度为 n 的 **t 分布**，记作 $t \sim t(n)$.

其概率密度函数图形如图 7.6 所示，其形状类似标准正态分布的概率密度图形，只是峰比标准正态分布低一些，尾部的概率比标准正态分布大一些. 当 n 较大时，t 分布近似于标准正态分布.

t 分布是统计学中的一类重要分布，它与标准正态分布的微小差别是由英国统计学家哥塞特(Gosser) 发现的. 哥塞特年轻时在牛津大学学习数学和化学，1899 年开始在一家酿酒厂担任化学技师，从事试验和数据分析工作，由于哥塞特接触的样本容量都较小，只有四五个，通过大量试验数据的积累，哥塞特发现 $t = \sqrt{n-1}(\bar{x}-\mu)/s$ 的分布与传统认为的 $N(0,1)$ 分布不同，特别是尾部概率相差较大，表 7.3 列出了 $N(0,1)$ 与自由度为 4 的 t 分布的一些尾部概率.

表 7.3　$N(0,1)$ 与 $t(4)$ 的尾部概率 $P\{|x| \geqslant C|$

	$C = 2$	$C = 2.5$	$C = 3$	$C = 3.5$
$x \sim N(0,1)$	0.0455	0.0124	0.0027	0.000465
$x \sim t(4)$	0.1161	0.0668	0.0399	0.0249

由此哥塞特怀疑是否有另一个分布族存在，通过深入研究，哥塞特于 1908 年以“Student”的笔名发表了此项研究结果，故后人也称 t 分布为学生氏分布. t 分布的发现在统计学史上具有划时代的意义，它打破了正态分布一统天下的局面，开创了小样本统计推断的新纪元.

可以证明：如果$(X_1, X_2, \cdots, X_n)$ 是来自正态总体 $X \sim N(\mu, \sigma^2)$ 的一个样本，则在统计量 $U = \dfrac{\overline{X}-\mu}{\sigma/\sqrt{n}}$ 中，若用样本标准差 S 代替总体标准差 σ，得到的统计量

$$t = \frac{\overline{X}-\mu}{S/\sqrt{n}} \sim t(n-1).$$

对于给定的 $\alpha(0 < \alpha < 1)$，称满足条件

$$P\{t(n) > t_\alpha(n)\} = \int_{t_\alpha(n)}^{+\infty} f(t)\,\mathrm{d}t = \alpha$$

的点 $t_\alpha(n)$ 为 t 分布的**上 α 分位点或上侧临界点**，如图 7.7 所示.

由 t 分布的对称性，也称满足条件

$$P\{|t(n)| > t_{\frac{\alpha}{2}}(n)\} = \alpha$$

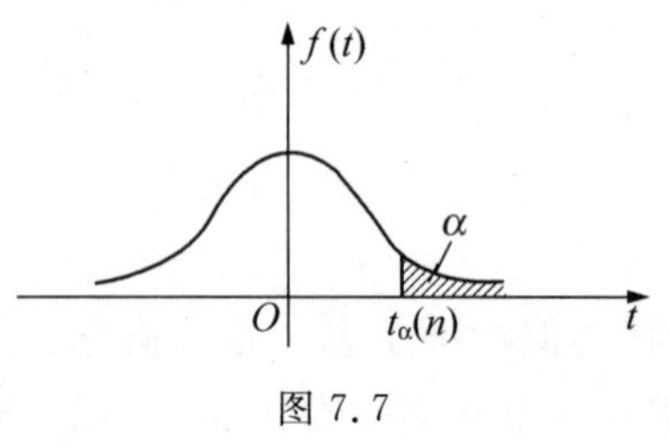

图 7.7

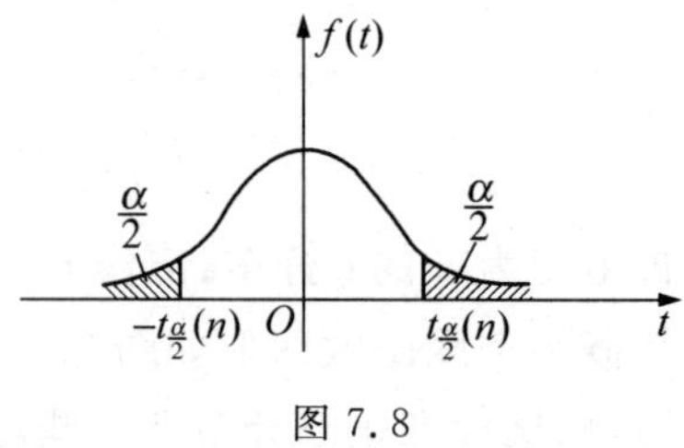

图 7.8

的点 $t_{\frac{\alpha}{2}}(n)$ 为 t 分布的**双侧 α 分位点**或**双侧临界值**，如图 7.8 所示.

在附录表中给出了 t 分布临界值表. 例如当 $n = 15, \alpha = 0.05$ 时，查 t 分布表得：

$$t_{0.05}(15) = 1.7531, \qquad t_{\frac{0.05}{2}}(15) = 2.1315,$$

其中 $t_{\frac{0.05}{2}}(15)$ 由 $P\{t(15) > t_{0.025}(15)\} = 0.025$ 查得.

【例 7.4】 求下列各值中的 λ：

(1) $P(0 < \chi^2(4) < \lambda) = 0.05$；

(2) $P(|t(10)| < \lambda) = 0.9$.

解 (1) 即求 $P(\chi^2(4) \geqslant \lambda) = 0.95$，查表得 $\lambda = 0.711$；

(2) 即求 $P(t(10) \geqslant \lambda) = 0.05$，查表得 $\lambda = 1.8125$.

习 题 7.1

1. 若总体 X 的分布为 $N(\mu,\sigma^2)$，其中 μ 未知，σ^2 已知，设 X_1, X_2, X_3 为取自总体的样本，指出下列各式中哪些是统计量，哪些不是统计量.

(1) $\frac{1}{3}(X_1 + X_2 + 2X_3)$；　　(2) $\sum_{i=1}^{3}(X_i - \sigma)^2$；

(3) $\frac{1}{3}\sum_{i=1}^{3}(X_i - \mu)^2$；　　(4) $\frac{1}{\sigma}(X_i - \mu)$.

2. 对以下两组样本值，计算样本均值和样本方差：

(1) 54,67,68,78,70,66,67,70,65,69；

(2) 112.0,113.4,111.2,112.0,114.5,112.9,113.6.

3. 设 $U \sim N(0,1)$，已知 $P(|U| < \lambda) = 1 - \alpha$，求满足条件的 $\lambda = u_{\frac{\alpha}{2}}$.

(1) $\alpha = 0.05$；　(2) $\alpha = 0.01$；　(3) $\alpha = 0.1$.

4. 查表计算下列各值：

(1) $\chi^2_{0.01}(10)$，$\chi^2_{0.975}(33)$；　(2) $t_{0.01}(10)$，$t_{0.05}(7)$.

5. 在总体 $N(52, 6.3^2)$ 中，随机抽取一个容量为 36 的样本，求样本均值落在 50.8 到 53.8 之间的概率.

6. 已知 X_1, X_2, X_3, X_4 相互独立，且都服从正态分布 $N(1,4)$，$\overline{X}, S^2$ 表示样本均值与样本方差，试求：

(1) 统计量 $\dfrac{1}{4}\sum_{i=1}^{4} X_i - 1$ 的分布；　(2) 统计量 $\dfrac{\sum_{i=1}^{4}(X_i - \overline{X})^2}{4}$ 的分布；

(3) 统计量 $\dfrac{\sum_{i=1}^{4}(X_i - 1)^2}{4}$ 的分布；　(4) 统计量 $\dfrac{2(\overline{X}-1)}{S}$ 的分布.

7.2　参数估计

在实际情况中，常遇到这样的情况：已知某随机变量的分布类型及形式，但由于其中某一个或几个参数未知，因此无法确定分布的确切形式. 为了确定分布中的未知参数，需要对随机变量进行试验，先获取一个样本数据，然后对未知参数作出符合要求的估计，这类问题称作**参数估计**.

比如，二项分布中的 n、p，正态分布中的 μ、σ 都是分布的参数. 如果这些参数是未知的，一般都是先抽取一个样本，然后构造适当的样本函数，利用样本函数的样本值去估计这些参数的数值. 由于样本是随机的，所以样本函数对应的样本值也是随机的，因此估计出来的参数数值不是很精确，只是一个估计值.

参数估计主要包括两种方法：① 点估计：构造适当的样本函数，利用样本函数的数值作为未知参数的估计值；② 区间估计：将未知参数的数值估计在某个区间范围内.

7.2.1　点估计

引例 7.2（零件长度测试）　某冰箱厂对为其提供零件的某加工厂的产品进行抽检，检验的主要指标为零件的长度. 设长度总体 $X \sim N(\mu, \sigma^2)$，其中 μ, σ^2 均未知. 随机抽取 8 个零件进行测试，结果分别为（单位：mm）：

25.3，25.7，25.4，25.25，25.35，25.5，25.6，25.1

试求抽检零件长度的平均值 $\overline{x}$ 和方差 s^2.

解 $\bar{x}=\frac{1}{8}(25.3+25.7+25.4+25.25+25.35+25.5+25.6+25.1)=25.4$

$$s^2=\frac{1}{8-1}[(25.3-25.4)^2+(25.7-25.4)^2+(25.4-25.4)^2+(25.25-25.4)^2$$
$$+(25.35-25.4)^2+(25.5-25.4)^2+(25.6-25.4)^2$$
$$+(25.1-25.4)^2]$$
$$\approx 0.038.$$

由于样本来自总体，因此样本均值和样本方差必然在一定程度上反映总体均值和总体方差的特性. 故当总体均值和方差未知时，我们用样本均值的观测值$\bar{x}$作总体均值μ的估计值，用样本方差的观测值s^2作总体方差σ^2的估计值. 这就是对总体均值和方差的点估计. 也就是以$\hat{\mu}=\bar{x}=\frac{1}{n}\sum_{i=1}^{n}x_i$作为$\mu$的点估计值；以$\hat{\sigma}^2=s^2=\frac{1}{n-1}\sum_{i=1}^{n}(x_i-\bar{x})^2$作为$\sigma^2$的点估计值.

故引例7.2中总体均值μ的点估计值为$\hat{\mu}=\bar{x}=25.4$，总体方差σ^2的点估计值为$\hat{\sigma}^2=s^2\approx 0.038$.

下面给出点估计的定义：

定义7.7 在总体X中取容量为n的样本$X_1,X_2,\cdots,X_n$，构造出一个合适的统计量$\hat{\theta}=\hat{\theta}(X_1,X_2,\cdots,X_n)$来作为未知参数$\theta$的估计. 称统计量$\hat{\theta}=\hat{\theta}(X_1,X_2,\cdots,X_n)$为未知参数$\theta$的**点估计量**. 根据样本值$(x_1,x_2,\cdots,x_n)$计算出估计量的值$\hat{\theta}=\hat{\theta}(x_1,x_2,\cdots,x_n)$称为参数$\theta$的一个**点估计值**(仍用$\hat{\theta}$表示，今后不强调估计量与估计值的区别).

案例7.2(灯泡寿命检验) 灯泡厂从某天生产的一批25瓦灯泡中抽取10只进行寿命试验，得到数据(单位：小时)如下：

1050	1100	1080	1120	1200
1250	1040	1130	1300	1200

试估计这批灯泡寿命的数学期望、方差和标准差.

解 $\hat{\mu}=\bar{x}=\frac{1}{10}(1050+1100+\cdots+1200)=1147$,

$$\hat{\sigma}=s^2=\frac{1}{10-1}\sum_{i=1}^{10}(x_i-\bar{x})^2$$
$$=\frac{1}{9}[(1050-1147)^2+(1100-1147)^2+\cdots+(1200-1147)^2]=7578.9,$$

$$\hat{\sigma}=s=\sqrt{s^2}=\sqrt{7578.9}=87.1,$$

即这批灯泡寿命的期望估计值$\hat{\mu}$为1147小时，方差的估计值$\hat{\sigma}^2$为7578.9小时，标准差的估计值$\hat{\sigma}$为87.1小时.

【例7.5】 设总体X服从$[0,\theta]$的均匀分布，其密度函数为

$$f(x,\theta)=\begin{cases}\dfrac{1}{\theta}, & 0\leqslant x\leqslant\theta\\ 0, & 其他\end{cases}$$

现已知该总体的一个样本0.11,0.24,0.09,0.43,0.07,0.38，试求θ的点估计量以及相应的点估计值.

解 设样本均值为$\overline{X}$，样本均值的观测值为$\overline{x}$，总体均值为

$$\mu=E(X)=\int_0^\theta xf(x,\theta)\mathrm{d}x=\int_0^\theta\frac{x}{\theta}\mathrm{d}x=\frac{\theta}{2}.$$

在点估计法中，用样本均值估计总体均值，于是$\overline{X}=\mu=\dfrac{\theta}{2}$.

因此参数θ的点估计量为$\hat{\theta}=2\overline{X}$.

代入已知的样本，得

$$\overline{x}=\frac{1}{6}(0.11+0.24+0.09+0.43+0.07+0.38)=0.22,$$

于是，θ的点估计值为$\hat{\theta}=2\overline{x}=0.44$.

7.2.2 估计量的评价标准

7.2.2.1 无偏性

在参数进行点估计时，估计量$\hat{\theta}=\hat{\theta}(x_1,x_2,\cdots,x_n)$是一个随机变量，所以样本值不同，估计量的取值也不同，因此，衡量一个估计的好坏当然不能仅仅根据一次观测的结果作出定论，而必须从全局上，从多次观测结果得到的估计值与被估计参数的偏差大小来确定.一般地，如果估计量的均值等于被估计量，这就是估计量的无偏性.

定义7.8 设$\hat{\theta}$是未知参数θ的一个估计量，若$E(\hat{\theta})=\theta$，则称$\hat{\theta}$是θ的**无偏估计量**.

可以证明：样本均值$\overline{X}$是总体均值μ的无偏估计量，样本方差S^2是总体方差σ^2的无偏估计量，即

$$E(\overline{X})=\mu,E(S^2)=\sigma^2.$$

在例7.5中，$\hat{\theta}=2\overline{X}$是参数$\theta$的一个无偏估计量，因为$E(\hat{\theta})=E(2\overline{X})=2E(\overline{X})=2\times\dfrac{\theta}{2}=\theta$.

案例 7.3(产品的耐磨性) 为观察一种橡胶制品的耐磨性,从这种产品中各随意抽取了 5 件,测得如下数据:185.82,175.10,217.30,213.86,198.40.假设产品的耐磨性 $X \sim N(\mu,\sigma^2)$,求 μ 和 σ^2 的无偏估计值.

解 样本容量 $n = 5$.经计算得,抽检产品的耐磨性数据均值 $\overline{x} = 198.10$,方差 $s^2 = 18.0063^2 \approx 324.23$,于是 μ 的无偏估计值 $\hat{\mu} = \overline{x} = 198.10$,$\sigma^2$ 的无偏估计值 $\hat{\sigma}^2 = s^2 \approx 324.23$.

7.2.2.2 有效性

若估计量 $\hat{\theta}_1,\hat{\theta}_2$ 都是总体参数 θ 的无偏估计量,那么,如何进一步比较估计量 $\hat{\theta}_1,\hat{\theta}_2$ 的优劣呢?下面引入估计量的有效性.

定义 7.9 设 $\hat{\theta}_1,\hat{\theta}_2$ 都是总体参数 θ 的无偏估计量,如果 $D(\hat{\theta}_1) < D(\hat{\theta}_2)$,则称 $\hat{\theta}_1$ 比 $\hat{\theta}_2$ 更有效.

在 θ 的所有无偏估计量中,称方差最小的估计量为 θ 的**有效估计量**.

其意义为:虽然估计量 $\hat{\theta}_1$ 和 $\hat{\theta}_2$ 的多次估计值都在 θ 的附近摆动,由于 $D(\hat{\theta}_1) < D(\hat{\theta}_2)$,所以 $\hat{\theta}_1$ 的估计值摆动幅度较 $\hat{\theta}_2$ 更小些,即更有效.

可以证明:样本均值 $\overline{X}$ 和样本方差 S^2 分别是总体均值 μ 和总体方差 σ^2 的有效估计量.

【例 7.6】 在总体 X 中取容量 $n = 3$ 的样本 X_1,X_2,X_3,证明均值 μ 的两个无偏估计量 $\hat{\mu}_1 = \overline{X} = \frac{1}{3}\sum_{i=1}^{3} X_i$ 和 $\hat{\mu}_2 = X_1$ 中,$\hat{\mu}_1$ 较 $\hat{\mu}_2$ 有效.

证 显然 $E(\overline{X}) = E(X_1) = \mu$,

但由于 $D(\hat{\mu}_1) = D(\overline{X}) = D\left(\frac{1}{3}\sum_{i=1}^{3} X_i\right) = \frac{3}{9}\sigma^2 = \frac{1}{3}\sigma^2$,$D(\hat{\mu}_2) = D(X_1) = \sigma^2$,得到 $D(\hat{\mu}_1) < D(\hat{\mu}_2)$,故 $\hat{\mu}_1$ 较 $\hat{\mu}_2$ 有效.

7.2.3 区间估计

参数 θ 的估计量 $\hat{\theta} = \hat{\theta}(x_1,x_2,\cdots,x_n)$ 是一个随机变量,$\hat{\theta}$ 与样本 $(x_1,x_2,\cdots,x_n)$ 有关,它是真值 θ 的近似值,那么 $\hat{\theta}$ 与真值 θ 到底相差多少呢?这一点在点估计中没有考虑,但是在实际问题中,我们希望在一定的可靠度(概率)下,根据样本观测值能定出包含总体参数 θ 的一个范围,这个范围通常用区间形式给出,这就是参数的区间估计.

引例 7.3(铁水含碳量) 已知某炼铁厂的铁水含碳量在正常生产情况下服从正态分布,方差 $\sigma^2 = 0.108^2$.现已测定 9 炉铁水,平均含碳量为 4.484.试计算该厂铁水平均含碳量的区间估计值,要求可靠性为 95%.

如何确定总体中未知参数 θ 的区间估计值 $[\theta_1,\theta_2]$?首先介绍几个基本概念.

下面引入置信区间的定义：

定义 7.9 设 θ 是总体分布中的一个未知参数，若由样本 $X_1, X_2, \cdots, X_n$ 所确定的两个统计量 $\hat{\theta}_1, \hat{\theta}_2$，对于给定的 $\alpha(0 < \alpha < 1)$，满足 $P(\hat{\theta}_1 < \theta < \hat{\theta}_2) = 1-\alpha$，则区间 $(\hat{\theta}_1, \hat{\theta}_2)$ 称为参数 θ 的 $1-\alpha$ 的**置信区间**，$1-\alpha$ 称为**置信水平或置信度**，α 称为**显著性水平**.

α 是一个预先给定的小正数，是估计不准确的概率，一般取 $\alpha = 0.05$ 或 $\alpha = 0.01$.

置信区间的意义是：若反复抽样多次，每个样本观察值所确定的区间 $(\hat{\theta}_1, \hat{\theta}_2)$ 要么包含 θ 的真值，要么不包含 θ 的真值. 在所有得到的众多置信区间 $(\hat{\theta}_1, \hat{\theta}_2)$ 中，包含 θ 真值的约占 $100(1-\alpha)\%$，不包含 θ 的真值的约占 $100\alpha\%$，由此可见，置信区间 $(\hat{\theta}_1, \hat{\theta}_2)$ 以 $1-\alpha$ 的概率包含未知参数 θ.

例如：取 $\alpha = 0.01$，反复抽样 1000 次，每次都抽取 100 个样本，于是得到 1000 个区间，在所有的 1000 个区间中包含 θ 真值的约占 $1000 \times (1-0.01) = 990$，仅 10 个左右的区间不包含 θ 的真值.

7.2.3.1 正态总体均值 μ 的区间估计

设总体 $X \sim N(\mu, \sigma^2)$，而 $(x_1, x_2, \cdots, x_n)$ 是总体中抽取的容量为 n 的样本，求总体均值 μ 的区间估计.

1. 求总体方差 σ^2 已知时 μ 的置信区间

构造 U 统计量如下：$U = \dfrac{\overline{X}-\mu}{\frac{\sigma}{\sqrt{n}}} \sim N(0,1)$.

取置信度为 $1-\alpha$，根据 U 统计量的双侧分位点 $U_{\frac{\alpha}{2}}$ 的定义，得 $P\{|U| < U_{\frac{\alpha}{2}}\} = 1-\alpha$，即

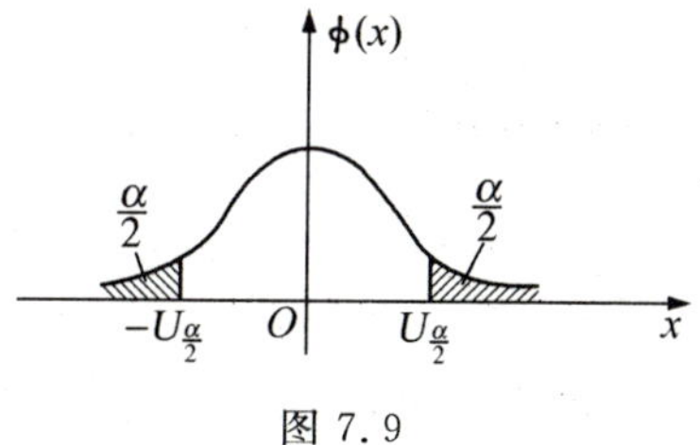

图 7.9

$$P\left\{-U_{\frac{\alpha}{2}} < \frac{\overline{X}-\mu}{\frac{\sigma}{\sqrt{n}}} < U_{\frac{\alpha}{2}}\right\} = 1-\alpha \text{(图 7.9)},$$

于是
$$P\left\{\overline{X} - U_{\frac{\alpha}{2}}\frac{\sigma}{\sqrt{n}} < \mu < \overline{X} + U_{\frac{\alpha}{2}}\frac{\sigma}{\sqrt{n}}\right\} = 1-\alpha,$$

则置信区间为 $\left(\overline{X} - U_{\frac{\alpha}{2}}\frac{\sigma}{\sqrt{n}}, \overline{X} + U_{\frac{\alpha}{2}}\frac{\sigma}{\sqrt{n}}\right)$.

对于给定的置信水平 α，可以查附表得到 $U_{\frac{\alpha}{2}}$，由样本观测值可以计算出样本均值 $\overline{x}$ 及样本容量，方差 σ^2 是已知的，从而确定置信区间.

案例 7.4(螺杆直径) 某厂生产的螺杆直径 $X \sim N(\mu, \sigma^2)$，从当日的产品中随机抽出 5 支，测得直径(mm) 为：21.4，22.0，22.3，21.5，21.8. 假定已知 $\sigma =$

0.2，试求直径期望的置信水平为 0.95 的置信区间.

解 由题意得 $\sigma = 0.2, n = 5, 1-\alpha = 0.95, 1-\frac{\alpha}{2} = 0.975$.

计算样本平均值：

$$\bar{x} = \frac{1}{5}(21.4 + 22.0 + 22.3 + 21.5 + 21.8) = 21.8.$$

由 $P\{U < U_{\frac{\alpha}{2}}\} = 1 - \frac{\alpha}{2} = 0.975$，查表得 $U_{\frac{\alpha}{2}}$，代入置信区间得

$$\left(\overline{X} - \frac{\sigma}{\sqrt{n}}U_{\frac{\alpha}{2}}, \overline{X} + \frac{\sigma}{\sqrt{n}}U_{\frac{\alpha}{2}}\right) = \left(21.8 - \frac{0.2}{\sqrt{5}} \times 1.96, 21.8 + \frac{0.2}{\sqrt{5}} \times 1.96\right)$$
$$= (21.63, 21.98).$$

即 μ 的置信水平为 0.95 的置信区间为(21.63，21.98).

以上解题步骤可归纳为：

(1) 计算样本平均值，选取统计量 $U = \frac{\overline{X} - \mu}{\sigma}\sqrt{n}$；

(2) 由给定的置信度 $1-\alpha$，查标准正态分布表，得到双侧临界值 $U_{\frac{\alpha}{2}}$；

(3) 计算 $U_{\frac{\alpha}{2}}\frac{\sigma}{\sqrt{n}}$ 的值，写出置信度为 $1-\alpha$ 的置信区间.

上例中，当置信度为 0.99 时，根据 $P(U < U_{\frac{\alpha}{2}}) = 1 - \frac{\alpha}{2} = 0.995$，查得双侧临界值为 $U_{\frac{\alpha}{2}} = 2.58$，均值 μ 的置信区间为

$$(21.8 - 2.58 \times \frac{0.2}{\sqrt{5}}, 21.8 + 2.58 \times \frac{0.2}{\sqrt{5}}) = (21.57, 22.03).$$

可以看出，置信水平越高，则置信区间越大，估计的精确度越差.

2. 当总体方差 σ^2 未知时 μ 的置信区间

由于 σ 未知，我们用样本标准差 S 代替它，构造 t 统计量如下：$t = \frac{\overline{X} - \mu}{\frac{S}{\sqrt{n}}} \sim t(n-1)$.

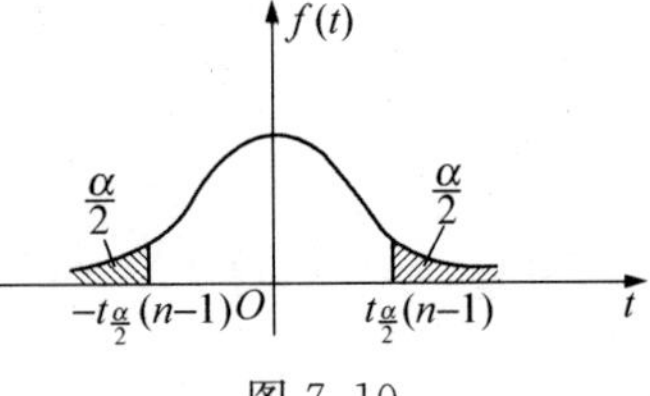

图 7.10

取置信度为 $1-\alpha$，根据 t 统计量的双侧分位点 $t_{\frac{\alpha}{2}}(n-1)$，得 $P\{|t| < t_{\frac{\alpha}{2}}(n-1)\} = 1-\alpha$，即

$$P\left\{-t_{\frac{\alpha}{2}}(n-1) < \frac{\overline{X} - \mu}{\frac{S}{\sqrt{n}}} < t_{\frac{\alpha}{2}}(n-1)\right\} = 1 - \alpha(\text{图 } 7.10).$$

于是 $$P\left\{\overline{X}-t_{\frac{\alpha}{2}}(n-1)\frac{S}{\sqrt{n}}<\mu<\overline{X}+t_{\frac{\alpha}{2}}(n-1)\frac{S}{\sqrt{n}}\right\}=1-\alpha,$$

则置信区间为 $$\left(\overline{X}-t_{\frac{\alpha}{2}}(n-1)\frac{S}{\sqrt{n}},\overline{X}+t_{\frac{\alpha}{2}}(n-1)\frac{S}{\sqrt{n}}\right).$$

对于给定的置信水平 α，可以查附表得到 $t_{\frac{\alpha}{2}}(n-1)$，由样本观测值可以计算出样本均值 $\overline{x}$、样本方差及样本容量，从而确定置信区间.

【例 7.7】 在案例 7.4 中，如果 σ^2 未知，试求螺杆直径期望 μ 的置信水平为 0.99 的置信区间.

解 由题意知 $$n=5,\overline{x}=21.8,$$

$$s^2=\frac{1}{5-1}[(21.4-21.8)^2+(22.0-21.8)^2+\cdots+(21.8-21.8)^2]=0.135.$$

由 $\alpha=0.01$，自由度 $n-1=4$，查 t 分布临界值表得 $t_{\frac{\alpha}{2}}(n-1)=t_{0.005}(4)=4.604$，代入置信区间得

$$\left(\overline{X}-\frac{S}{\sqrt{n}}t_{\frac{\alpha}{2}}(n-1),\ \overline{X}+\frac{S}{\sqrt{n}}t_{\frac{\alpha}{2}}(n-1)\right)$$
$$=\left(21.8-\sqrt{\frac{0.135}{5}}\times 4.604,21.8+\sqrt{\frac{0.135}{5}}\times 4.604\right)$$
$$=(21.04,22.56),$$

即 μ 的置信水平为 0.99 的置信区间为(21.04,22.56).

7.2.3.2　正态总体方差 σ^2 的区间估计(均值未知)

均值未知，选取统计量为 $\chi^2=\frac{(n-1)S^2}{\sigma^2}\sim\chi^2(n-1)$，置信水平为 $1-\alpha$，由 χ^2 分布有

$$P\left\{\chi^2_{1-\frac{\alpha}{2}}(n-1)<\frac{(n-1)S^2}{\sigma^2}<\chi^2_{\frac{\alpha}{2}}(n-1)\right\}=1-\alpha(\text{图 }7.11),$$

即有

$$P\left\{\frac{(n-1)S^2}{\chi^2_{\frac{\alpha}{2}}(n-1)}<\sigma^2<\frac{(n-1)S^2}{\chi^2_{1-\frac{\alpha}{2}}(n-1)}\right\}=1-\alpha,$$

故方差 σ^2 的 $1-\alpha$ 的置信区间为

$$\left(\frac{(n-1)S^2}{\chi^2_{\frac{\alpha}{2}}(n-1)},\frac{(n-1)S^2}{\chi^2_{1-\frac{\alpha}{2}}(n-1)}\right).$$

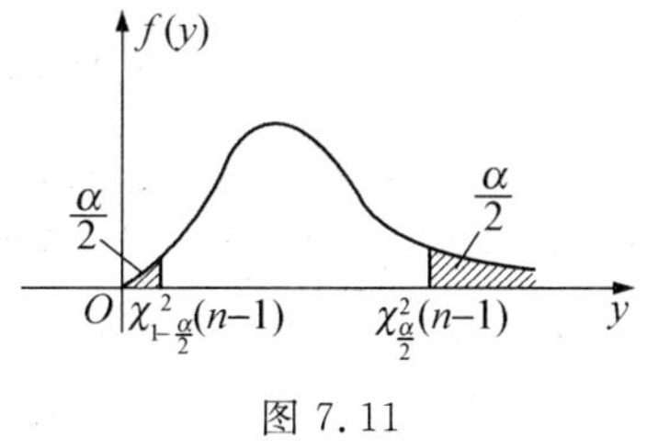

图 7.11

案例 7.5(男生体重) 设某一年龄男生体重 X 服从正态分布，现随机抽取男

生 10 人，测得体重(单位:kg) 为 29.8,27.5,28.7,29.0,29.3,30.2,32.6,27.6,24.9,28.3,试求这一年龄的男生体重方差的置信区间(置信水平为 0.95).

解 由题意得 $n=10,1-\alpha=0.95,1-\frac{\alpha}{2}=0.975$.

计算样本均值和样本方差

$$\bar{x}=\frac{1}{10}(29.8+27.5+\cdots+28.3)=28.79,$$

$$s^2=\frac{1}{10-1}[(29.8-28.79)^2+(27.5-28.79)^2+\cdots+(28.3-28.79)^2]=4.03211.$$

由 $P\{\chi^2>\chi^2_{1-\frac{\alpha}{2}}(9)\}=1-\frac{\alpha}{2}=0.975,P\{\chi^2>\chi^2_{\frac{\alpha}{2}}(9)\}=\frac{\alpha}{2}=0.025$,查表得 $\chi^2_{0.975}(9)=2.70,\chi^2_{0.025}(9)=19.023$.

这一年龄的男生体重方差的置信区间为

$$\left(\frac{(n-1)S^2}{\chi^2_{\frac{\alpha}{2}}(n-1)},\frac{(n-1)S^2}{\chi^2_{1-\frac{\alpha}{2}}(n-1)}\right)=\left(\frac{(10-1)\times4.03}{19.02},\frac{(10-1)\times4.03}{2.70}\right)=(1.91,13.44).$$

由上可知,求 σ^2 的置信区间的步骤如下:

(1) 计算样本的平均值和方差;

(2) 选取统计量 $\chi^2=\frac{(n-1)S^2}{\sigma^2}$,由给定的置信度 $1-\alpha$,查 χ^2 分布表,得到双侧临界值 $\chi^2_{1-\frac{\alpha}{2}}(n-1),\chi^2_{\frac{\alpha}{2}}(n-1)$;

(3) 计算方差 σ^2 的置信度为 $1-\alpha$ 的置信区间.

习　题　7.2

1. 灯泡厂从某天生产的一大批 15 瓦的灯泡中抽取 10 个进行寿命试验,得到数据如下(单位: 小时):

1050,1100,1080,1120,1200,1250,1040,1130,1300,1200

试估计该日生产的这批灯泡的平均寿命及标准差.

2. 机器包装食盐,假设每袋盐的净重服从正态分布,规定每袋标准重量为 500 克,某天开工后,从装好的食盐中随机抽取 9 袋,测得净重(单位: 克) 为

497,507,510,475,484,488,524,491,515

试求这些食盐的净重与标准重量的偏差的数学期望及方差的点估计.

3. 设总体服从二项分布 $B(10,p)$,随机地测试 5 次,样本数据分别为 4,4,5,3,3,

试求 p 的点估计值.

4. 从长期生产实践知道,某厂生产的灯泡的使用寿命 $X \sim N(\mu, 100^2)$,现从该厂生产的一批灯泡中随机抽取 5 只,测得使用寿命如下:

$$1455, 1502, 1370, 1610, 1430$$

试对这批灯泡的平均使用寿命做出区间估计.

5. 用一种新工艺试制某种塑料制品,将制品的硬度看成服从 $N(\mu, \sigma^2)$ 的总体,现从试制品中抽取容量为 20 的样本,测得硬度的样本方差为 $S^2 = 1.5$,试以 95% 的把握给出新工艺制品硬度方差的区间估计.

6. 某手表厂生产的手表的走时误差(单位:秒/日)服从正态分布,从产品生产线上随机抽取 9 只产品进行检测,具体结果如下:

$$-4.0,\ 3.1,\ 2.5,\ -2.9,\ 0.9,\ 1.1,\ 2.0,\ -3.0,\ 2.8$$

试求 μ 在显著水平 $\alpha = 0.05$ 下的置信区间.

7.3　假设检验

在实际问题中,有一类重要问题就是参数的假设检验,参数的假设检验是对总体中的未知参数作出某种假设,再根据样本数据提供的信息,对这个假设作出正确性判断.

7.3.1　假设检验的基本思想

假设检验的一个理论依据是**小概率原理**,即"小概率事件在一次试验中几乎不可能发生",如果小概率事件在一次试验中发生了,就认为是不合理的现象,这是人们在实践中公认的原则.密码箱的广泛使用,就是应用小概率原理的结果,因为在不知道密码的情况下,要一次打开密码箱几乎是不可能的.

参数的假设检验的基本思想,是用置信区间的方法进行检验:首先设想 H_0 是真的成立;然后考虑在 H_0 成立的条件下,已经观测到的样本信息的出现概率.如果这个概率很小,就表明一个概率很小的事件在一次试验中发生了.而小概率原理认为,概率很小的事件在一次试验中是几乎不可能发生的,也就是说,导出了一个违背小概率原理的不合理现象,这表明事先的设想 H_0 是不正确的,因此拒绝原假设 H_0,否则不能拒绝 H_0.

什么是"概率很小",在检验之前都事先指定,比如概率为 5%、1%等.其概率值一般记作 α,α 是一个事先指定的数值较小的正数,称为显著水平或检验水平.

引例 7.4(取球)　某人拿着装有 1000 个球的袋子,并说"袋中装有 999 个白球和一个黑球".如果从袋中任取一球,发现是黑球,我们会认为此人的说法不可信.

思考过程如下：如果这 1000 个球中确实仅有一个黑球，那么从中取出一球恰是黑球的可能性很小，概率仅 1/1000，因此，假设此人的说法正确，从袋中取出一球恰是黑球几乎是不可能的，然而此事竟然发生了，由此不得不怀疑此人的说法.

事实上，引例 7.4 就是一个简单的假设检验问题，需要检验的原假设是“1000 个球中只有一个黑球”，即从袋中任取一球恰为黑球的概率为 1/1000.

引例 7.5(奶粉包装) 某工厂获得包装一批奶粉的业务，要求额定标准为每袋净重 454 克. 根据经验，每袋奶粉的净重服从正态分布，标准差为 12 克. 某日开工后，对某台包装机抽样检查 9 袋奶粉，重量分别如下(单位：克)：452，459，470，475，443，464，463，467，465. 试问：该包装机的工作是否正常？

解 由题意知，检查包装机的工作是否正常，即判断总体均值 $\mu = 454$ 是否成立.

建立原假设 $H_0 : \mu = 454$.

根据题意，总体 X 服从正态分布 $N(454,12^2)$，从中抽取容量为 9 的样本 x_1，$x_2,\cdots,x_9$，则

$$U = \frac{\overline{x} - 454}{12/\sqrt{9}} \sim N(0,1).$$

设给定的显著水平为 $\alpha = 0.05$，根据 α-双侧分位点 $U_{\frac{\alpha}{2}}$，于是 $P(|U| \geqslant U_{\frac{\alpha}{2}}) = \alpha$，查表得，$U_{\frac{\alpha}{2}} = U_{0.025} = 1.96$.

又因为

$$\overline{x} = \frac{452 + 459 + 470 + 475 + 443 + 464 + 463 + 467 + 465}{9} = 462,$$

所以 $U = \dfrac{462 - 454}{12/\sqrt{9}} = 2$，于是 $|U| = 2 \geqslant 1.96$. 因此，在抽样检查 9 袋奶粉的试验中，小概率事件发生了. 根据小概率事件原理，拒绝原假设 H_0，从而判断该包装机工作不正常.

在给定显著水平 α 下，通常将 $(-\infty, -U_{\frac{\alpha}{2}}) \cup (U_{\frac{\alpha}{2}}, +\infty)$ 称作**拒绝域**，将 $(-U_{\frac{\alpha}{2}}, U_{\frac{\alpha}{2}})$ 称作**接受域**.

7.3.2 假设检验的一般步骤

由上面的例子总结出假设检验的步骤如下：

(1) 根据问题提出原假设 H_0；

(2) 寻找检验 H_0 的合适统计量，并给出在 H_0 成立时的分布；

(3) 由给定的显著水平 α，根据统计量的分布，查表定出相应的分位数的值，

即临界值(确定拒绝域)；

(4) 根据实测的样本值，具体计算出统计量的值；

(5) 给出结论：若落在拒绝域内，则拒绝原假设 H_0；否则，接受原假设 H_0.

7.3.3　正态总体的均值检验

一般地，总假设样本总体服从正态分布 $N(\mu,\sigma^2)$. 对总体均值进行假设检验时，总体方差可能出现已知或未知两种情形，本节对这两种情形分别进行讨论.

7.3.3.1　方差 σ^2 已知的均值检验(U 检验法)

设正态总体 $X\sim N(\mu,\sigma^2)$，其中 $\sigma^2=\sigma_0^2$为已知常数，$(x_1,x_2,\cdots,x_n)$是来自总体的一个样本，对正态总体的均值 μ 的假设检验，用 U 检验法，具体步骤如下：

(1) 提出原假设 $H_0:\mu=\mu_0$；

(2) 当 H_0 成立时，选取 U 统计量 $\mu=\dfrac{\overline{x}-\mu_0}{\sigma/\sqrt{n}}\sim N(0,1)$；

(3) 给定显著性水平 α，查标准正态分布表得临界值 $U_{\frac{\alpha}{2}}$，使 $P\{|U|\geqslant U_{\frac{\alpha}{2}}\}=\alpha$，于是拒绝域为 $|U|\geqslant U_{\frac{\alpha}{2}}$；

(4) 根据样本值计算统计量 U 的值；

(5) 给出结论：如果 $|U|\geqslant U_{\frac{\alpha}{2}}$，那么拒绝 H_0，否则接受 H_0.

案例 7.6(弹壳直径)　某种弹壳直径 X 的标准为$\mu_0=8\text{mm}$，$\sigma=0.09\text{mm}$. 今从一批弹壳中任取 9 枚，测得直径(mm)：

$$7.92,7.94,7.90,7.93,7.92,7.92,7.93,7.91,7.94$$

根据历史资料认为弹壳直径 X 服从正态分布，其标准差也符合标准，试问这批弹壳直径是否符合标准?($\alpha=0.05$)

解　(1) 提出原假设 $H_0:\mu=8$，由于标准差没有变化，故 $\sigma=0.09$；

(2) 当 H_0 成立时，选取统计量

$$\mu=\frac{\overline{x}-\mu_0}{\sigma/\sqrt{n}}=\frac{\overline{x}-8}{0.09}\sqrt{9}\sim N(0,1);$$

(3) 在显著性水平 $\alpha=0.05$，$P(|U|>U_{\frac{\alpha}{2}})=0.05$，由标准正态分布表得双侧临界值 $U_{\frac{\alpha}{2}}=1.96$；

(4) 计算统计量 U 的值$\overline{x}=\dfrac{1}{9}(7.92+7.94+\cdots+7.94)=7.923$，

$$U=\frac{7.923-8}{0.09}\sqrt{9}=-2.57;$$

(5) $|U|=\left|\dfrac{7.92-8}{0.09/\sqrt{9}}\right|=2.57>1.96$，故拒绝原假设 H_0，即认为这批弹壳

的直径不符合标准.

7.3.3.2　方差 σ^2 未知的均值检验(t 检验法)

设正态总体 $X \sim N(\mu,\sigma^2)$,且 σ^2 未知,$(x_1,x_2,\cdots,x_n)$ 是来自总体的一个样本,对于正态总体均值 μ 的假设,用 t 检验法,具体步骤如下:

(1) 提出待检假设 $H_0: \mu = \mu_0$;

(2) 在 H_0 成立时,选取统计量

$$t = \frac{\bar{x} - \mu_0}{S/\sqrt{n}} \sim t(n-1);$$

(3) 根据给定的显著性水平 α,查 t 分布表得双侧临界值 $t_{\frac{\alpha}{2}}(n-1)$,拒绝域为 $|t| \geqslant t_{\frac{\alpha}{2}}(n-1)$;

(4) 根据样本值计算出统计量 t 的值;

(5) 作出判断:当 $|t| \geqslant t_{\frac{\alpha}{2}}(n-1)$ 时拒绝 H_0,否则接受 H_0.

案例 7.7(打包机工作)　化肥厂用自动打包机打包,每包标准重量为 100 千克.每天开工后需要检验打包机工作是否正常,即检查打包机是否有系统偏差.某日开工后,测得 9 包化肥质量(单位:千克)如下:99.5,98.7,100.6,101.1,98.5,99.6,99.7,102.1,100.6.

问该日打包机工作是否正常?设显著性水平 $\alpha = 0.05$,每包化肥的质量服从正态分布.

解　(1) 提出原假设 $H_0: \mu = 100$;方差 σ^2 未知,总体服从正态分布;

(2) 选取统计量 $t = \dfrac{\bar{x} - \mu_0}{S/\sqrt{n}} = \dfrac{\bar{x} - 100}{S}\sqrt{9} \sim t(8)$;

(3) 在显著性水平 $\alpha = 0.05$ 时,查 t 分布表得双侧临界值 $t_{\frac{\alpha}{2}}(8) = 2.306$,则拒绝域为 $|t| \geqslant 2.306$;

(4) 计算统计量 T 的值:

$$\bar{x} = \frac{1}{9}(99.5 + 98.7 + \cdots + 100.6) = 100.2,$$

$$s^2 = \frac{1}{8}[(99.5 - 100.2)^2 + (98.7 - 100.2)^2 + \cdots + (100.6 - 100.2)^2] = 1.37,$$

$$s = \sqrt{s^2} = \sqrt{1.37} = 1.17,$$

$$t = \frac{100.2 - 100}{1.17}\sqrt{9} = 0.51;$$

(5) 因为 $|t| = 0.51 < 2.306$,则接受原假设 H_0,即在显著性水平 $\alpha = 0.05$ 下,打包机工作正常.

7.3.4　正态总体的方差检验

前面利用 U 检验法和 t 检验法对正态总体的数学期望作假设检验，下面介绍数学期望 μ 未知时，关于方差 σ^2 假设检验的方法——χ^2 检验法.

设正态总体 $X \sim N(\mu, \sigma^2)$，其中数学期望 μ 未知，$(x_1, x_2 \cdots x_n)$ 是来自总体的一个样本，检验原假设 $H_0: \sigma^2 = \sigma_0^2$，检验步骤如下：

(1) 提出待检假设 $H_0: \sigma^2 = \sigma_0^2$；

(2) 在 H_0 成立时，选取统计量 $\chi^2 = \dfrac{(n-1)S^2}{\sigma_0^2} \sim \chi^2(n-1)$；

(3) 根据给定的显著性水平 α，查表确定出临界值 $\chi^2_{\frac{\alpha}{2}}(n-1)$，$\chi^2_{1-\frac{\alpha}{2}}(n-1)$；

(4) 根据样本值计算出统计量 $\chi^2 = \dfrac{(n-1)S^2}{\sigma_0^2}$ 的值；

(5) 作比较下结论，如果 $\chi^2 \geqslant \chi^2_{\frac{\alpha}{2}}(n-1)$ 或 $\chi^2 \leqslant \chi^2_{1-\frac{\alpha}{2}}(n-1)$，那么拒绝 H_0；否则接受 H_0.

案例 7.8(导线电阻检验)　设某种导线的电阻 $X \sim N(\mu, \sigma^2)$，要求电阻的方差 $\sigma^2 = 0.005$，从一批导线中随机抽取 9 根样品，经测试发现该样品的样本标准差 $S = 0.07$. 试问：在显著水平 $\alpha = 0.10$ 下，能否认为该批导线的电阻的方差符号要求？

解　(1) 原假设 $H_0: \sigma^2 = 0.005$；

(2) 在原假设 $\sigma^2 = 0.005$ 的条件下，选取统计量 $\chi^2 = \dfrac{(n-1)S^2}{\sigma^2} \sim \chi^2(n-1)$；

(3) 显著性水平 $\alpha = 0.10$，查表得

$$\chi^2_{\frac{\alpha}{2}}(n-1) = \chi^2_{0.05}(8) = 21.995, \chi^2_{1-\frac{\alpha}{2}}(n-1) = \chi^2_{0.95}(8) = 2.733,$$

于是，接受域为 $(2.733, 21.995)$，拒绝域为 $(0, 2.733) \cup (21.995, +\infty)$；

(4) 根据样本标准差 $S = 0.07$，于是 $\chi^2 = \dfrac{(n-1)S^2}{0.005} = \dfrac{8 \times 0.07^2}{0.005} = 7.84$；

(5) 因为 $\chi^2 = 7.84$ 落在接受域 $(2.733, 21.995)$ 内，所以接受原假设 H_0，即认为该批导线的电阻的方差符号要求.

案例 7.9(电池使用寿命)　某型号电池的使用寿命 X 服从正态分布 $N(\mu, \sigma^2)$，随机选取 6 个该型号的电池进行测试，在相同条件下它们的使用寿命分别为 19,18,22,20,16,25. 在显著性水平的条件下，能否判断该型号电池使用寿命的标准差 $\sigma = 2$？

解　(1) 原假设 $H_0: \sigma = 2$；

(2) 在原假设 $\sigma = 2$ 的条件下，选取统计量 $\chi^2 = \dfrac{(n-1)S^2}{\sigma^2} \sim \chi^2(n-1)$；

(3) 显著性水平 $\alpha = 0.05$,查表得

$$\chi^2_{\frac{\alpha}{2}}(n-1) = \chi^2_{0.025}(5) = 12.833, \chi^2_{1-\frac{\alpha}{2}}(n-1) = \chi^2_{0.975}(5) = 0.831;$$

于是,接受域为(0.831,12.833),拒绝域为 $(0,0.831) \cup (12.833,+\infty)$;

(4) 根据样本值,计算得 $S^2 = 10$,于是 $\chi^2 = \frac{(n-1)S^2}{\sigma^2} = \frac{5 \times 10}{2^2} = 12.5$;

(5) 因为 $\chi^2 = 12.5$ 落在接受域(0.831,12.833)内,所以接受原假设 H_0,即认为此种型号电池使用寿命的标准差 $\sigma = 2$.

习 题 7.3

1. 由经验知某零件质量 $X \sim N(\mu,\sigma^2)$,$\mu = 15$,$\sigma = 0.05$,技术革新后,抽出 6 个零件,测得质量(克)为 14.7,15.1,14.8,15.0,15.2,14.6,已知方差不变,问平均质量是否仍为 15 克?($\alpha = 0.05$)

2. 根据长期经验和资料分析,某砖厂生产的砖的抗断强度 X 服从正态分布,方差 $\sigma^2 = 1.21$. 今从该厂所产的一批砖中,随机抽取 6 块,测得抗断强度(单位:MPa)为 3.256,2.966,3.164,3.000,3.187,3.103. 问这批砖的平均抗断强度是否为 3.250?($\alpha = 0.05$)

3. 正常人的脉搏平均 72 次 / 分,某医生测得 10 位慢性四乙基铅中毒患者的脉搏(次 / 分)为 54,67,68,78,70,66,67,70,65,69. 已知慢性四乙基铅中毒患者的脉搏服从正态分布,试问:在显著性水平 $\alpha = 0.05$ 下,慢性四乙基铅中毒患者和正常人的脉搏有无明显差异?

4. 某纺织厂生产的维尼纶纤度 $X \sim N(\mu,0.048^2)$,抽取样本容量为 5 的样本,其纤度为 1.44,1.40,1.55,1.32,1.36. 问在显著性水平 $\alpha = 0.1$ 下,总体方差有无显著变化?

5. 来自正态总体 $X \sim N(\mu,\sigma^2)$ 的一个样本容量为 36 的样本,测得 $\bar{x} = 2.7$,$\sum_{i=1}^{n}(x_i - \bar{x})^2 = 140$,在 $\alpha = 0.05$ 下检验下列假设:(1) $H_0: \mu = 3$;(2) $H_0: \sigma^2 = 2.5$.

6. 已知某厂生产的铜丝的折断力服从正态分布,生产一直稳定. 现从产品中随机抽取 9 根检查折断力,具体数据(单位:千克)为 289,268,285,284,286,285,286,298,292. 试问:是否可以认为该厂生产的铜丝折断力的方差为 20?

7.4 统计直方图

在实际统计工作中,首先接触的是一系列的数据. 数据的变异性,系统地表现

为数据的分布.分布的具体表现形式即为表和图.统计表有简单表、分组表(含频数、频率分布表)之分.统计图有频数直方图、频率直方图和累积频率直方图等.

7.4.1　直方图

直方图(histogram)用于表达连续性资料的频数分布.以不同直方形面积代表数量,各直方形面积与各组的数量成正比关系(如图 7.12 所示).

制作直方图要求如下:

(1) 一般纵轴表示被观察现象的频数(或频率),横轴表示连续变量,以各矩形(宽为组距)的面积表示各组段频数.

(2) 直方图的各直条间不留空隙;各直条间可用直线分隔,但也可不用直线分隔.

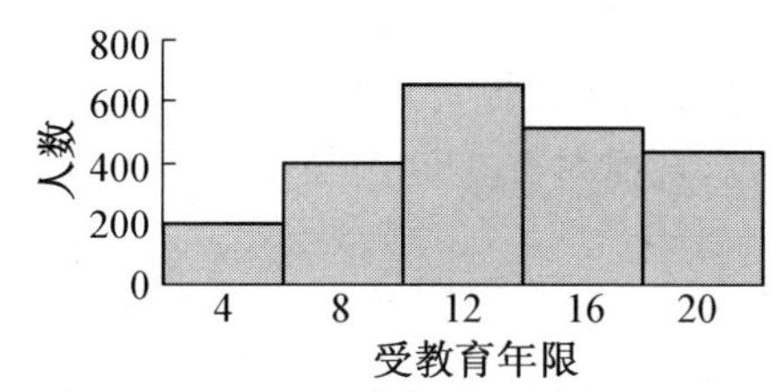

图 7.12　2008 年某地区居民受教育年限分布

(3) 组距不等时,横轴仍表示连续变量,但纵轴是每个横轴单位的频数.

7.4.2　分组数据的统计表和频数、频率直方图

引例 7.6(男生体重)　为了了解某地区高三学生的身体发育情况,抽查了地区内 100 名年龄为 17.5 ～ 18 岁的男生的体重情况,结果如表 7.4(单位:千克).

表 7.4　男生体重简单统计表

56.5	69.5	65	61.5	64.5	66.5	64	64.5	76	58.5
72	73.5	56	67	70	57.5	65.5	68	71	75
62	68.5	62.5	66	59.5	63.5	64.5	67.5	73	68
55	72	66.5	74	63	60	55.5	70	64.5	58
64	70.5	57	62.5	65	69	71.5	73	62	58
76	71	66	63.5	56	59.5	63.5	65	70	74.5
68.5	64	55.5	72.5	66.5	68	76	57.5	60	71.5
57	69.5	74	64.5	59	61.5	67	68	63.5	58
59	65.5	62.5	69.5	72	64.5	75.5	68.5	64	62
65.5	58.5	67.5	70.5	65	66	66.5	70	63	59.5

试根据上述数据画出样本的频率分布直方图,并对相应的总体分布作出估计.

解　按照下列步骤获得样本的频率分布:

(1) 求最大值与最小值的差.在上述数据中,最大值是 76,最小值是 55,它们的差(又称为极差)是 $76-55=21$,所得的差告诉我们,这组数据的变动范围有多大.

(2) 确定组距与组数.对样本进行分组,首先确定组数 k,作为一般性的原则,组数通常取 $5\leqslant k\leqslant 20$,对容量较小的样本,通常将其分为 5 组或 6 组;容量为 100 左右的样本可分为 7 到 10 组;容量为 200 左右的样本可分为 9 到 13 组;容量为 300 以上的样本可分为 12 到 20 组.这样做的目的是使用足够的组来表示数据的变异.

每组区间长度可以相同也可以不同,实践中常选用长度相同的区间以便于进行比较,此时各组区间的长度称为组距,其近似公式为

$$\text{组距 } d=\frac{\text{样本最大观测值}-\text{样本最小观测值}}{\text{组数}}.$$

为了方便计算和画图,将组距定为 2,那么由 $21\div 2=10.5$ 确定组数为 11,这个组数是适合的.

(3) 决定分点.根据本例中数据的特点,第 1 小组的起点可取为 54.5,第 1 小组的终点可取为 56.5.为了避免一个数据既是起点,又是终点,造成重复计算,我们规定分组的区间是"左闭右开"的,这样,所得到的分组是 $[54.5,56.5)$,$[56.5,58.5)$,…,$[74.5,76.5)$.

通常可用每组的组中值来代表该组的变量取值,即

$$\text{组中值}=\frac{\text{组上限}+\text{组下限}}{2}.$$

(4) 统计样本数据落入每个区间的个数称为频数,并列出其频数频率分布表(表 7.5).

表 7.5 频数频率分布表

组序	分组	组中值	频数	频率
1	[54.5,56.5)	55.5	2	0.02
2	[56.5,58.5)	57.5	6	0.06
3	[58.5,60.5)	59.5	10	0.10
4	[60.5,62.5)	61.5	10	0.10
5	[62.5,64.5)	63.5	14	0.14
6	[64.5,66.5)	65.5	16	0.16
7	[66.5,68.5)	67.5	13	0.13

续　表

组序	分组	组中值	频数	频率
8	[68.5,70.5)	69.5	11	0.11
9	[70.5,72.5)	71.5	8	0.08
10	[72.5,74.5)	73.5	7	0.07
11	[74.5,76.5)	75.5	3	0.03
合计			100	1.00

(5) 样本数据的频数频率分布除了用上述表格形式进行整理之外，也可以用图形表示.制作频数分布直方图的步骤如下：在组距相等场合常用宽度相等的长条矩形表示，矩形的高低表示频数的大小.在图中，横坐标表示所关心变量的取值区间，纵坐标表示频数，这样就得到频数分布直方图，如图7.13所示.若把纵轴改成频率就得到频率分布直方图.

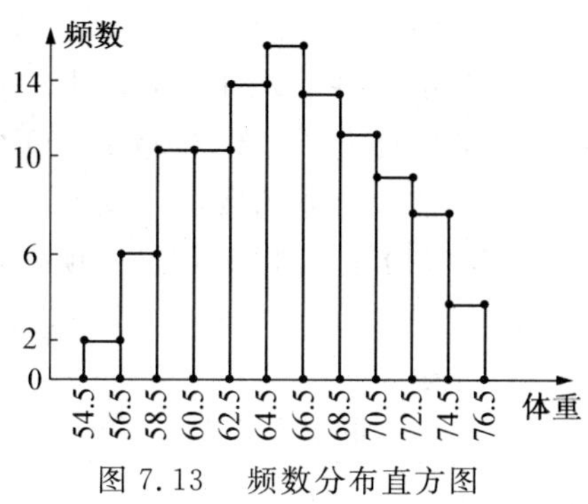

图7.13　频数分布直方图

为使诸长条矩形面积之和为1，可将纵轴取为频率／组距，如此得到的直方图称为单位频率分布直方图，简称单位频率直方图(如图7.14所示).凡此三种直方图的差别仅在于纵轴刻度的选择，直方图本身并无变化.

由于图中各小长方形的面积等于相应各组的频率，这个图形的面积的形式反映了数据落在各个小组的频率的大小.

在反映样本的频率分布方面，频率分布表比较确切，频率分布直方图比较直观，它们起着相互补充的作用.

(6) 总体分布：即总体取值的概率分布规律.在实践中，往往是从总体中抽取一个样本，用样本的频率分布去估计总体分布，一般地，样本容量越大，这种估计就越精确.

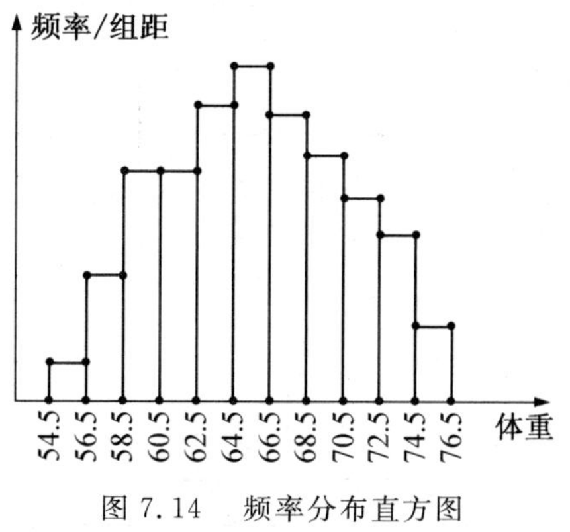

图7.14　频率分布直方图

在得到了样本的频率后，就可以对相应的总体情况作出估计.例如可以估计，体重在(64.5,66.5)千克之间的学生最多，约占学生总数的16%；体重小于58.5千克的学生较少，约占8%；等等.

7.4.3 累积频率直方图

引例 7.7(电子元件寿命) 对某电子元件进行寿命追踪调查,情况如表 7.6 所示:

表 7.6 电子元件寿命分组表

寿命(小时)	100 ～ 200	200 ～ 300	300 ～ 400	400 ～ 500	500 ～ 600
个数	20	30	80	40	30

(1) 列出频率分布表;

(2) 画出频率分布直方图和累积频率分布图;

(3) 估计电子元件寿命在 100 ～ 400 小时以内的概率;

(4) 估计电子元件寿命在 400 小时以上的概率;

(5) 估计总体的数学期望值.

解 (1) 包含频率和累积频率的分布表如表 7.7 所示.

表 7.7 频率分布表

组序	寿命(小时)	组中值(小时)	频数	频率	累积频率
1	100 ～ 200	150	20	0.1	0.10
2	200 ～ 300	250	30	0.15	0.25
3	300 ～ 400	350	80	0.40	0.65
4	400 ～ 500	450	40	0.20	0.85
5	500 ～ 600	550	30	0.15	1
合计			200	1	

(2) 频率分布直方图和累积频率分布图如图 7.15、7.16 所示.

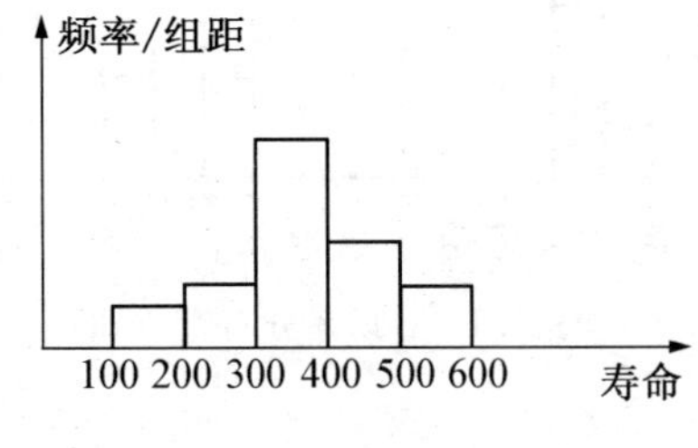

图 7.15 频率分布直方图

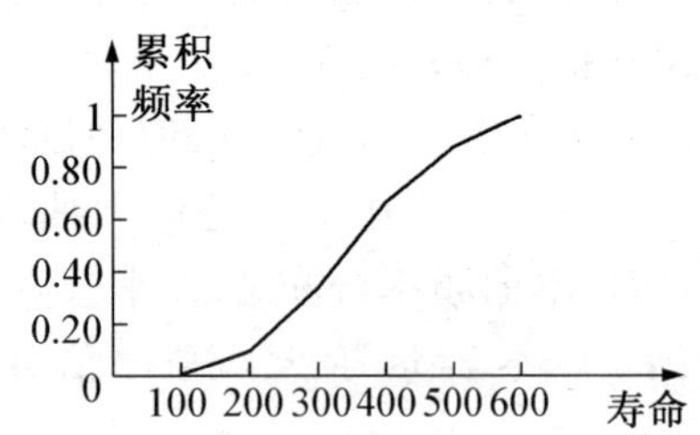

图 7.16 累积频率分布图

(3) 由频率分布图可以看出,寿命在 100 ～ 400 小时的电子元件出现的频率为 0.65,所以我们估计电子元件寿命在 100 ～ 400 小时的概率为 0.65.

(4) 由频率分布表可知，寿命在 400 小时以上的电子元件出现的频率为 $0.20+0.15=0.35$，故我们估计电子元件寿命在 400 小时以上的概率为 0.35.

(5) 样本的期望值为

$$\bar{x}\approx\frac{100+200}{2}\times 0.10+\frac{200+300}{2}\times 0.15+\frac{300+400}{2}\times 0.40+\frac{400+500}{2}\times 0.20+\frac{500+600}{2}\times 0.15$$

$$=15+37.5+140+90+82.5=365(\text{小时}).$$

所以，我们估计生产的电子元件寿命的期望值(总体均值)为 365 小时.

7.4.4 总体密度曲线

在实践中，往往是从总体中抽取一个样本，用样本的频率分布去估计总体分布. 一般地，样本容量越大，所分组数越多，各组的频率就越接近于总体在相应各组取值的概率. 设想样本容量无限增大，分组的组距无限缩小，那么频率分布直方图就会无限接近于一条光滑曲线，这条曲线叫做**总体密度曲线**.

总体密度曲线反映了总体在各个范围内取值的概率. 根据这条曲线，可求出总体在区间(a,b)内取值的概率等于总体密度曲线、直线 $x=a$、$x=b$ 及 x 轴所围图形的面积.

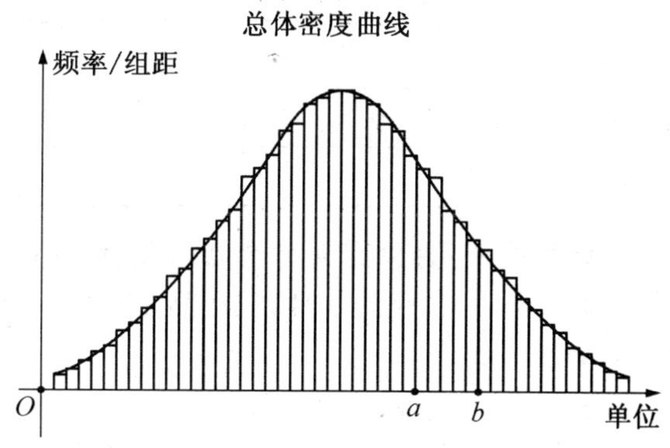

图 7.17 总体密度曲线图

7.4.5 频率分布条形图

引例 7.8(抛掷硬币试验) 历史上有人通过做抛掷硬币的大量重复试验，得到了如表 7.8 所示的试验结果.

表 7.8　频率分布表

试验结果	频数	频率
正面向上(0)	36124	0.5011
反面向上(1)	35964	0.4989

抛掷硬币试验的结果的全体构成一个总体,则表 7.8 就是从总体中抽取容量为 72088 的相当大样本的频率分布表.尽管这里的样本容量很大,但由于不同取值仅有 2 个(用 0 和 1 表示),所以其频率分布可以用表7.8 和条形图(图 7.18)表示(其中条形图是用高来表示取各值的频率).

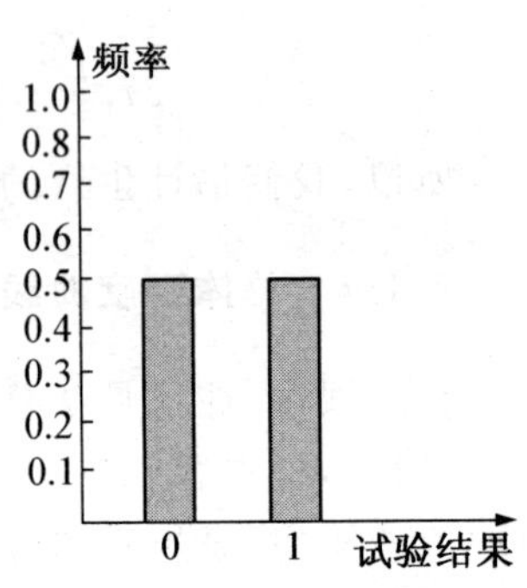

图 7.18　频率分布条形图

频率分布表在数量表示上比较确切,而频率分布条形图比较直观,两者相互补充,使我们对数据的频率分布情况了解得更加清楚.

频率分布条形图各长条的宽度要相同;相邻长条之间的间隔要适当.

当试验次数无限增大时,两种试验结果的频率值就成为相应的概率,得到表 7.9,除了抽样造成的误差,精确地反映了总体取值的概率分布规律.

表 7.9　总体概率分布表

试验结果	概率
正面向上(记为 0)	0.5
反面向上(记为 1)	0.5

案例 7.10(检测产品质量)　为检测某种产品的质量,抽取了一个容量为 30 的样本,检测结果为一级品 5 件,二级品 8 件,三级品 13 件,次品 4 件.

(1) 列出样本频率分布表;

(2) 画出表示样本频率分布的条形图;

(3) 根据上述结果,估计此种商品为二级品或三级品的概率.

解　(1) 根据题意列出表 7.10.

表 7.10　样本的频率分布表

产品	频数	频率
一级品	5	0.17
二级品	8	0.27

续　表

产品	频数	频率
三级品	13	0.43
次品	4	0.13

(2) 由样本频率分布表可画出条形图 7.19.

(3) 样本的频率分布情况较准确地反映了总体取值的概率分布规律.

设 A_i 表示"此种产品为 i 级品"($i=1,2,3$),则此种商品为二级品或三级品的概率为 $P(A_2 \cup A_3) = P(A_2) + P(A_3) \approx 0.27 + 0.43 = 0.7$.

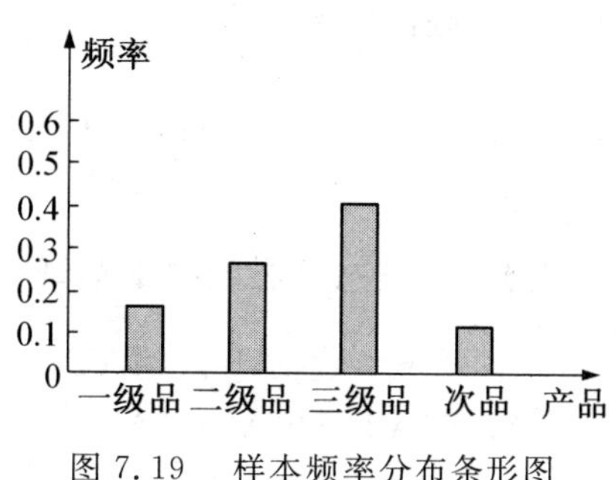

图 7.19　样本频率分布条形图

习　题　7.4

1. 某百货公司连续 50 天的商品销售额如下(单位：万元)

30	42	40	48	43	44	33	44	38	36
42	36	37	45	37	49	39	42	32	38
26	44	37	43	30	34	46	32	28	35
42	46	36	45	37	37	36	45	46	43
41	40	25	29	35	47	38	34	43	35

根据上面的数据整理成组距为 5 的频数频率分布表.

2. 为研究某厂工人生产某种产品的能力,随机调查了 20 位工人某天生产该种产品的数量,数据如下：

160	196	164	148	170
175	178	166	181	162
161	168	166	162	172
156	170	157	162	154

对这 20 个数据进行整理,分 5 组,确定合适的组距,列表写出频数、频率分布表,画出频率直方图和累积直方图.

3. 测得 20 个毛坯的质量(单位:克),如表 7.11 所示.

表 7.11　毛坯质量与频数

毛坯的质量	185	187	192	195	200	202	205	206
频数	1	1	1	1	1	2	1	1

续　表

毛坯的质量	207	208	210	214	215	216	218	227
频数	2	1	1	1	2	1	2	1

将其按区间[183.5,192.5),…,[219.5,228.5)分为5组,列出分组频率统计表,并画出频率直方图.

7.5　MATLAB 软件在统计中的应用

7.5.1　正态分布的参数估计

正态分布参数估计的 MATLAB 命令如下:

[MUHAT,SIGMAHAT,MUCI,SIGMACI] = normfit(X,ALPHA)

其中,主函数为 normfit;输入参数 X 表示样本向量;输入参数 ALPHA 表示显著性水平.输出参数 MUHAT 为 X 的平均值,是对正态总体均值的估计;输出参数 SIGMAHAT 为 X 的方差,是对正态总体方差的点估计;输出参数 MUCI 为对正态总体均值的区间估计的上下限;输出参数 SIGMACI 为对正态总体方差的区间估计的上下限.

【例 7.8】 假设某种易挥发物质的 8 个样品,其挥发时间(小时)分别为 5.7,5.8,6.5,7.0,6.3,5.6,6.1,5.0.设挥发时间总体服从正态分布 $N(\mu,\sigma^2)$.求 μ,σ^2 的置信度为 0.95 的置信区间.

解　直接在 MATLAB 命令窗口输入如下命令可得计算结果:

```
>> X=[5.7,5.8,6.5,7.0,6.3,5.6,6.1,5.0];
>> [MUHAT,SIGMAHAT,MUCI,SIGMACI] = normfit(X,0.05)
MUHAT =
    6
SIGMAHAT =
    0.6141
MUCI =
    5.4866
    6.5134
SIGMACI =
    0.4060
    1.2499
```

所以 μ,σ^2 的置信度为 0.95 的置信区间分别是[5.4866, 6.5134]和[0.4060, 1.2499].

7.5.2 单个总体 $N(\mu,\sigma^2)$ 均值的假设检验

1. 在方差已知的情况下，MATLAB 语句为

[H,P,CI] = ztest(X,M,SIGMA,ALPHA,0)

其中，X 为样本向量，M 为假设值，SIGMA 为总体的标准差，ALPHA 为显著性水平默认为 0.05. H=0 表示在显著性水平 ALPHA 下可以接受假设，H=1 表示在显著性水平 ALPHA 下拒绝假设. P 为观察值的概率，当其值非常小时对假设质疑. CI 给出均值的置信区间.

【例 7.9】 假设某台包装机包装货物每袋重量是一个随机变量，服从正态分布 $N(\mu,\sigma^2)$，机器正常时均值为 6.3 千克，标准差为 0.15. 某日抽检 8 袋净重如下：

5.7, 5.8, 6.5, 7.0, 6.3, 5.6, 6.1, 5.0

问机器是否正常？

解 总体均值为 6.3，标准差为 0.15，所以总体的均值与方差已知.

直接在 MATLAB 命令窗口输入如下命令可得计算结果：

```
>> X=[5.7, 5.8, 6.5, 7.0, 6.3, 5.6, 6.1, 5.0];
>> [H,P] = ztest(X,6.3,0.15,0.05,0)
H =
    1
P =
  1.5417e-008
```

结果为拒绝原假设，认为包装机工作不正常.

2. 在方差未知的情况下，MATLAB 语句为

[H,P,CI] = ttest(X,M,ALPHA,0)

其中，X 为样本向量，M 为假设值，ALPHA 为显著性水平默认为 0.05. H=0 表示在显著性水平 ALPHA 下可以接受假设，H=1 表示在显著性水平 ALPHA 下拒绝假设. P 为观察值的概率，当其值非常小时对假设质疑. CI 给出均值的置信区间.

【例 7.10】 假设某台包装机包装货物每袋重量是一个随机变量，服从正态分布 $N(\mu,\sigma^2)$，机器正常时均值为 6.3 公斤. 某日抽检 8 袋净重如下：

5.7, 5.8, 6.5, 7.0, 6.3, 5.6, 6.1, 5.0

问机器是否正常？

解 总体均值为 6.3，所以总体的均值已知而方差未知.

直接在 MATLAB 命令窗口输入如下命令可得计算结果：

```
>> X=[5.7, 5.8, 6.5, 7.0, 6.3, 5.6, 6.1, 5.0];
```

```
>> [H,P] = ttest(X,6.3,0.05,0)
H =
     0
P =
     0.2096
```

结果为接受原假设,认为包装机工作正常.

7.5.3　线性回归分析

在 MATLAB 中,统计回归问题主要由函数 polyfit 实现.

a=polyfit(X,Y,1)

其中,输入参数 X,Y 存储的是节点处的数据,后面的参数 1 表示用线性关系去拟合这组数据.返回值 a 是线性关系方程的系数.

【例 7.11】 热敏电阻数据的实测值如表 7.12 所示.

表 7.12　热敏电阻数据的实测值

温度 t	20.5	32.7	51.0	73.0	95.7
电阻 R	765	826	873	942	1032

试用线性回归方法找出电阻和温度之间的线性关系.

解　在 MATLAB 命令窗口中输入如下命令:

```
>> t=[20.5   32.7   51.0   73.0   95.7];
>> r=[765   826   873   942   1032];
>> a=polyfit(t,r,1)
a =
   3.3987   702.0968
```

得回归直线方程 $y=3.3987x+702.0968$,图形如图 7.20 所示.

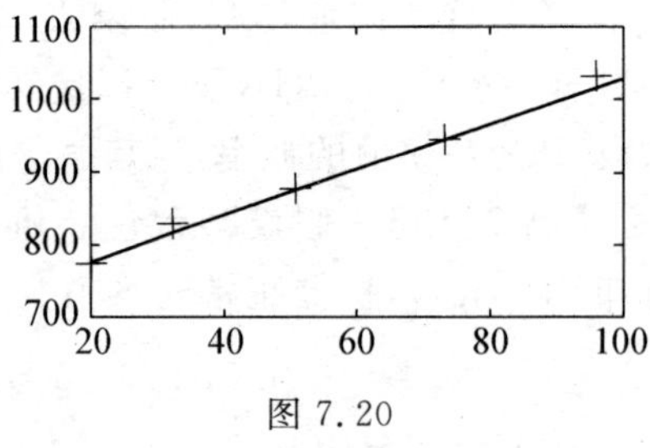

图 7.20

线性回归还可用如下语句实现:

b=regress(y,x)

[b,bint]=regress(y,x,alpha)

其中,x,y 是拟合数据,b 为回归系数估计值,alpha 为指定的显著性水平,bint 为回归系数的估计值的置信区间.

【例 7.12】 用 regress 命令求解例 7.10.

解　在 MATLAB 命令窗口中输入如下命令:

```
>> t=[20.5  32.7  51.0  73.0  95.7];
>> r=[765  826  873  942  1032];
>> t1=[ones(5,1),t];
>> [b,bint]=regress(r,t1)
b =
  702.0968
    3.3987
bint =
  669.9424  734.2512
    2.8712     3.9262
```

得回归直线方程 $y=3.3987x+702.0968$.

7.5.4 统计直方图

1. 给出数组 data 的频数表的命令为

[N,X]=hist(data,k)

此命令将区间[min(data),max(data)]分为 k 个小区间(缺省值为 10),返回数组 data 落在每一个小区间的频数 N 和每一个小区间的中点 X.

2. 描绘数组 data 的频数直方图的命令为

hist(data,k)

【例 7.13】 从一批滚珠中抽检 9 个测量其直径数据如下：

14.6 14.7 15.1 14.9 14.8 15.0 15.1 15.2 14.8

试画出滚珠直径分布的直方图.

解 在 MATLAB 命令窗口中输入如下命令：

```
%  输入数据
x=[14.6  14.7  15.1  14.9  14.8  15.0  15.1  15.2  14.8];
mname=char('滚珠直径');
mcolor=char('red');
mnum=9;
munit=char('mm');
%  计算画图
[N1,K] = hist(x,mnum)
hist(x, mnum);
h1=findobj(gca,'type','patch');
set(h1,'facecolor',mcolor);
xlabel(munit);
```

```
ylabel('center');
title(['The Histogram of ',mname]);
```

运行结果：

频数分布表数据：

```
N1 =
     1     1     2     0     1     1     0     2     1
K =
   14.6333   14.7000   14.7667   14.8333   14.9000   14.9667   15.0333
15.1000   15.1667
```

频数分布图如图 7.21 所示.

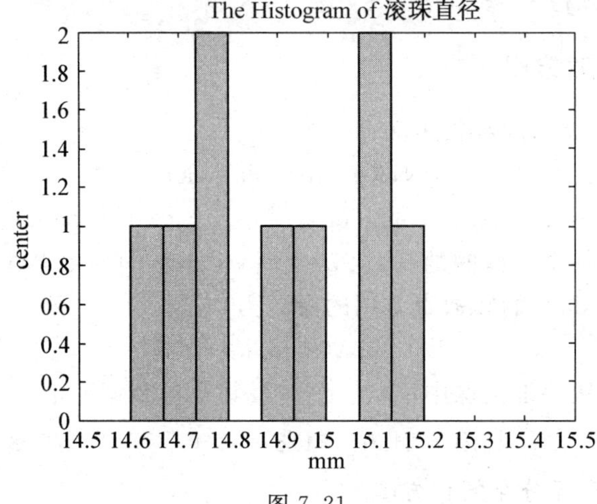

图 7.21

附 录

一、泊松分布数值表

$$P\{x = k\} = \frac{\lambda^k}{k!}e^{-\lambda}$$

k \ λ	0.1	0.2	0.3	0.4	0.5	0.6	0.7	0.8	0.9	1.0	1.5	2.0	2.5	3.0
0	0.9048	0.8187	0.7408	0.6703	0.6065	0.5488	0.4966	0.4493	0.4066	0.3679	0.2231	0.1353	0.0821	0.0498
1	0.0905	0.1637	0.2223	0.2681	0.3033	0.3293	0.3476	0.3595	0.3659	0.3679	0.3347	0.2707	0.2052	0.1494
2	0.0045	0.0164	0.0333	0.0536	0.0758	0.0988	0.1216	0.1438	0.1647	0.1839	0.2510	0.2707	0.2565	0.2240
3	0.0002	0.0011	0.0033	0.0072	0.0126	0.0198	0.0284	0.0383	0.0494	0.0613	0.1255	0.1805	0.2138	0.2240
4		0.0001	0.0003	0.0007	0.0016	0.0030	0.0050	0.0077	0.0111	0.0153	0.0471	0.0902	0.1336	0.1681
5				0.0001	0.0002	0.0003	0.0007	0.0012	0.0020	0.0031	0.0141	0.0361	0.0668	0.1008
6							0.0001	0.0002	0.0003	0.0005	0.0035	0.0120	0.0278	0.0504
7										0.0001	0.0008	0.0034	0.0099	0.0216
8											0.0002	0.0009	0.0031	0.0081
9												0.0002	0.0009	0.0027
10													0.0002	0.0008
11													0.0001	0.0002
12														0.0001

续表

k \ λ	3.5	4.0	4.5	5	6	7	8	9	10	11	12	13	14	15
0	0.0302	0.0183	0.0111	0.0067	0.0025	0.0009	0.0003	0.0001						
1	0.1057	0.0733	0.0500	0.0337	0.0149	0.0064	0.0027	0.0011	0.0004	0.0002	0.0001			
2	0.1850	0.1465	0.1125	0.0842	0.0446	0.0223	0.0107	0.0050	0.0023	0.0010	0.0004	0.0002	0.0001	
3	0.2158	0.1954	0.1687	0.1404	0.0892	0.0521	0.0286	0.0150	0.0076	0.0037	0.0018	0.0008	0.0004	0.0002
4	0.1888	0.1954	0.1898	0.1755	0.1339	0.0912	0.0573	0.0337	0.0189	0.0102	0.0053	0.0027	0.0013	0.0006
5	0.1322	0.1563	0.1708	0.1755	0.1606	0.1277	0.0916	0.0607	0.0378	0.0224	0.0127	0.0071	0.0037	0.0019
6	0.0771	0.1042	0.1281	0.1462	0.1606	0.1490	0.1221	0.0911	0.0631	0.0411	0.0255	0.0151	0.0087	0.0048
7	0.0385	0.0595	0.0824	0.1044	0.1377	0.1490	0.1396	0.1171	0.0901	0.0646	0.0437	0.0281	0.0174	0.0104
8	0.0169	0.0298	0.0463	0.0653	0.1033	0.1304	0.1396	0.1318	0.1126	0.0888	0.0655	0.0457	0.0304	0.0195
9	0.0065	0.0132	0.0232	0.0363	0.0688	0.1014	0.1241	0.1318	0.1251	0.1085	0.0874	0.0660	0.0473	0.0324
10	0.0023	0.0053	0.0104	0.0181	0.0413	0.0710	0.0993	0.1186	0.1251	0.1194	0.1048	0.0859	0.0663	0.0486
11	0.0007	0.0019	0.0043	0.0082	0.0225	0.0452	0.0722	0.0970	0.1137	0.1194	0.1144	0.1015	0.0843	0.0663
12	0.0002	0.0006	0.0015	0.0034	0.0113	0.0264	0.0481	0.0728	0.0948	0.1094	0.1144	0.1099	0.0984	0.0828
13	0.0001	0.0002	0.0006	0.0013	0.0052	0.0142	0.0296	0.0504	0.0729	0.0926	0.1056	0.1099	0.1061	0.0956
14		0.0001	0.0002	0.0005	0.0023	0.0071	0.0169	0.0324	0.0521	0.0728	0.0905	0.1021	0.1061	0.1025
15			0.0001	0.0002	0.0009	0.0033	0.0090	0.0194	0.0347	0.0533	0.0724	0.0885	0.0989	0.1025
16				0.0001	0.0003	0.0015	0.0045	0.0109	0.0217	0.0367	0.0543	0.0719	0.0865	0.0960

续表

k \ λ	3.5	4.0	4.5	5	6	7	8	9	10	11	12	13	14	15
17					0.0001	0.0006	0.0021	0.0058	0.0128	0.0237	0.0383	0.0551	0.0713	0.0847
18						0.0002	0.0010	0.0029	0.0071	0.0145	0.0255	0.0397	0.0554	0.0706
19						0.0001	0.0004	0.0014	0.0037	0.0084	0.0161	0.0272	0.0408	0.0557
20							0.0002	0.0006	0.0019	0.0046	0.0097	0.0177	0.0286	0.0418
21							0.0001	0.0003	0.0009	0.0024	0.0055	0.0109	0.0191	0.0299
22								0.0001	0.0004	0.0013	0.0030	0.0065	0.0122	0.0204
23									0.0002	0.0006	0.0016	0.0036	0.0074	0.0133
24									0.0001	0.0003	0.0008	0.0020	0.0043	0.0083
25										0.0001	0.0004	0.0011	0.0024	0.0050
26											0.0002	0.0005	0.0013	0.0029
27											0.0001	0.0002	0.0007	0.0017
28												0.0001	0.0003	0.0009
29													0.0002	0.0004
30													0.0001	0.0002
31														0.0001

λ=20						λ=30					
k	p	k	p	k	p	k	p	k	p	k	p
5	0.0001	20	0.0889	35	0.0007	10		25	0.0511	40	0.0139
6	0.0002	21	0.0846	36	0.0004	11		26	0.0590	41	0.0102
7	0.0006	22	0.0769	37	0.0002	12	0.0001	27	0.0655	42	0.0073
8	0.0013	23	0.0669	38	0.0001	13	0.0002	28	0.0702	43	0.0051
9	0.0029	24	0.0557	39	0.0001	14	0.0005	29	0.0727	44	0.0035
10	0.0058	25	0.0446			15	0.0010	30	0.0727	45	0.0023
11	0.0106	26	0.0343			16	0.0019	31	0.0703	46	0.0015
12	0.0176	27	0.0254			17	0.0034	32	0.0659	47	0.0010
13	0.0271	28	0.0183			18	0.0057	33	0.0599	48	0.0006
14	0.0382	29	0.0125			19	0.0089	34	0.0529	49	0.0004
15	0.0517	30	0.0083			20	0.0134	35	0.0453	50	0.0002
16	0.0646	31	0.0054			21	0.0192	36	0.0378	51	0.0001
17	0.0760	32	0.0034			22	0.0261	37	0.0306	52	0.0001
18	0.0844	33	0.0021			23	0.0341	38	0.0242		
19	0.0889	34	0.0012			24	0.0426	39	0.0186		

λ=40						λ=50					
k	p	k	p	k	p	k	p	k	p	k	p
15		35	0.0485	55	0.0043	25		45	0.0458	65	0.0063
16		36	0.0539	56	0.0031	26	0.0001	46	0.0498	66	0.0048
17		37	0.0583	57	0.0022	27	0.0001	47	0.0530	67	0.0036
18	0.0001	38	0.0614	58	0.0015	28	0.0002	48	0.0552	68	0.0026
19	0.0001	39	0.0629	59	0.0010	29	0.0004	49	0.0564	69	0.0019
20	0.0002	40	0.0629	60	0.0007	30	0.0007	50	0.0564	70	0.0014
21	0.0004	41	0.0614	61	0.0005	31	0.0011	51	0.0552	71	0.0010
22	0.0007	42	0.0585	62	0.0003	32	0.0017	52	0.0531	72	0.0007
23	0.0012	43	0.0544	63	0.0002	33	0.0026	53	0.0501	73	0.0005
24	0.0019	44	0.0495	64	0.0001	34	0.0038	54	0.0646	74	0.0003
25	0.0031	45	0.0440	65	0.0001	35	0.0054	55	0.0422	75	0.0002
26	0.0047	46	0.0382			36	0.0075	56	0.0377	76	0.0001
27	0.0070	47	0.0325			37	0.0102	57	0.0330	77	0.0001
28	0.0100	48	0.0271			38	0.0134	58	0.0285	78	0.0001
29	0.0139	49	0.0221			39	0.0172	59	0.0241		
30	0.0185	50	0.0177			40	0.0215	60	0.0201		
31	0.0238	51	0.0139			41	0.0262	61	0.0165		
32	0.0298	52	0.0107			42	0.0312	62	0.0133		
33	0.0361	53	0.0081			43	0.0363	63	0.0106		
34	0.0425	54	0.0060			44	0.0412	64	0.0082		

二、标准正态分布函数数值表

$$\Phi(x)=\frac{1}{\sqrt{2\pi}}\int_{-\infty}^{x}e^{-\frac{u^2}{2}}\mathrm{d}u(x\geqslant 0)$$

x	0.00	0.01	0.02	0.03	0.04	0.05	0.06	0.07	0.08	0.09
0.0	0.5000	0.5040	0.5080	0.5120	0.5160	0.5199	0.5239	0.5279	0.5379	0.5359
0.1	0.5398	0.5438	0.5478	0.5517	0.5557	0.5596	0.5636	0.5675	0.5714	0.5753
0.2	0.5793	0.5832	0.5871	0.5910	0.5948	0.5987	0.6026	0.6064	0.6103	0.6141
0.3	0.6179	0.6217	0.6255	0.6293	0.6331	0.6368	0.6406	0.6443	0.6480	0.6517
0.4	0.6554	0.6591	0.6628	0.6664	0.6700	0.6736	0.6772	0.6808	0.6844	0.6879
0.5	0.6915	0.6950	0.6985	0.7019	0.7054	0.7088	0.7123	0.7157	0.7190	0.7224
0.6	0.7257	0.7291	0.7324	0.7357	0.7389	0.7422	0.7454	0.7486	0.7517	0.7549
0.7	0.7580	0.7611	0.7642	0.7673	0.7703	0.7734	0.7764	0.7794	0.7823	0.7852
0.8	0.7881	0.7910	0.7939	0.7967	0.7995	0.8023	0.8051	0.8078	0.8106	0.8133
0.9	0.8159	0.8186	0.8212	0.8238	0.8264	0.8289	0.8315	0.8340	0.8365	0.8389
1.0	0.8413	0.8438	0.8461	0.8485	0.8508	0.8531	0.8554	0.8577	0.8599	0.8621
1.1	0.8643	0.8665	0.8686	0.8708	0.8729	0.8749	0.8770	0.8790	0.8810	0.8830
1.2	0.8849	0.8869	0.8888	0.8907	0.8925	0.8944	0.8962	0.8980	0.8997	0.9015
1.3	0.9032	0.9049	0.9066	0.9082	0.9099	0.9115	0.9131	0.9147	0.9162	0.9177
1.4	0.9192	0.9207	0.9222	0.9236	0.9251	0.9265	0.9278	0.9292	0.9306	0.9319

续表

x	0.00	0.01	0.02	0.03	0.04	0.05	0.06	0.07	0.08	0.09
1.5	0.9332	0.9345	0.9357	0.9370	0.9382	0.9394	0.9406	0.9418	0.9430	0.9441
1.6	0.9452	0.9463	0.9474	0.9484	0.9495	0.9505	0.9515	0.9525	0.9535	0.9545
1.7	0.9554	0.9564	0.9573	0.9582	0.9591	0.9599	0.9608	0.9616	0.9625	0.9633
1.8	0.9641	0.9648	0.9656	0.9664	0.9671	0.9678	0.9686	0.9693	0.9700	0.9706
1.9	0.9713	0.9719	0.9726	0.9732	0.9738	0.9744	0.9750	0.9756	0.9762	0.9767
2.0	0.9772	0.9778	0.9783	0.9788	0.9793	0.9798	0.9803	0.9808	0.9812	0.9817
2.1	0.9821	0.9826	0.9830	0.9834	0.9838	0.9842	0.9846	0.9850	0.9854	0.9857
2.2	0.9861	0.9864	0.9868	0.9871	0.9874	0.9878	0.9881	0.9884	0.9887	0.9890
2.3	0.9893	0.9896	0.9898	0.9901	0.9904	0.9906	0.9909	0.9911	0.9913	0.9916
2.4	0.9918	0.9920	0.9922	0.9925	0.9927	0.9929	0.9931	0.9932	0.9934	0.9936
2.5	0.9938	0.9940	0.9941	0.9943	0.9945	0.9946	0.9948	0.9949	0.9951	0.9952
2.6	0.9953	0.9955	0.9956	0.9957	0.9959	0.9960	0.9961	0.9962	0.9963	0.9964
2.7	0.9965	0.9966	0.9967	0.9968	0.9969	0.9970	0.9971	0.9972	0.9973	0.9974
2.8	0.9974	0.9975	0.9976	0.9977	0.9977	0.9978	0.9979	0.9979	0.9980	0.9981
2.9	0.9981	0.9982	0.9982	0.9983	0.9984	0.9984	0.9985	0.9985	0.9986	0.9986
	0.9987	0.9990	0.9993	0.9995	0.9997	0.9998	0.9998	0.9999	0.9999	1.0000

注：本表最后一行自左至右依次是 $\Phi(3.0)$、…、$\Phi(3.9)$ 的值

三、χ^2分布临界值表

$$P\{\chi^2(n) > \chi^2_\alpha(n)\} = \alpha$$

n \ α	0.995	0.99	0.975	0.95	0.90	0.75	0.25	0.10	0.05	0.025	0.01	0.005
1	—	—	0.001	0.004	0.016	0.102	1.323	2.706	3.841	5.024	6.635	7.879
2	0.010	0.020	0.051	0.103	0.211	0.575	2.773	4.605	5.991	7.378	9.210	10.597
3	0.072	0.115	0.216	0.352	0.584	1.213	4.108	6.251	7.815	9.348	11.345	12.838
4	0.207	0.297	0.484	0.711	1.064	1.923	5.385	7.779	9.488	11.143	13.277	14.860
5	0.412	0.554	0.831	1.145	1.610	2.675	6.626	9.236	11.071	12.833	15.086	16.750
6	0.676	0.872	1.237	1.635	2.204	3.455	7.841	10.645	12.592	14.449	16.812	18.548
7	0.989	1.239	1.690	2.167	2.833	4.255	9.037	12.017	14.067	16.013	18.475	20.278
8	1.344	1.646	2.180	2.733	3.490	5.071	10.219	13.362	15.507	17.535	20.090	21.955
9	1.735	2.088	2.700	3.325	4.168	5.899	11.389	14.684	16.919	19.023	21.666	23.589
10	2.156	2.558	3.247	3.940	4.865	6.737	12.549	15.987	18.307	20.483	23.209	25.188
11	2.603	3.053	3.816	4.575	5.578	7.584	13.701	17275	19.675	21.920	24.725	26.757
12	3.074	3.571	4.404	5.226	6.304	8.438	14.845	18.549	21.026	23.337	26.217	28.299
13	3.565	4.107	5.009	5.892	7.042	9.299	15.984	19.812	22.362	24.736	27.688	29.819
14	4.075	4.660	5.629	6.571	7.790	10.165	17.117	21.064	23.685	16.119	29.141	31.319
15	4.601	5.229	6.262	7.261	8.547	11.037	18.245	22.307	24.966	27.488	30.578	32.801
16	5.142	5.812	6.908	7.962	9.312	11.912	19.369	23.542	26.296	28.845	32.000	34.267
17	5.697	6.408	7.564	8.672	10.085	12.792	20.489	24.769	27.587	30.191	33.409	35.718
18	6.265	7.015	8.231	9.390	10.865	13.675	21.605	25.989	28.869	31.526	34.805	37.156
19	6.844	7.633	8.907	10.117	11.651	14.562	22.718	27.204	30.144	32.852	36.191	38.582
20	7.434	8.260	9.591	10.851	12.443	15.452	23.828	28.412	31.410	34.170	37.566	39.997

续表

n \ α	0.995	0.99	0.975	0.95	0.90	0.75	0.25	0.10	0.05	0.025	0.01	0.005
21	8.034	8.897	10.283	11.591	13.240	16.344	24.935	29.615	32.671	35.479	38.932	41.401
22	8.643	9.542	10.982	12.338	14.042	17.240	26.039	30.813	33.924	36.781	40.289	42.796
23	9.260	10.196	11.689	13.091	14.848	18.137	27.141	32.007	35.172	38.076	41.638	44.181
24	9.886	10.856	12.401	13.848	15.659	19.037	28.241	33.196	36.415	39.364	42.980	45.559
25	10.520	11.524	13.120	14.611	16.473	19.939	29.339	34.382	37.652	40.646	44.314	46.928
26	11.160	12.198	13.844	15.379	17.292	20.843	30.435	35.563	38.885	41.923	45.642	48.290
27	11.808	12.879	14.573	16.151	18.114	21.749	31.528	36.741	40.113	43.194	46.963	49.645
28	12.461	13.565	15.308	16.928	18.939	22.657	32.620	37.916	41.337	44.461	48.278	50.993
29	13.121	14.257	16.047	17.708	19.768	23.567	33.711	39.087	42.557	45.722	49.588	52.336
30	13.787	14.954	16.791	18.493	20.599	24.478	34.800	40.256	43.773	46.979	50.892	53.672
31	14.458	15.655	17.539	19.281	21.434	25.390	35.887	41.422	44.985	48.232	52.191	55.003
32	15.134	16.362	18.291	20.072	22.271	26.304	36.973	42.585	46.194	49.480	53.486	56.328
33	15.815	17.074	19.047	20.867	23.100	27.219	38.058	43.745	47.400	50.725	54.776	57.648
34	16.501	17.789	19.806	21.664	23.952	28.136	39.141	44.903	48.602	51.966	56.061	58.964
35	17.192	18.509	20.569	22.465	24.797	29.054	40.223	46.059	49.802	53.203	57.342	60.275
36	17.887	19.233	21.336	23.269	25.643	29.973	41.304	47.212	50.998	54.437	58.619	61.581
37	18.586	19.960	22.106	24.075	26.492	30.893	42.383	48.363	52.192	55.668	59.892	62.883
38	19.289	20.691	22.878	24.884	27.343	31.815	43.462	49.513	53.384	56.896	61.162	64.181
38	19.996	21.426	23.654	25.695	28.196	32.737	44.539	50.660	54.572	58.120	62.428	65.476
40	20.707	22.164	24.433	26.509	29.051	33.660	45.616	51.805	55.758	59.342	63.691	66.766
41	21.421	22.906	25.215	27.326	29.907	34.585	46.692	52.949	56.942	60.561	64.950	68.053
42	22.138	23.650	25.999	28.144	30.765	35.510	47.766	54.090	58.124	61.777	66.206	69.336
43	22.859	24.398	26.785	28.965	31.625	36.436	48.840	55.230	59.304	62.990	67.459	70.616
44	23.584	25.148	27.575	29.987	32.487	37.363	49.913	56.369	60.481	64.201	68.710	71.893
45	24.311	25.901	28.366	30.612	33.350	38.291	50.985	57.505	61.656	65.410	69.957	73.166

四、t-分布临界值表

$$P\{t(n) > t_\alpha(n)\} = \alpha$$

n \ α	0.25	0.10	0.05	0.025	0.01	0.005
1	1.0000	3.0777	6.3138	12.7062	31.8207	63.6574
2	0.8165	1.8856	2.9200	4.3207	6.9646	9.9248
3	0.7649	1.6377	2.3534	3.1824	4.5407	5.8409
4	0.7407	1.5332	2.1318	2.7764	3.7469	4.6041
5	0.7267	1.4759	2.0150	2.5706	3.3649	4.0322
6	0.7176	1.4398	1.9432	2.4469	3.1427	3.7074
7	0.7111	1.4149	1.8946	2.3646	2.9980	3.4995
8	0.7064	1.3968	1.8595	2.3060	2.8965	3.3554
9	0.7027	1.3830	1.8331	2.2622	2.8214	3.2498
10	0.6998	1.3722	1.8125	2.2281	2.7638	3.1693
11	0.6974	1.3634	1.7959	2.2010	2.7181	3.1058
12	0.6955	1.3562	1.7823	2.1788	2.6810	3.0545
13	0.6938	1.3502	1.7709	2.1604	2.6503	3.0123
14	0.6924	1.3450	1.7613	2.1448	2.6245	2.9768
15	0.6912	1.3406	1.7531	2.1315	2.6025	2.9467
16	0.6901	1.3368	1.7459	2.1199	2.5835	2.9028
17	0.6892	1.3334	1.7396	2.1098	2.5669	2.8982
18	0.6884	1.3304	1.7341	2.1009	2.5524	2.8784
19	0.6876	1.3277	1.7291	2.0930	2.5395	2.8609
20	0.6870	1.3253	1.7247	2.0860	2.5280	2.8453

续表

n \ α	0.25	0.10	0.05	0.025	0.01	0.005
21	0.6864	1.3232	1.7207	2.0796	2.5177	2.8314
22	0.6858	1.3212	1.7171	2.0739	2.5083	2.8188
23	0.6853	1.3195	1.7139	2.0687	2.4999	2.8073
24	0.6848	1.3178	1.7109	2.0639	2.4922	2.7969
25	0.6844	1.3163	1.7081	2.0595	2.4851	2.7874
26	0.6840	1.3150	1.7056	2.0555	2.4786	2.7787
27	0.6837	1.3137	1.7033	2.0518	2.4727	2.7707
28	0.6834	1.3125	1.7011	2.0484	2.4671	2.7633
29	0.6830	1.3114	1.6991	2.0452	2.4620	2.7564
30	0.6828	1.3104	1.6973	2.0423	2.4573	2.7500

习题参考答案

第 1 章　行列式

习题 1.1

1. (1) 0;(2) 1;(3) -1;(4) 28;(5) 0;(6) 2

习题 1.2

1. (1) -3;(2) 0;(3) -102;(4) 0

2. (1) 提示:第 1 列减去第 3 列,第 2 列减去第 3 列

(2) 提示:第 1 列减去第 2 列减去第 3 列乘以 2 减去第 4 列

(3) 提示:根据行列式的性质 5

习题 1.3

1. (1) $x_1=3, x_2=1, x_3=1$;(2) $x_1=1, x_2=2, x_3=3$

2. $\lambda=2$ 或 5 或 8

3. (1) $k=4$ 或 -1;(2) $k=1$

第 2 章　矩　　阵

习题 2.1

1. $\begin{pmatrix} 8 & 7 & 3 \\ -7 & 8 & 8 \end{pmatrix}$

2. $X=\begin{pmatrix} -1 & -\frac{4}{3} & \frac{8}{3} \\ 1 & \frac{4}{3} & -1 \end{pmatrix}$

3. $X=\begin{pmatrix} 2 & 2 & 2 \\ -1 & -1 & -2 \end{pmatrix}$

4. (1) $\begin{pmatrix} -2 & 4 \\ 1 & -2 \\ -3 & 6 \end{pmatrix}$;(2) $(-12 \quad -14 \quad 0)$;(3) $\begin{pmatrix} 35 \\ 6 \\ 49 \end{pmatrix}$

(4) $a_{11}x_1^2+a_{22}x_2^2+a_{33}x_3^2+a_{12}x_1x_2+a_{13}x_1x_3+a_{21}x_2x_1+a_{23}x_2x_3+a_{31}x_3x_1+a_{32}x_3x_2$

5. (1) $\begin{pmatrix} 1 & 0 & -1 \\ -1 & -7 & 3 \\ -4 & -3 & -2 \end{pmatrix}$;(2) $\begin{pmatrix} 4 & 4 & -2 \\ 5 & -3 & -3 \\ -1 & -1 & -1 \end{pmatrix}$

(3) $\begin{pmatrix} 0 & -4 & 0 \\ 2 & -14 & 2 \\ -5 & -11 & -5 \end{pmatrix}$;(4) $\begin{pmatrix} -4 & -8 & 2 \\ -3 & -11 & 5 \\ -4 & -10 & -4 \end{pmatrix}$

6. $f(A) = \begin{pmatrix} 3 & -2 & 2 \\ -1 & 3 & -3 \\ -3 & 4 & -2 \end{pmatrix}$

7. $AB - BA = \begin{pmatrix} 0 & -2 & -2 \\ 2 & 0 & 4 \\ 4 & -4 & 0 \end{pmatrix}$; $B^{T}A = \begin{pmatrix} 8 & 5 & 8 \\ 1 & 0 & -1 \\ 4 & 3 & 4 \end{pmatrix}$

8. (1) 不相等 (2) 不相等 (3) 不相等 (4) 矩阵的乘法不满足交换律

9. 略

10. $A^k = \begin{pmatrix} 1 & 0 \\ k\lambda & 1 \end{pmatrix}$ 证明：略

习题 2.2

1. (1) $\frac{1}{5}\begin{pmatrix} 3 & 1 \\ -2 & 1 \end{pmatrix}$;(2) $\begin{pmatrix} \cos\theta & -\sin\theta \\ \sin\theta & \cos\theta \end{pmatrix}$;(3) $\begin{pmatrix} 1 & -2 & 7 \\ 0 & 1 & -2 \\ 0 & 0 & 1 \end{pmatrix}$;

(4) $\begin{pmatrix} -2 & 1 & 0 \\ -\frac{13}{2} & 3 & -\frac{1}{2} \\ -16 & 7 & -1 \end{pmatrix}$;(5) $\begin{pmatrix} 1 & -2 & 0 & 0 \\ -2 & 5 & 0 & 0 \\ 0 & 0 & 2 & -3 \\ 0 & 0 & -5 & 8 \end{pmatrix}$;(6) $\begin{pmatrix} a_1^{-1} & 0 & \cdots & 0 \\ 0 & a_2^{-1} & \cdots & 0 \\ \vdots & \vdots & & \vdots \\ 0 & 0 & \cdots & a_n^{-1} \end{pmatrix}$

2. (1) $X = \begin{pmatrix} 2 & -23 \\ 0 & 8 \end{pmatrix}$;(2) $X = \begin{pmatrix} -2 & 2 & 1 \\ -\frac{8}{3} & 5 & -\frac{2}{3} \end{pmatrix}$;(3) $X = \begin{pmatrix} \frac{11}{6} & \frac{1}{2} & 3 \\ -\frac{1}{6} & -\frac{1}{2} & -1 \\ \frac{2}{3} & 1 & 1 \end{pmatrix}$;

(4) $X = \begin{pmatrix} 2 & -1 & 0 \\ 1 & 3 & -4 \\ 1 & 0 & -2 \end{pmatrix}$

3. (1) $x_1 = 5, x_2 = 0, x_3 = 3$;(2) $x_1 = 1, x_2 = 0, x_3 = 0$

习题 2.3

1. (1) 3;(2) 2;(3) 3;(4) 5

2. 化阶梯型(略);秩(1) 2;(2) 3

3. (1) $\begin{pmatrix} 1 & 3 & -2 \\ -\frac{3}{2} & -3 & \frac{5}{2} \\ 1 & 1 & -1 \end{pmatrix}$;(2) $\begin{pmatrix} 1 & 1 & 3 \\ 2 & 3 & 7 \\ 3 & 4 & 9 \end{pmatrix}$;(3) $\begin{pmatrix} 2 & -1 & 0 & 0 \\ -1 & 1 & 0 & 0 \\ -1 & 1 & 2 & -3 \\ 1 & -2 & -1 & 2 \end{pmatrix}$

4. (1) $\begin{cases} x_1 = -2k-1 \\ x_2 = k+2 \\ x_3 = k \end{cases}$,$k$ 为任意常数;(2) 无解;

(3) 唯一的解 $x_1 = 9, x_2 = 6, x_3 = -2$;

(4) 唯一的解 $x_1 = \frac{10}{9}, x_2 = \frac{5}{9}, x_3 = \frac{16}{9}$

5. (1) $\begin{cases} x_1 = k_1 + k_2 \\ x_2 = k_1 \\ x_3 = 2k_2 \\ x_4 = k_2 \end{cases}$,$k_1, k_2$ 为任意常数

(2) $\begin{cases} x_1 = k_1 \\ x_2 = k_2 + k_3 - 5k_1 \\ x_3 = k_2 \\ x_4 = k_3 \\ x_5 = 3k_1 \end{cases}$,$k_1, k_2, k_3$ 为任意常数

(3) $\begin{cases} x_1 = \frac{4}{3}k \\ x_2 = -3k \\ x_3 = \frac{4}{3}k \\ x_4 = k \end{cases}$,$k$ 为任意常数;

(4) $\begin{cases} x_1 = -2k_1 + k_2 \\ x_2 = k_1 \\ x_3 = 0 \\ x_4 = k_2 \end{cases}$,$k_1, k_2$ 为任意常数

6. 需要 A: 70kg,B: 100kg,C: 30kg

7. 设售出 A 为 x_1 辆,B 为 x_2 辆,C 为 x_3 辆,则 $\begin{cases} x_1 = 2x_3 + 10 \\ x_2 = -3x_3 + 30 \end{cases}$ $(0 \leqslant x_3 \leqslant 10)$

8. A: 3.2 盎司,B: 4.2 盎司,C: 2 盎司

第 3 章 *n* 维向量

习题 3.1

1. (3,8,7)

2. (19,1,0,10,11)

习题 3.2

1. (1) $\beta = 2\alpha_1 - \alpha_2 + \alpha_3$;(2) $\beta = \frac{1}{4}(5\alpha_1 + \alpha_2 - \alpha_3 - \alpha_4)$

2. (1) 线性相关;(2) 线性无关;(3) 线性无关

3. 证略

习题 3.3

1. (1) 秩为 3,其中 $\alpha_1,\alpha_2,\alpha_3$ 是一个极大线性无关组;

(2) 秩为 2,其中 α_1,α_2(或 α_1,α_3,或 α_1,α_4)是一个极大线性无关组

2. (1) 秩为 3,其中 $\alpha_1,\alpha_2,\alpha_4$ 是一个极大线性无关组,$\alpha_3 = 3\alpha_1 + \alpha_2$;

(2) 秩为 3,其中 $\alpha_1,\alpha_2,\alpha_3$ 是一个极大线性无关组,$\alpha_4 = -3\alpha_1 + 7\alpha_2 - 3\alpha_3$

第 4 章　傅里叶级数

习题 4.1

1. (1) $1 + \frac{3}{5} + \frac{4}{10} + \frac{5}{17} + \frac{6}{26}$;

(2) $-\frac{1}{1\times 3} + \frac{1}{2\times 4} - \frac{1}{3\times 5} + \frac{1}{4\times 6} - \frac{1}{5\times 7}$;

(3) $\frac{1}{2} + \frac{1\times 3}{2\times 4} + \frac{1\times 3\times 5}{2\times 4\times 6} + \frac{1\times 3\times 5\times 7}{2\times 4\times 6\times 8} + \frac{1\times 3\times 5\times 7\times 9}{2\times 4\times 6\times 8\times 10}$

2. (1) $u_n = \frac{1}{2n-1}$, $n = 1,2,3,\cdots$

(2) $u_n = \frac{n+1}{n(n+1)}$, $n = 1,2,3,\cdots$

(3) $u_n = (-1)^{n+1}\frac{n(n+1)}{2^n}$, $n = 1,2,3,\cdots$

3. (1) $\sin x = x - \frac{x^3}{3!} + \frac{x^5}{5!} - \frac{x^7}{7!} + \cdots + (-1)^n\frac{x^{2n+1}}{(2n+1)!} + \cdots, -\infty < x < +\infty$;

(2) $\cos x = 1 - \frac{x^2}{2!} + \frac{x^4}{4!} - \frac{x^6}{6!} + \cdots + (-1)^n\frac{x^{2n}}{(2n)!} + \cdots, -\infty < x < +\infty$;

(3) $\frac{1}{1+x} = 1 - x + x^2 - x^3 + \cdots + (-1)^n x^n + \cdots, -1 < x < 1$

习题 4.2

1. (1) $f(x) = \frac{\pi}{2} + \frac{4}{\pi}\sum_{n=1}^{\infty}\frac{1}{(2n-1)^2}\cos(2n-1)x, -\infty < x < +\infty$;

(2) $f(x) = \sum_{n=1}^{\infty}\frac{18\sqrt{3}}{\pi}(-1)^{n-1}\frac{n}{9n^2-1}\sin nx, -\infty < x < +\infty$

2. (1) $f(x)=2\sum_{n=1}^{\infty}\frac{(-1)^{n+1}}{n}\sin nx$，$-\pi<x<\pi, x\neq\pm\frac{\pi}{2}$；

(2) $f(x)=\frac{8}{\pi}\sum_{n=1}^{\infty}(-1)^{n+1}\frac{n\sin nx}{4n^2-1}$，$-\pi<x<\pi$

习题 4.3

1. $f(x)=\frac{1}{2}+\sum_{n=1}^{\infty}[1-(-1)^n]\frac{1}{n\pi}\sin\frac{n\pi}{2}x$，$x\neq 0, \pm 2, \pm 4\cdots$

2. $x^2=\frac{1}{3}+\frac{4}{\pi^2}\left[-\frac{\cos\pi x}{1^2}+\frac{\cos 2\pi x}{2^2}-\frac{\cos 3\pi x}{3^2}+\cdots+(-1)^n\frac{\cos n\pi x}{n^2}+\cdots\right]$

3. $f(x)=\frac{8}{\pi}\sum_{n=1}^{\infty}\left\{\frac{(-1)^{n+1}}{n}+\frac{2}{n^3\pi^2}[(-1)^n-1]\right\}\sin\frac{n\pi}{2}x$，$0\leqslant x\leqslant 2$；

$f(x)=\frac{4}{3}+\frac{16}{\pi^2}\sum_{n=1}^{\infty}\frac{(-1)^n}{n^2}\cos\frac{n\pi}{2}x$，$x\in[0,2]$

习题 5.1

1. (1) $\frac{1}{p+2}$；(2) $\frac{2}{p^2}$；(3) $\frac{2}{p}$

习题 5.2

1. (1) $\frac{2}{p^3}+\frac{3}{p^2}-\frac{2}{p}$；(2) $\frac{6}{p^2+9}+\frac{3p}{p^2+4}$；(3) $\frac{6p}{(p^2+9)^2}$；(4) $\frac{2}{(p+3)^3}$；(5) $\frac{p-3}{(p-3)^2+4}$；

(6) $\frac{1}{p^2+4}$

2. $\frac{p}{p^2+\omega^2}$

习题 5.3

1. (1) $3e^{2t}$；(2) $e^{-\frac{2}{3}t}$；(3) $\frac{1}{2}t^2e^{4t}$；(4) $3\cos 3t$；(5) $2\cos 4t-\frac{3}{2}\sin 4t$

2. (1) $1-e^{-t}$；(2) $e^{2t}+e^{3t}$

第 6 章 概 率

习题 6.1

1. $B-A=\{(1,1),(2,2),(3,3),(4,4),(5,5),(6,6)\}$，

$BC=\{(1,1),(2,2),(3,3),(4,4)\}$，

$B\cup\overline{C}=\{(1,1),(2,2),(3,3),(4,4),(5,5),(6,6),(4,6),(6,4),(5,6),(6,5)\}$

2. (1) 必然事件；(2) 不可能事件；(3) 取到号码为“2”或“4”；(4) 取到号码为“5”或“7”或“9”；(5) 取到号码为“6”或“8”或“10”

3. (1) A_1A_2;(2) $\overline{A}_1\overline{A}_2$;(3) $\overline{A}_1A_2\cup A_1\overline{A}_2$;(4) $A_1\cup A_2$

4. (1) ABC;(2) $\overline{A}\,\overline{B}\,\overline{C}$;(3) $A\overline{B}\overline{C}$;(4) $A\cup B\cup C$;(5) $A\overline{B}\overline{C}\cup\overline{A}B\overline{C}\cup\overline{A}\,\overline{B}C$;
(6) $AB\overline{C}\cup\overline{A}BC\cup A\overline{B}C$

5. C、E 为互斥事件,C、D 为对立事件

6. (1) $A_1A_2A_3$;(2) $\overline{A}_1\overline{A}_2\overline{A}_3$;(3) $A_1A_2\overline{A}_3$;(4) $\overline{A}_1A_2A_3\cup A_1\overline{A}_2A_3\cup A_1A_2\overline{A}_3$

习题 6.2

1. $\frac{1}{4}$ **2.** 0.32 **3.** $\frac{1}{15}$ **4.** 0.25,0.375 **5.** (1) $\frac{1}{17}$;(2) $\frac{13}{102}$ **6.** (1) $\frac{2}{3}$;(2) $\frac{2}{3}$;(3) $\frac{4}{9}$

习题 6.3

1. (1) 0.48;(2) 0.69 **2.** $P(\overline{B})=0.8$ **3.** 0.97 **4.** 2/3 **5.** (1) $\frac{1}{9}$;(2) $\frac{4}{9}$;(3) $\frac{8}{9}$

6. 0.276 **7.** 0.75,0.25

习题 6.4

1. (1) 0.05,0.30,0.50;(2) 0.50,0.95,0.85;(3) $\frac{1}{3}$,$\frac{3}{4}$,$\frac{1}{11}$

2. $\frac{77}{240}$ **3.** (1) 0.988;(2) 0.829 **4.** (1) 0.4044;(2) 0.1846 **5.** (1) $\frac{7}{120}$;(2) $\frac{119}{120}$

6. (1) r^3;(2) $3r-3r^2+r^3$

习题 6.5

1. 0.902 **2.** (1) 0.38;(2) 0.3947 **3.** 0.4870 **4.** 0.9 **5.** 0.3302

6. (1) 0.3456;(2) 0.3370

习题 6.6

1. (1) 离散;(2) 连续;(3) 连续;(4) 离散;(5) 连续;(6) 离散

2. (1) $\frac{1}{6}$;(2) $\frac{1}{2}$;(3) 1;(4) $\frac{5}{6}$

3. (1) $A=\frac{60}{77}$;

(2)

X	0	1	2	3
P	$\frac{30}{77}$	$\frac{20}{77}$	$\frac{15}{77}$	$\frac{12}{77}$

4. (1) $P(X=k)=\frac{C_2^kC_8^{3-k}}{C_{10}^3}$,$k=0,1,2$

(2) $P(Y=k)=C_3^k\left(\frac{1}{5}\right)^k\left(\frac{4}{5}\right)^{3-k}$,$k=0,1,2,3$

5. 设随机变量 X 表示设备工作情况，“$X=1$”表示工作正常，“$X=0$”表示工作异常，概率分布如下：

X	1	0
P	0.81	0.19

6. (1) 0.224;(2) 0.95　**7.** (1) 0.029771;(2) 0.00284

8.

X	0	1	2	3
P	$\frac{3}{4}$	$\frac{9}{44}$	$\frac{9}{220}$	$\frac{1}{220}$

习题 6.7

1. (1) $\frac{1}{\pi}$;(2) $\frac{1}{\pi}$;(3) $\frac{1}{2}$;(4) $\frac{6}{29}$

2. $\frac{\sqrt{2}}{4}, \frac{\sqrt{2}+\sqrt{3}}{4}, \frac{2+\sqrt{2}}{4}$

3. (1) 0.3064;(2) 0.3679

4. 3

5. (1) $f(x)=\begin{cases}100, & |x|\leqslant 0.005 \\ 0, & |x|>0.005\end{cases}$;(2) 0.4

习题 6.8

1. $F(x)=\begin{cases}0, & -\infty<x<-1 \\ \frac{1}{6}, & -1\leqslant x<0 \\ \frac{2}{3}, & 0\leqslant x<1 \\ 1, & 1\leqslant x<+\infty\end{cases}$, $\frac{5}{6}$

2.

X	0	1	2
P	0.3	0.4	0.3

3. (1) $F(x)=\begin{cases}0, & x<-1 \\ \frac{1}{2}+\frac{1}{\pi}\arcsin x, & -1\leqslant x<1 \\ 1, & 1\leqslant x\end{cases}$;(2) $\frac{1}{3}$

4. (1) 1, −1;(2) $f(x)=\begin{cases}x\mathrm{e}^{-\frac{x^2}{2}}, & x>0 \\ 0, & x\leqslant 0\end{cases}$

5. (1) $\lambda=1$;　(2) $F(x)=\begin{cases}1-\mathrm{e}^{-x}, & x>0 \\ 0, & x\leqslant 0\end{cases}$

习题 6.9

1. (1) 0.7734;(2) 0.2266;(3) 0.0668;(4) 0.5125;(5) 0.5878

2. (1) 0.9505;(2) 0.7422;(3) 0.4931;(4) 0.2734;(5) 0.8502

3. 0.0013　**4.** 0.9544

习题 6.10

1. 48　**2.** (1) 0.25;(2) 1.75;(3) 2.5　**3.** (1) 0.5;(2) $\frac{2}{3}$;(3) $\frac{1}{3}$　**4.** (1) 1; (2) 5

5. (1) $\frac{1}{4}$;(2) $F(x)=\begin{cases}0, & x<0\\ \frac{1}{16}x^4, & 0\leqslant x<2\\ 1, & x\geqslant 2\end{cases}$;(3) 0.3125;(4) 1.6

习题 6.11

1. 9　**2.** 0.6,0.7746　**3.** $\frac{1}{18}$,$\frac{8}{9}$　**4.** (1) 4;(2) 9.8;(3) 6.25　**5.** 69.15%

第 7 章　数理统计

习题 7.1

1. (1)(2)是,(3)(4)不是

2. (1) 67.4,35.2;(2) 112.8,1.29

3. (1) 1.96;(2) 2.57;(3) 1.64

4. (1) 23.209,19.047;(2) 2.7638,1.8946

5. 0.8293

6. (1) $N(0,1)$;(2) $\chi^2(3)$;(3) $\chi^2(4)$;(4) $t(3)$

习题 7.2

1. 1147,87.06　**2.** −1,257　**3.** $\hat{p}=\frac{\overline{X}}{10}=0.38$　**4.** (1385.7,1561.1)　**5.** (0.87,3.20)

6. (−1.55,2.10)

习题 7.3

1. 否　**2.** 是　**3.** 有显著性差异　**4.** 有显著性变化　**5.** (1) 接受;(2) 拒绝　**6.** 否

习题 7.4

1. 略　**2.** 略　**3.** 略

参考文献

1. 彭玉芳，尹福源，沈亦一．线性代数．第二版．北京：高等教育出版社，1999
2. 汪荣伟．经济应用数学．北京：高等教育出版社，2006
3. 蔡元宇．电路及磁路．第二版．北京：高等教育出版社，2000
4. 廖继红．信号与系统．北京：电子工业出版社，2004
5. 蒋军．电路．重庆：重庆大学出版社，2005
6. 赵红．水利工程测量．杭州：浙江科学技术出版社，2008
7. 颜文勇，柯善军．高等应用数学．北京：高等教育出版社，2008
8. 李晓．高等数学．杭州：浙江大学出版社，2004
9. 曹勃，云连英．工程应用数学．北京：高等教育出版社，2006
10. 王沫然．*MATLAB*6.0 与科学计算．北京：电子工业出版社，2001
11. 常柏林，李效羽，卢静芳．概率论与数理统计．第二版．北京：高等教育出版社，2001
12. 何蕴理，贺亚平，陈中和，等．经济数学基础——概率论与数理统计．第二版．北京：高等教育出版社，2003
13. 柳金甫，王义东．概率论与数理统计(经管类)．武汉：武汉大学出版社，2006

图书在版编目(CIP)数据

工程数学/包晔,郑玉仙主编. —杭州:浙江大学出版社,2010.1(2014.5重印)
(高等院校理工科精品教材系列. 新世纪高职高专“工学结合”课程改革系列教材)
ISBN 978-7-308-07115-4

Ⅰ. 工… Ⅱ. ①包…②郑… Ⅲ. 工程数学—高等学校:技术学校—教材 Ⅳ. TB11

中国版本图书馆CIP数据核字(2009)第182898号

工程数学

包 晔 郑玉仙 主编

丛书策划 阮海潮(ruanhc@zju.edu.cn)
责任编辑 阮海潮
封面设计 姚燕鸣
出版发行 浙江大学出版社
(杭州市天目山路148号 邮政编码310007)
(网址:http://www.zjupress.com)
排　　版 杭州大漠照排印刷有限公司
印　　刷 德清县第二印刷厂
开　　本 710mm×1000mm 1/16
印　　张 14.25
字　　数 287千
版 印 次 2010年1月第1版 2014年5月第5次印刷
书　　号 ISBN 978-7-308-07115-4
定　　价 27.00元

浙江大学出版社发行部联系方式:0571—88925591;http://zjdxcbs.tmall.com